KB160264

과학기술과 문명의 이해

함희진 저

도서출판
정일

서문

과학기술과 문명은 인류역사의 발전에 긴밀하게 연결되어 있다. 과학의 역사 가운데 굵직한 위치의 과학자들이 있었고, 그 과학자들은 커다란 흐름이 되어 이제는 과학자 개인이 아닌 과학기술의 큰 흐름에 흡수되어 인류는 발전하고 있다. 각각의 과학기술은 그 과학기술이 없었던 시기와 그 과학기술이 있고 난 이후의 문명을 비교하여보면 그 과학기술이 변화시킨 문명의 모습이 드러난다. 자동차와 비행기, 플라스틱과 나일론, 그리고 인터넷과 컴퓨터 등은 실로 세상을 획기적으로 바꾸어 놓았고 큰 변화의 흐름을 이루어 이제 인류는 거꾸로 돌아갈 수가 없다. 이 책에서 거론하고자 하는 과학기술들은 가히 이러한 흐름을 주도할 것이다. 생명 분야와 우주 분야, 로봇 분야와 기술 분야로 나누어 상고할 것이며, 마지막으로 미래 문명을 다루게 된다. 우리나라는 세종(Sejong)대왕 이전과 세종대왕 이후의 세상이 다르며 그 다른 세상은 영조대왕과 정조대왕이 꽃피워 놓음으로 문예부흥과 과학발전을 이루었다. 세계는 뉴튼(Newton) 이전과 뉴튼 이후의 세상이 다르며 그 다른 세상은 과학혁명과 산업혁명 그리고 르네상스 문예부흥으로 나타났다. 세계는 코로나(Corona) 이전과 코로나 이후의 세상이 다르다고 하는 것을 강력하게 시사하고 있다. 이 다른 세상은 4차 산업 혁명과 미래과학 그리고 메타버스(Metaverse)의 세계로 우리에게 다가오고 있다.

　과학기술과 문명의 이해는 과학기술이 앞으로 어떻게 문명을 바꾸어 나갈지를 살펴본다. 그리고 각 과학기술들이 무엇이며, 무엇을 변화시키는지를 상고할 것이다. 이 책이 대학생들과 일반인들에게 인문학적 소양을 위한 정보로 제공될 뿐만 아니라 미래에 대한 비젼을 제시하는 데에 좋은 인식 자료로 활용되기를 바란다.

저자 함 희 진 교수

차례

Chapter 3

로봇 분야

차례

부 록

Chapter 1

생명 분야

01

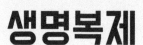

생명복제

인간복제 시도

인간복제를 추진했던 미국의 다국적기업 클로네이드(Clonaid)사는 2002년 6월 한국에 자회사를 설립하였었고, 국내에서 인간복제 실험을 하고 있었던 것으로 알려졌었다. 클로네이드의 국내 자회사는 바이오퓨전텍(biofusiontech)이었고, 여러 명의 한국 여성이 대리모를 하겠다고 자원하였는데, 대리모 지원 한국여성 5명, 인간복제 신청자는 10명이었다. 바이오퓨전텍은 세포융합기를 자체 개발하였고, 세포융합기는 인간 배아를 배아세포 단계로 성장시키는 데 필요한 안정적 전자 충격을 창출하는 기기였다.

클로네이드사는 인간복제를 목적으로 1997년 바하마에 설립된 회사였고, 설립자인 라엘은 우주인에 의한 생명창조설을 믿는 신흥종교인 라엘리안 무브먼트(Raelian Movement) 교주이었다. 본명이 클로드 보리옹(Claude Vorilhon)인 라엘은 프랑스 스포츠 잡지기자와 카레이서 출신이었는데, 라엘은 1973년 12월 13일 다른 혹성에서 온 엘로힘(Elohim)이란 외계인과 조우했고, 지구상에 이들을 맞이할 대사관을 세워주도록 요청받았다고 주장하였다. 클로네이드사는 2000년 연구소를 바하마에서 미국으로 옮겼다가 미국 식품의약품안전청

(Food and Drug Administration, FDA)에 의해 폐쇄됐다.

인간복제를 시도한 대표적인 단체 및 인물들을 보면, 캐나다의 종교집단 라엘리안 무브먼트의 클로네이드사, 이탈리아 인공수정 전문의 세베리노 안티노리(Severino Antinori), 미국 켄터키대학교 생식의학과 교수 출신인 파노스 자보스(Panos Zavos) 박사 등이 있다. 라엘리안 무브먼트는 모든 인간은 다른 행성에서 온 외계인 과학자들로부터 복제된 것이라고 믿으며 최초의 인간복제전문회사인 클로네이드를 설립하였다. 2002년 4월 아랍에미리트연합에서 열린 한 회의에서 인간복제 프로젝트에 참여 중인 수천 명의 불임부부 중 한 명의 여성이 임신 8주째를 맞았다고 밝혔고, 2002년 12월 26일에는 이브(Eve)라는 이름을 가진 최초의 복제 아기가 출생했다고 언론을 통해 전했다. 이후 DNA 자료 등 과학적 증거를 제시하지 않아 사실 여부가 여전히 논란인 상태였다.

이탈리아 의사 세베리노 안티노리는 전 세계 불임부부들의 희망은 인간복제라며 2001년 1월 28일 미국의 파노스 자보스 박사와 함께 인간복제 계획을 발표하였다. 이후 2004년 1월 파노스 자보스는 복제인간 배아를 35세 여성의 자궁에 성공적으로 이식했다고 주장했으나 역시 확인된 바는 없다.

생명윤리 기본법

독일, 오스트리아, 스페인, 노르웨이 등은 수정란 생산조차 금지하는 등 인간배아연구를 엄격히 규제하고 있고, 영국은 출산 목적으로 인간복제 배아를 자궁에 착상시킬 경우 최고 징역 10년형에 처할 수 있는 법안을 제정하였으며, 미국은 인간복제를 금지하는 법을 입법했으나 치료목적의 냉동배아 줄기세포

연구에 대한 길을 열어놓은 상태이다. 인간복제(Human cloning)는 인간의 세포인 체세포를 떼어 내어 이를 착상시키는 방법으로 이론적으로는 유전적으로 동일한 또 다른 인간을 만드는 것이다.

인간복제 규제

1997년 복제 양 돌리(Dolly) 성공 이후 복제의 허용 범위를 둘러싸고 생명공학발전과 생명윤리존중 중 어느 쪽에 무게를 두어야 하는지에 대한 논란이 계속되고 있다. 세계 각국은 연구 효과보다 윤리적 측면을 감안, 인간복제를 엄격히 금지하고 있다. 유네스코(The United Nations Educational, Scientific and Cultural Organization, UNESCO)는 1997년 인간 게놈(Genome)과 인권보호에 관한 국제선언을 통해 인간복제행위 금지를 천명하였고, 유엔(United Nations, UN)도 2005년 총회에서 치료 목적을 포함한 모든 형태의 인간복제를 금지하는 선언문을 채택하였으며, 우리나라의 생명윤리 및 안전에 관한 법률에서도 인간복제를 금지하고 있다. 우리나라는 2000년 1월 법안 제정 계획이 발표된 이후 과학계와 종교, 사회단체 간의 논란 끝에 2003년 12월 생명윤리 및 안전에 관한 법률(생명윤리법)이 제정되었다. 이 법은 인간복제행위는 금지하되 치료목적의 배아줄기세포 연구는 제한적으로 허용하고 있다. 영국의회는 1990년 인간의 수정과 발생에 관한 법을 제정했다. 수정란의 조작ㆍ사용 및 핵 치환을 금지하고 위반 시 10년 이하의 징역형 또는 벌금을 물도록 했다. 동물과 인간간의 생식세포 수정을 금지하고 있으나 불임치료나 선천성질병 연구의 경우에는 관할관청의 허가를 받아 14일 이내의 배아에 대한 조작ㆍ사용을 가능토록 했다. 2001년 1월 인간의 수정과 발생에 관한 법을 개정해 조직과 기관의 분화가 시작되는 14일 이전의 초기배아에 한해 복제를 허용했다. 하지만 인간 개체복제는 엄격하게 금지하고 있다. 2004년 영국 정부는 유럽에서 처음으로 인간배아의 복제연구를 허용하였다. 미국 정부는 국가생명윤리자문위원회(National Bioethics Advisory Committee, NBAC)의 건의대로 인간복제 금지법안(Cloning Prohibition Act)을 작성해 1997년 말 의회에 제출하였다. 2001년 7월 하원을 통과한 데 이어 2005년 5월 29일 미국 상원에서 채택되었다. 이 법안은 인간복제를 주도한 사람 혹은 기업에 대해 10년 이하 징역형과 100만 달러 또는 이익금의 3배에 달하는 벌금을 물린다는 내용이다. 미국 정부는 2001년 8월 배아줄기세포 연구에 대한 연구비 지원을 발표하기도 해 인간배아복제를 공식적으로는 금지하고 있으나 민간차원의 연구는 일부 허용하는 입장을 보였다. 일본 내각은 생명윤리위원회의 건의 내용을 바탕으로 2000년 4월 인간에 관한 복제기술 등의 규제에 관한 법률안을 채택, 중의원에 제출했다. 인간에 관한 복제기술 등의 규제에 관한 법률안은 인간복제배아와 인간과 동물교잡배아, 인간성융합배아 또는 인간성집합배아를 인간 또는 동물의 태내에 이식하는 것을 금지하는 것을 주요 내용으로 한다. 그러나 2002년부터 치료목적의 연구에 한해 이를 허용하는 쪽으로 새로 가닥을 잡고 세부지침을 추가하였으며, 2004년에는 인간배아복제를 조건부로 허용하였다. 독일은 인공수정에 대한 문제점을 검토한 벤다(Benda) 보고서를 기초로 배아의 보호를 위한 특별형법인 배아보호법을 작성, 지난 1990년 12월 국회 의결을 거쳤다. 배아보호법에 따르면 생식기술과 인체수정란의 불법적 사용과 당사자의 동의 없는 임의적인 수정 및 수정란 주입, 사망한 자로부터 정자를 채취하여 수정하는 행위를 금지하고 있다. 또 배아 등 인간의 생식세포를 인위적으로 변경할 경우 5년 이하의 신체형에 처하도록 하고 있으며 다른 배아 및 태아, 인간 또는 죽은 자와 동일한 유전정보를 갖는 인체수정란을 생성하거나 여성에게 주입하는 것도 금지한다. 그리고 서로 다른 인체수정란의 결합 또는 인간과 동물의 생식세포를 융합한 수정란의 생성을 금하고 지난 1997년 3월 연방의회는 인간복제에 대한 연구개발의 금지를 결의했다. 그러나 2011년 7월 독일 하원은 소위 맞춤 아기를 가능하게 하는 착상 전 유전자 진단을 허용하는 법안을 통과시켰다. 맞춤아기란 유전자 진단을 통해 인공수정을 거친 배아의 유전자를 검사 후 원하는 배아를 자궁에 착상시키는 방법이다. 성별뿐만 아니라 영아의 눈과 머리 색깔 등 신체적 특징을 원하는 대로 선택할 수 있다. 미국을 비롯한 상당수 국가에서는 유전자 진단에 관해 특별한 제재가 없으나 장애인과 비아리안(an rya)을 학살했던 나치의 참혹한 우생학 정책을 기억하는 독일에서는 통상적으로 유전자 진단이 배아보호법에 위반되는 불법행위로 간주됐었다. 프랑스는 지난 1994년 인체의 존중에 관한 법률을 제정해 인간의 배아 체외 조작행위 등을 포괄적으로 금지하고 있다. 인간선별을 조직화하는 것을 목적으로 하는 우생학적 처치행위를 금지하고 위반자는 최고 20년의 신체형에 처하도록 한다. 또 상업적 또는 연구목적으로 인간배아를 생성 및 취득하고 사용하는 행위를 금지한다. 대가를 받고 배아를 취득하는 행위에 대해 7년 이하의 금고형을 가하고 있다. 하지만 2006년 치료 목적의 인간복제와 배아 줄기세포 연구를 합법화하는 작업을 추진하였다.

> **아리안**
>
> 고귀한[聖]을 뜻하는 산스끄리뜨 아리야(rya)에서 기원한다. 아리안은 아리안의 적(敵)으로 불리는 비(非)아리안(an rya)에 대한 규정을 통해 역(逆)으로만 정의된다. 비아리안들은 검은 자 혹은 흑인, 검은 피부 등으로 자주 표현된다.

2003년 7월 라엘의 입국으로 한국사회에 인간복제와 관련한 사회적 혼란을 야기시킨다는 이유로 보건복지부는 법무부에 입국금지를 요청했다. 마이트레야 라엘의 입국은 지금까지 불허되었다. 미국변호사협회(American Bar Association, ABA)는 정부의 인간복제 금지 정책에 반대하며 치료를 위한 복제를 실시한 과학자를 범법행위로 규정할 수 있는 법안을 비난하기도 했었다.

동물복제

동물복제를 통한 복제 양 돌리 탄생 이후, 줄기세포 연구를 포함한 생명공학 기술은 한 걸음씩 전진을 거듭했다. 난치병 치료 등 인체에 적용하기에 생명공학 기술의 갈 길은 여전히 멀다. 돌리 이전부터 개구리ㆍ쥐ㆍ토끼 등의 복제에는 성공했으나 돌리는 포유류의 난자에서 핵을 제거하고 성숙한 암양의 세포핵을 이식해 유전적으로 똑같은 새끼 양을 만들었기에 파장이 컸다. 체세포 배아복제가 곧 줄기세포 연구의 전부처럼 대중에게 각인됐으나 체세포 배아복제가 차지하는 비중은 크지 않으며 세계적으로 체세포 배아복제 연구보다 현재 수정란 배아줄기세포, 성체줄기세포, 유도만능줄기세포 분야가 각각 장단점을 가지고 서로 보완하며 발전하고 있다. 하지만, 세계 최초 인간복제 배아줄기세포 확보는 2013년에서야 성공한다.

매머드 등 아주 오래전 멸종한 동물을 복원하기 위해 러시아가 투자해 세계 정상급 복제연구소를 세우는 것으로 전해졌는데 복제연구소는 지방 정부로부터 지원 약속을 받은 것으로 전해졌으며 고유전과학연구소로 명명된 이 시설은 러시아 유전학자들의 연구를 확대하는 것을 목표로 한다. 시베리아 영구 동토 층에는 오래전 멸종한 여러 동물이 다수 묻혀 있어서 러시아의 중요한 유전과학 자원이 되고 있다. 새롭게 세워질 복제연구소는 매머드 외에도 털 코뿔소, 동굴 사자 등 오래전 멸종한 동물을 되살리기 위한 연구가 진행되며 이뿐만 아니라 이곳에서는 인간의 질병과 싸우는 방법도 연구된다.

　난자에서 핵을 제거하고 복제하고자 하는 체세포의 핵을 주입하는 과정을 통하여 유전적으로 완벽히 동일한 개체를 생산하는 과정인데 이는 체세포 핵이식 란을 대리모에 이식하여 생산하므로 복제산자는 미토콘드리아 DNA를 제외한 모든 게놈 DNA가 같다. 이러한 동물복제는 우수한 형질을 그대로 전달할 수 있는 한편 질환 모델 동물로도 이용된다. 1996년 영국에서 세계 최초로 포유동물의 체세포 복제동물인 돌리가 태어났다. 그 이후 체세포 복제는 가축(양, 소, 돼지, 염소), 실험동물(마우스, 랫드, 페렛), 반려동물(고양이, 개) 등 여러 동물에 적용되었다. 이러한 동물복제가 야생동물 복원에 적용하여 성공한 사례는 뉴질랜드의 자생 소 복원 사업이다. 아직 모든 동물에 적용할 수는 없지만 멸종위기 종 야생동물을 보전하는 대안으로서 보조생식기술이 주목 받고 있다. 근연관계가 가까운 종이나 그 아종을 복제하기 위해 쉽게 구할 수 있는 종의 난자를 이용함으로써 동일한 개체를 생산해낼 수 있기 때문이다. 체세포 복제기술은 난자의 성숙 및 배양에 관한 연구가 중요한 바탕이 된다. 산업동물로 체외성숙 기법이 잘 확립된 소와 돼지의 난자는 일찍부터 체세포 복제로 활용되는 양질의 난자를 제공하여 보조생식기술과 체세포 복제기술이 먼저 정착되었다. 개의 경우는 체외에서 난자를 성숙하는 기술이 미흡하여 복제가 난관에 봉착하게 되었다. 이를 해결하고자 유사분열 전기에 배란한 후 난관 원위부에서 2일에 걸쳐 성숙하게 하고, 유사분열 중기인 배란 후 72시간 무렵에 외과적 방법으로 난관을 세척하여 채란하는 방법으로 복제 개들이 탄생하였다. 갯과 동물의 체세포 복제기술은 갯과 동물의 복제에 전기를 마련하여 늑대는 물론 코요테의 복제도 이루어졌다. 이종 간 체세포 핵이식은 종이 다르거나 혹은 속, 과, 목이 다른 동물의 난자를 이용하여 유전적으로 가치가 있거나 멸종위기에 처한 동물의 이종 간 배아를 만들고 체세포를 복제하는 과정이다. 이는 절멸이나 멸종으로 인해 암컷 생식선 또는 난자를 구하기 어려운 종을 복원하기 위해 그 아종이 나 가까운 종의 난자를 빌려 체세포 핵이식 란을 만들어 대리모에 이식, 산자를 생산하는 것이다. 산업동물이나 고양이 같은 반려동물의 난자를 사용하여 인도 들소, 야크(Yak), 살쾡이가 성공적으로 복제되었다. 특히 개 복제가 성공한 후 개의 난자를 이용하여 늑대와 코요테를 복제하면서 이종 간 복제기술은 갯과의 이종 복제 영역으로 넓어졌다. 이속 간 복제에 속하는 삵은 고양이 난자를 이용 하여 착상되었고 태아까지 생성된 보고가 있다. 반면에 소와 돼지 사이의 이과, 소의 난자에 개의 체세포를 주입한 이문, 토끼의 난자에 판다의 세포를 주입하 여 배반포를 생산한 이강 간 복제 연구도 꾸준히 이루어지고 있으나, 건강한 복 제 산자 생산에는 성공하지 못하였고 재현성도 불확실하다. 모든 멸종위기동물 이 보전될 수는 없지만 과학은 발전하고 있다. 동물복제가 동물권을 크게 침해 하지 않는 범위에서 이루어진다면 반대할 이유가 없다는 의견이 대체적인 의견 이다. 동물복제의 종착역이 인간복제가 아닐까 하는 우려가 남아 있지만, 동물 복제가 인간복제 시도로 이어지지 않는다는 점을 명백히 밝힘으로써 이는 불식 될 수 있을 것이다. 멸종 위기 종 보존을 위한 동물복제는 동물의 원형을 보존 하며 생태계의 변화를 일으키지 않는다. 또한 멸종위기종 보존을 위한 동물복 제는 불필요한 동물의 희생 없이 체세포 채취와 난자를 이용하여 수행되며, 동 물의 생명을 훼손하거나 인위적으로 생명을 박탈하지 않는다. 또한 멸종위기종 의 보존을 효율적으로 하기 위한 동물복제 방법은 인간복제와는 거리가 먼 행 위로서 반대할 내용이 아니다.

동물복제의 역사

년도	동물	생명복제역사	의미
1996년	양	1996년 영국에서 체세포를 이용한 복제(somatic-cell derived cloning)가 이루어져 체중 6.6kg의 새끼 양 한 마리가 태어났다. 수핵 세포와 유선 세포의 융합 시도의 결과로 277회 만에 성숙한 세포의 비가역성을 극복해 냄으로써 분화를 마친 세포도 원시 세포로 리프로그래밍(Reprogramming) 될 수 있음을 증명하여 세계 최초의 포유류 체세포 복제 동물을 얻었다. 이는 1997년 2월호 네이쳐(Nature)지에 발표되었다.	양은 양털과 고기, 젖을 제공하여 서양에서는 중요한 가축으로 좋은 품종의 양을 복제하는 일은 인류의 식량 문제를 해결하는데 도움을 준다.
1999년	소	1999년 한국에서 세계 최초로 젖소를 복제하는데 성공하였는데 젖소의 자궁 및 귀 세포를 이용해 복제되었고, 난자의 파손을 최소화시키면서 핵을 짜내 제거하는 스퀴징(squeezing) 방법이 처음 적용돼 복제 성공률을 높였다.	소는 고기와 젖을 제공하여 동양에서 중요한 가축으로 좋은 품종의 소를 복제하는 일은 식량 문제 해결에 도움을 준다.
2002년	고양이	2002년 미국에서 세계 최초로 복제 고양이를 탄생시키는데 성공해 네이처(Nature)지에 발표됐다.	고양이 복제는 가족같이 지내는 반려동물이 죽을 경우에 복제하려는 수요를 반영한다.
2002년	토끼	2002년 프랑스에서는 복제 토끼를 만드는데 성공해 네이처 바이오테크놀로지(Nature Biotechnology)지에 발표했다.	토끼는 인간에게 필요한 유용한 단백질을 생산하는 공장으로 유용하다.
2003년	쥐	2003년 미국에서 쥐의 배아 줄기 세포를 이용해 인체 바깥에서 최초로 난자를 키워내는 데 성공, 이를 사이언스(Science)지에 발표했다.	쥐는 실험실에서 질병 연구에 사용되는 가장 중요한 동물이다.
2004년	쥐	2004년 일본에서 난자(卵子)만으로 쥐를 탄생시켰는데 네이처(Nature)지에 발표되었다. 난모 세포를 성숙시켜 다른 쥐의 난자에 정자 대신 이식한 다음 화학 물질로 자극, 세포 분열을 일으키는 실험을 460회 실시한 끝에 쥐 10마리를 태어나게 하는데 성공했지만 제대로 자란 것은 한 마리에 불과했다. 아버지 없이 태어나 건강하게 자란 15개월 된 쥐는 이후 정상적인 수정을 통해 12마리의 새끼를 낳았다.	
2005년	개	한국에서는 2005년 성체의 체세포를 이용하여 세계최초의 복제견을 복제하였다. 이는 Nature 436호지에 'Dogs cloned from adult somatic cells'라는 제목으로 발표되었다.	개 복제는 반려동물이 죽을 경우의 복제수요를 반영한다.

2018년	원숭이	2018년 중국에서는 최초로 영장류가 복제되었다. 돌리의 탄생에 이용되었던 체세포 핵 치환 기법을 이용하여 원숭이 두 마리를 복제하는 데 성공하였다.	
2020년	말	2020년 미국에서는 멸종 위기에 처한 프르제발스키말 (Przewalski's horse) 복제에 성공했다. 몽골 야생에 사는 프르제발스키말의 40년 된 냉동 세포로 복제됐다. 사용된 세포주는 1998년 사망한 말의 것이며 연구 목적으로 1980년 냉동처리 된 것이다. 세포주는 배양하면 계속 분열 및 증식할 수 있는 세포 집합 단위이다. 해당 유전물질로 배아를 만들어 일반 가축 말 자궁에 이식했다. 대리모 역할을 맡은 말은 임신에 성공했고 새끼 프르제발스키말이 태어났다. 망아지는 대리모와 함께 샌디에이고 동물원에서 지내고 있다.	경주마 등 명마의 대량 복제를 통해 산업적인 효과가 클 것으로 전망된다.
2022년	늑대	2022년 중국에서 생후 100일 된 복제 북극늑대가 공개되었다. 야생 암컷 북극늑대의 체세포에서 채취한 유전자와 핵을 제거한 개의 난자를 결합하는 식으로 복제돼 몸무게 520g, 몸길이 22㎝로 태어났다. 137개 복제 수정란을 만들어 이 가운데 85개를 7마리의 비글 자궁에 이식한 끝에 북극늑대 복제에 성공했다. 비글은 개 품종의 하나로, 늑대와 습성이 유사하다. 북극늑대는 대리모인 비글과 함께 자라고 있다. 북극늑대는 빙하기를 견뎌낸 동물로 캐나다 북부와 그린란드 북부에서 주로 서식한다. 평균 수명은 7~10년이다. 그러나 환경오염과 밀렵 등으로 인해 개체 수와 서식지가 줄어들고 있다. 2012년 세계자연보전연맹(IUCN) 멸종 위기종 레드리스트(Red List)에 등재됐다.	동물복제는 멸종 위기에 처한 희귀 동물을 구할 수 있는 방법 중 하나이다.

이종장기

장기이식을 받아야 할 환자가 증가하지만, 장기 공급은 절대적으로 부족한 것이 사회적 문제가 되기 훨씬 전부터 사람들은 이종장기이식을 꿈꿔왔다. 장기 기증자에 대한 윤리적 부담이 동종이식에 비해 거의 없다시피 하고, 무한한 장기 공급처가 될 수 있다는 점에서 이종장기이식이 동종이식보다 먼저 고려된 건 너무도 당연한 일이었는지 모른다. 동종장기이식의 성적이 향상되고 신장 등에서 비 이식 대체요법인 투석 등이 본격적으로 등장하면서 이종장기이식을 임상적으로 적용해보고자 하는 열정과 노력은 수그러든다. 하지만 심장 등 치명적 장기에 대해서는 간헐적 시도가 끊어지지 않았고, 공여 장기의 부족 등과 이식 면역 등에 대한 새로운 지식이 쌓이면서 다시 이종장기이식에 대해 관심이 증가하게 되었다. 인간에게 시도하기 보다는 인간과 유사한 원숭이를 수혜자로 하는 영장류 이종장기이식 모델을 통한 실험이 우선적으로 시작되게 되었다.

임상의학 윤리가 강화되면서 동시에 장기 공여 가능 동물이 원숭이에서 돼지로 전환되게 되며 보다 큰 면역학적 장벽이 존재하는 공여자에 대한 연구가 필요하게 되었다. 거부반응이 돼지의 형질전환을 통해 극복될 수 있다는 희망이 생기면서, 활발한 연구가 시행되고 있다. 현재 이종장기이식은 일부 장기의 경우 임상시험의 직전 단계라고 할 정도로 성과가 있지만, 또 다른 장기의 경우에는 아직도 생존을 시간으로 따져야 할 정도로 차이가 많이 나고 있는 형편이다. 이종장기이식을 실제 가능한 문제로 심도 있게 논의되어야 할 시기가 도래했다. 장기이식이란 병들고 노쇠한 장기를 건강하고 젊은 장기로 교체하거나 대신하는 것을 말하며, 넓게는 조직이식 및 세포이식도 포함할 수 있다. 이 외에도 이미 널리 사용되고 있는 인공심장판막, 인조혈관, 인공시각, 보청기, 인공피부, 인공관절과 같은 인공물이 있다.

초창기 이종장기이식의 공여 후보 동물은 유인원이었다. 사람과 가장 유사하다는 점과 체구가 가장 비슷하다는 점에서 의문의 여지도 없이 침팬지가 우선적으로 고려되고 시도되었다. 하지만, 침팬지라도 여전히 면역학적 장벽이 극복되지 못하고 실패하게 되고, 시대가 바뀌면서 동물 보호라는 개념이 생겨 보호 동물을 장기 공여 동물로 선택하는 것에 대한 일반 대중의 반감이 높아지고, 숫자를 충분히 확보하는데 문제가 있었다. 결정적인 요소로 에이즈로 새삼 부각된 유인원을 통한 동물유래 전염병에 대한 공포가 공여 동물로서 침팬지 등의 유인원을 배제하게 된 계기가 되었다. 그래서 고려의 대상이 된 게 돼지인데, 유인원에 비해 상대적으로 면역, 생리학적으로 인간과 멀지만, 대량 생산이 가능하고 보호 대상이라는 이미지가 약하고 인간과 장기의 유사성이 밀접한 편이며 무엇보다 형질전환이나 감염 관리 등에서 조절이 용이하다는 점에서 이종장기이식의 공식 장기공여 동물로 공인되게 된다. 장기이식은 사전적으로는 세포조직, 장기 등을 원래의 장소에서 다른 장소로 옮기는 일을 말한다.

장기이식에는 조직공학, 줄기세포, 인공장기, 이종장기 등의 분야 기술이 큰 줄기이며, 상호보완적으로 발전하고 있다. 이종장기이식은 장기이식을 기다리는 환자가 적합한 장기를 이식받을 때까지 생명을 연장해주는 가교이다. 점차 이종장기에 대한 관심이 증가하고, 이종장기에 대한 관심이 높아진 이후 대학과 정부연구기관에서 잇달아 형질전환 가축을 개발하는데 성공하였다. 가장 앞선 연구를 수행하고 있는 미국에서는 식품의약국을 중심으로 가이드라인과 기준을 제시하고 있으며, 현재의 미진한 부분은 과학기술의 발달로 극복할 수 있을 전망이다. 또한 유전자 편집기술, 3D 프린팅 기술 등 새로운 기술들이 속속 등장할 것이다.

인체에 이식되는 장기는 종류에 따라 네 가지로 대별되는데 자가 장기, 동종장기, 이종장기, 인공장기 등이다. 이식이란 이들을 인체에 옮겨 심는 행위를 말하며, 각각 자가이식, 동종이식, 이종이식, 인공장기이식이라고 부른다. 동종장기이식은 같은 종 사이에 장기를 적출하여 이식하는 것으로, 대표적인 예로는 사람의 심장, 콩팥, 간을 적출하여 다른 사람에게 이식하는 심장이식, 콩팥이식, 간이식을 들 수 있다. 이러한 치료는 장기가 망가져서 더 이상의 약물이나 수술이 불가능하고 그대로 두면 사망할 수밖에 없는 경우에 선택된다. 그 결과는 가히 획기적이며, 여명을 5~10년 이상 늘릴 수 있을 뿐 아니라 삶의 질 또한 크게 향상된다. 그러나 문제는 장기의 수혜자인 환자를 위해 반드시 장기의 제공자가 있어야 한다는 점이며, 예상하다시피 동종이식은 수요자에 비해 공급자가 절대적으로 부족하다는데 결정적인 한계가 있다. 그 외에도 뇌사판정과 관련된 문제를 포함하여 한정된 자원을 공정하게 배분할 수요자의 선정기준이나 공급자를 확보하는 뇌사판정의 문제 등과 같은 사회적 안전장치가 필요하며, 또 한편으로 대책 없이 죽어가는 환자와 가족들이 장기매매도 불사하는 상황에서, 다양한 부작용들을 통제하고 조절할 법적, 사회적, 윤리적 합의점이 도출되어야 한다. 그러나 어떤 노력에도 불구하고 현재의 제공자 부족 현상을 해결할 방안은 없다.

등에 인간의 귀가 달린 마우스

이종장기이식은 서로 다른 종 사이에 장기를 주고받는 것으로, 대표적인 예로는 실제 적용된 바 있는 침팬지 심장의 인체 이식이나 최근 시도되는 형질변형돼지 심장의 인체 이식 등을 들 수 있다. 이 경우는 인체장기와 동일한 기능을 가진 생체장기를 대량 확보할 수 있으면서 제공자에 대한 부담은 상대적으로 적다는 장점을 가지고 있다. 아직까지는 면역방어 체계를 극복하는 문제와 이종개체 사이에 전파될 수 있는 질병의 가능성을 차단하는 것이 숙제로 남아 있다. 그러나 이러한 문제들이 극복되어 실제 임상에 적용될 수만 있다면, 질병 극복과 장수라는 인류의 꿈의 실현에 큰 걸음으로 다가갈 수 있을 것으로 예상한다. 인공장기이식은 전통적으로 금속, 탄소화합물, 화학물질 등으로 인체장기와 유사한 기능을 가진 기계식 인공장기를 만들어 이식하는 것을 말하며, 대표적인 예는 인공심장, 인공신장, 인공 간을 들 수 있다.

최근에는 인공장기의 개념이 확대되면서 기계식 인공장기 뿐 아니라 생체 인공장기가 소개되고 있다. 인공장기는 현재까지 임상에서 동종이식의 한계점을 극복할 수 있는 유일한 대안이다. 또한 장기 제공자나 생체조직 사용과 관련된 도덕적 윤리적 압박을 가장 적게 받기도 한다. 현재 치료에 적용되고 있는 기계식 인공장기들은 주로 심장과 폐 기능을 대신해 주는 역할을 수행하고 있

으며, 대표적으로 인공심장이다. 인공심장은 기능과 목적에 따라 여러 가지로 분류되는데, 자기심장을 제거하고 기계 심장으로 대치하는 인공심장과 자기심장을 보존한 상태에서 기계심장이 보조하는 인공심장이 있다.

인공심장

이외에도 좌측이나 우측 심장만 별도로 보조하는 심실 보조장치, 폐 기능을 보조하는 인공폐, 심장수술에서 심폐기능을 동시에 보조하는 체외순환장치, 응급상황에서 사용하는 생명구조장치 등이 넓은 의미의 인공심장에 포함되기도 한다. 인공신장은 만성신부전 환자의 혈액투석에 널리 쓰이고 있으며, 최근 이식형 인공신장기의 개발이 시도되고 있다.

생체 인공장기의 중심에는 형질 변형 돼지를 이용한 이종이식이 있다. 현대의학의 대부분 치료는 망가진 장기를 수리해서 사용하는 개념인 것을 감안할 때, 거부반응과 이물반응이 없는 생체 장기가 필요할 때 얼마든지 공급되고 그것으로 망가진 장기를 완전히 교체할 수 있다는 상상은 그 자체만으로도 즐겁다.

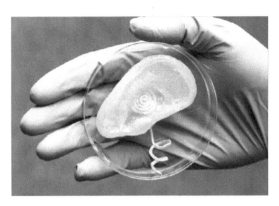

3D 프린팅 기술로 만든 인공 귀

무기질의 재료를 층층이 쌓아 올려서 3차원(3D) 구조를 구성하는 모델은 1980년대부터 연구가 진행되어 왔다. 재료를 깎거나 잘라만들던 기존의 제품 생산 방식과 달리 3D 프린팅은 얇은 층을 한 층씩 무수히 쌓아 제작하기 때문에 적층 가공 기술이라고도 한다. 3D 프린팅 기술은 적층 방식과 사용되는 재료에 따라 구분되며, 활용 가능한 재료는 고분자, 금속, 종이, 목재, 식재료, 생체 재료 등으로 다양하다. 최근 3D 프린팅 기술이 환자 맞춤형 조직 재생 분야에 혁신을 가져왔으며, 새로운 가능성을 열고 있다. 2000년 초반부터 3D 프린팅 기술을 활용하여 세포 지지체를 제작하기 시작하였으며, 세포 부착이 가능한 생체재료를 사용하여 3차원 구조의 세포 지지체를 만들거나, 기하학적인 패턴에 세포를 분사할 수 있는 3D 프린터를 활용함으로써 목적 조직을 재생하고자 했다. 이러한 유형의 기술이 바이오 프린팅으로 알려진 3D 프린팅 기술이다.

현재까지 보고된 장기이식 사례는 방광과 기관에 사용한 사례이며, 복잡한 구조를 가지는 장기에 있어서는 아직까지 바이오 프린팅 기술을 적용하는 데 어려움이 있다. 이에 따라 장기보다는 하위 개념이자 단순한 구조를 가진 조직 재생에 대한 연구가 활발히 진행되고 있으며 특히 골, 연골, 피부, 혈관, 심근,

각막, 간, 폐 등의 구조가 간단한 형태의 장기 대상 연구들이 활발하다. 바이오 프린팅 장기를 개발하는데 중요한 고려사항은 조직에서의 대사 작용이다. 3차원 구조를 이루고 있는 조직에서 세포가 정상적으로 활동하는데 필요한 적절한 산소 및 영양소의 공급, 그리고 노폐물의 제거는 혈관을 통해 이루어진다. 따라서, 바이오 프린팅된 조직의 3차원 구조체는 신생혈관 없이는 세포 생존 및 적절한 증식에 필요한 영양분, 산소 및 노폐물 제거 등의 적절한 물질대사를 얻지 못한다. 따라서, 최근에는 두꺼운 조직 또는 기관을 3D 바이오 프린팅 하는데 있어서, 하이드로젤과 같은 3차원 지지체의 적용을 통해 생체 적합성을 향상시킬 수 있는 방법이 추천된다. 위와 같은 이유로 최근 조직 두께가 얇아 물질대사가 용이한 방광, 기관에서 성공 사례를 보고되고 있다.

입자치료

양성자 치료는 수소 원자핵의 소립자인 양성자를 빛의 60%에 달하는 속도로 가속화해 암 조직을 파괴하는데 가속된 양성자선은 몸속을 통과하면서 정상 조직에는 방사선 영향을 주지 않다가 암 조직에서 최고의 에너지를 방출해 암 세포의 DNA(유전자)를 파괴하고, 이후 양성자선은 바로 소멸되고, 암 조직 뒤에 있는 정상조직에는 방사선 영향을 주지 않는다.

치료 과정이 신속하고 고통이 거의 없고 치료를 받는 시간도 1회 20~30분 정도인데 양성자선이 환자에게 쬐어지는 시간은 2~3분, 나머지 15~25분은 환자를 치료대 위에 고정하는 데 소요된다. 2007년 국립암센터가 국내 최초로 도입한 이래 국립암센터 · 삼성서울병원 등 두 곳이 양성자 치료기를 운영 중이다.

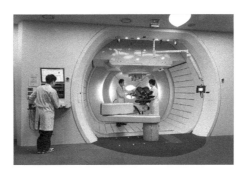

양성자 치료

방사선 암 치료는 필요한 부분에 방사선을 쬐어 암세포를 파괴하는 방법인데 부작용은 방사선이 암세포뿐 아니라 암세포 주위의 정상 세포까지 일부 파괴할 수 있다는 점이다. 양성자 치료기와 중성자 치료기 등 최신 방사선 암 치료 기술들이 도입되었다. 중성자 치료기는 기술적으로 가장 진보한 것이다.

중성자가속기로 탄소이온을 빛의 속도의 80%까지 가속해 만든 에너지를 암 조직에 직접 쏘는 방식으로 중성자가 암 조직에 닿는 순간 방사선 에너지를 방출해 암세포의 유전자(DNA)를 파괴하고 암 조직만 사멸시킨다. 세계적 과학학술지 네이처(Nature)가 중성자 치료기를 암 명사수(Sharp Shooters)라고 평가할 정도로 우수하다. 중성자 치료기는 현존하는 가장 우수한 암 치료 장비로 평가된다.

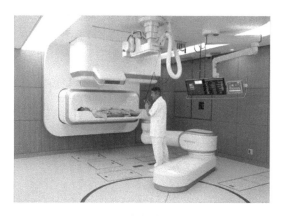

중성자 치료

세포치료

자연살해세포(Natural Killer Cell, NK cell)는 항암치료 또는 항암면역세포 치료에 이용된다. 면역세포 배양 치료제는 크게 자연살해세포와 수지상세포(dendritic cell) 등이 있는데 그 중에 하나가 자연살해세포이다.

면역세포가 어떤 세포를 만나게 되었을 때 그것이 적인지 아니면 자신의 세포인지를 어떻게 감별할 수 있을까? 세포가 바이러스에 의해 감염되면 바이러스가 유전자 중간에 끼어들어서 평소에 만들지 않는 단백질을 만들게 되는데 이와 같이 암세포도 평소에 만들지 않는 단백질을 만들게 되어서 면역세포와 충돌하게 된다. 그러나 면역세포들은 바이러스나 암세포를 적으로 인식하지 못할 수도 있다. 하지만 일반적으로는 각 부위에 달린 단백질을 보고 내가 아니란 것을 확인하고 공격한다. 이것이 NK cell의 대표적인 기전이다.

면역세포치료제를 가장 효율적으로 사용하는 방법으로 암수술로 mass를 최소화시킨 후 잔여 종양 그리고 숨어있는 소수의 암줄기세포를 타켓(Target)으로 면역세포들을 투여한다. 암을 치료하기 위한 세포면역요법으로 암세포를 선택적으로 파괴하는 자연살해세포, 면역반응 유도에 중추적인 역할을 하는 수지상 세포가 주목받고 있다.

다양한 항암면역세포 중 자연살해세포는 직접적으로 암세포의 발생, 증식, 전이를 억제할 뿐만 아니라 암의 재발에 중요한 암 줄기 세포(cancer stem cell)를 효과적으로 제거할 수 있어 항암면역치료제 개발 측면에서 많은 장점을 가지고 있다. 동종 자연살해세포가 항암 치료에 많은 장점을 가진다는 것은 처음 혈액암 환자 치료에 동종 조혈줄기세포이식(hematopoietic stem cell transplantation)이 효과적이라는 사실로부터 알려지게 되었다.

줄기세포(stem cell)는 적절한 신호에 의한 자기 복제 및 다양한 조직으로 분화할 수 있는 능력을 가진 전구세포로서 발생 단계에서부터 몸의 장기를 형성하고 성장 후에는 장기 및 조직 기능을 복원하는 데 중요한 역할을 한다.

발생초기 배반포에서 얻어지는 배아줄기세포(embryonic stem cell)는 미분화 상태에서 자가 증식 능력이 뛰어나지만 분화 잠재성을 알기 어려워 생체 내 이식을 한 경우 불필요한 세포의 증식 등 암 발생 가능성을 고려해야 한다. 또한 배아줄기세포의 이용은 생명체 이용이라는 점에서 많은 윤리적인 문제를 안고 있어 실질적인 사용에 제한이 따른다.

발생 과정이 끝난 성체 또는 태반에서 얻어지는 성체줄기세포(adult stem cell)는 생체 내 이식된 후 장기 특성에 맞게 분화하는 특이성 및 본래의 세포 특성과는 다른 종류의 세포로 교차 분화할 수 있는 유연성을 가지고 있고, 다양한 세포로 분화될 수 있는 잠재성이 있음이 밝혀지면서 성체줄기세포를 통한 세포 치료의 가능성은 높아지고 있다. 성체줄기세포 중 중간엽줄기세포를 얻기 위한 연구들은 주로 골수에서 이루어져 왔으며, 골수줄기세포를 이용하여 다양한 조직으로의 분화 등 많은 연구가 이루어져 왔다. 그러나 골수에서의 세포 획득은 환자의 고통을 수반하며 임상에 적용하기 위한 충분한 양의 세포를 얻기 위해 여러번 채취해야 하는 부담이 존재한다. 골수와 같은 간엽에서 유래하며 다양한 기질 세포들을 포함하고 있는 지방조직은 또 다른 줄기세포의 원천으로 지방 추출물 안에 줄기세포로 추정되는 세포들이 있으며, 이를 지방유래줄기세포라고 명명한다. 지방조직은 많은 양의 조직 채취가 용이하여 줄기세포를 수확하는데 좋은 조건을 가지고 있으며, 배양 시 안정적인 성장과 증식을 보여주고 분화를 유도하였을 때 골수줄기세포와 같이 다양한 세포로의 분화가 가능하다. 현재 지방유래줄기세포는 지방조직의 성숙지방세포, 적혈구 등을 제거한 나머지 기질세포를 분리 배양하여 얻는다.

줄기세포는 미분화 상태로 자가 증식하고 다른 조직의 세포로 다중 분화될 수 있는 세포로 몸의 많은 조직에 존재하는데 그 중 가장 먼저 알려진 것은 골수에서 유래된 줄기세포이며 이후 탯줄혈액뿐만 아니라 말초혈액에서 분리되고, 또한 태반, 피부, 신경조직 등 몸 어느 곳에서나 존재하는 특징이 있다. 골수줄기세포(bone marrow stem cells)는 많은 연구를 통해 간엽줄기세포로 확인되어 왔으나 채취 시 동통, 많은 양의 줄기세포 획득이 불가능한 단점이 있고, 탯줄혈액 등은 적기에 얻기 힘들며 자가 조직으로 사용하기에는 장기간의 보관 등의 문제점을 갖고 있다.

지방조직은 배아의 중배엽에서 기원하며, 중배엽조직의 줄기세포는 뼈, 연골, 근육, 지방조직을 생성할 수 있다. 지방조직은 비만환자에서 미용성형 목적으로 시행되고 있는 지방흡입술에 의해 얻을 수 있으며 지방흡입술은 과거 30년 전부터 안전하고 손쉬운 시술로 행하여져 왔다. 지방흡입술 관련 조직들은 그냥 버려져 왔으나 자가지방이식용으로 임상에서 사용되며 또한 지방세포연구자들에 의해 줄기세포를 얻는 데 활용되고 있다.

지방흡입이나 절제된 지방조직에서 줄기세포를 분리하는 방법은 다음과 같다. 채취된 조직을 완충액으로 세척한 후 효소 처리하여 결합조직을 분해

한다. 이때 부유된 조직을 원심 분리하면 상층의 세포외기질 및 기름 층과 하단에 침전된 세포층으로 나누어진다. 하단에 침전된 층은 Stromal Vascular Fraction(SVF)으로 불리어지며 여기에 지방줄기세포가 포함되어 있다. 침전된 세포는 배양판에 쉽게 부착되어 수일 내에 성장 증식이 일어난다. 초기의 침전 세포층 내에는 혈관내피세포, 근육세포, 간극세포, 섬유모세포 그리고 혈구세포 등이 포함되나 수차례 계대 배양 후 줄기세포가 남겨진다. 그러나 일부 섬유모세포들도 부착되어 증식되기도 하므로 이들 세포가 줄기세포로만 이루어 남는다는 점은 아직 논란의 여지가 있다. 따라서 특이적 세포표면항원을 이용한 유세포분리기로 줄기세포를 분리하여 연구하기도 한다.

지방조직 내에는 줄기세포 외에 지질이 함유된 분화지방세포, 섬유모세포, 관 내피세포, 혈관근육세포, 면역세포 등이 혼합된 세포가 존재하고 있다. 간엽줄기세포로 정의되기 위해서는 세 가지 조건이 충족되어야 하는데 첫째는 배양 용기에 부착하여 증식되고, 둘째는 시험관 내에서 골 모세포, 지방세포, 연골 모세포로 분화할 수 있어야 하며, 셋째는 특정 세포표면항원이 발현되어야 한다.

다분화능을 가진 지방줄기세포는 지방세포, 골모세포, 연골모세포, 근섬유모세포 등 대부분의 중간엽세포로 분화할 수 있다. 또한 지방줄기세포는 중배엽조직세포 뿐만 아니라 외배엽조직인 신경세포로도 분화할 수 있다. 또한 지방줄기세포가 혈관신생 작용이나 조혈 작용에도 관여할 수 있다. 이는 제한적이지만 창상치유, 혈관생성 촉진 등 많은 시도가 이루어지고 있다. 지방 신생은 연조직 재건의 여러 분야에 쓰일 수 있다. 수천 명의 환자가 신체 일부의 결손이나 주름개선 등에 지방이식을 받고 있다. 지방이식은 성숙한 지방세포의 이식뿐만 아니라 지방세포로의 분화와 혈관 신생에도 역할을 하기 때문이다. 외상이나 수술 후 연조직 결손이 임상에서는 매우 흔하다. 이러한 조직 결손된 부분을 복구하는 재건 성형에 있어서 지방조직이식은 매우 중요한 부분을 차지한다. 실험실에서 지방세포로의 분화는 14일이 걸리며, 인슐린과 글루코코르티코이드가 가장 중요한 자극제라는 것이 알려져 있다. 성장호르몬이나 글루코코르티코이드, 인슐린, 지방산은 모두 지방세포 분화의 초기 또는 후반 단계의 자극제이다. 갑상선 호르몬은 후반 단계에만 자극제로 작용한다.

완벽한 연골을 재생시킬 수 있다면 지방줄기세포를 외상 성 관절이나 관절염 치료에 유용하게 사용할 수 있다. 동물실험에서 천공기로 토끼의 대퇴골 골관절 돌기에 결손을 만들고, 결손부위에 지방줄기세포와 혈청섬유소로 처치하여 기존의 방법과 비교 관찰한 결과 골 연골 치유능력이 우수하다는 결과를 얻었다. 생체 내에서 연골 재생을 촉진시키는 것이 어렵기 때문에, 연골 성장에 대한 보고가 없는데도 불구하고 이 결과는 희망적으로 보인다. 시험관 내 지방줄기세포의 연골 분화는 인슐린, 아스코빈산을 배양액에 첨가해서 유도한다. 배양 시 지방줄기세포가 연골로 분화하게 된다. 세포가 저밀도로 분포되어 있으면 분화에 관련된 유전자가 발현은 되나, 실제로 분화능력이 떨어지며 반대로 세포가 고밀도로 분포되어 있으면 분화가 오히려 잘 된다. 임상적으로, 지방줄기세포가 골 모세포로 분화, 유도된다면 뼈의 불 유합이나, 부정 유합을 치유하는데 도움을 줄 수 있고, 골 이식이나 관절융합을 도울 수도 있다.

지방줄기세포가 골격근과 민무늬근육세포로 분화될 수 있다. 지방줄기세포가 외배엽성인 신경조직으로도 분화된다. 지방줄기세포를 이용하여 말초신경 재생이 가능하다. 지방줄기세포의 임상적용의 문제점은 많으나 지방줄기세포의 미래는 밝다. 수확, 정제, 배양방법이 용이할 뿐만 아니라 많은 양을 얻을 수 있어 지방줄기세포는 미래에 임상치료에 광범위하게 적용될 수 있을 것으로 전망된다.

줄기세포는 질병으로 손상되거나 퇴화된 조직을 새로이 재생할 수 있다는 가능성으로 인해 미래의학의 핵심적 요체로 꼽힌다. 더구나 미래의학이 주요 신산업으로 대두되기 시작하면서 줄기세포에 의한 세포치료와 재생의학은 새로운 경제적 성장 동력을 제공할 수 있는 신산업 성장 동력으로 각광받고 있다. 손상된 조직을 재생할 수 있는 것으로 알려진 줄기세포는 몸 안에 들어가서 필요한 세포 및 조직을 재생할 수 있다는 점으로 인하여, 과거 약물이나 수술에 주로 의존하던 치료에 재생이란 새로운 형태의 치료 모델을 추가하게 되었다. 더욱 놀라운 발견은 일반 체세포를 미분화 상태로 역분화시켜 전분화 능을 갖게 한 새로운 줄기세포가 탄생한 것이다. 이제는 배아줄기세포와 동일한 수준의 전분화 능을 가지는 줄기세포를 환자 자신의 세포로부터 직접 만들어 낼 수 있는 맞춤형 줄기세포가 탄생할 수 있게 되었다.

줄기세포를 자신의 유전자와 동일하게 하기 위해서 과거엔 난자에 체세포 핵을 치환하는 이른바 배아복제에 의존했지만 이제는 더 이상 그럴 필요도 없이 손쉽게 역분화를 통해 문제점을 해결할 수 있게 되었다. 배아줄기세포에 비해 상대적으로 더 안전하다고 생각되고 있는 성체줄기세포들을 대상으로 연구개발이 집중되었고, 거의 모든 종류의 난치병에 대해 줄기세포를 통해 치료적 효과를 얻을 수 있는 가능성을 검토하는 연구가 진행되어 왔다. 성체줄기세포들 중에는 조혈줄기세포처럼 이미 백혈병 치료 등에서 활발히 임상에서 사용되고 있는 세포들도 있지만, 현재 대부분의 산업계에서 개발하고 있는 줄기세포는 골수, 제대 혈, 지방조직 등에서 얻어지는, 바닥에 부착되어 증식하는 세포들인 중간엽기질세포들에 해당한다. 중간엽기질세포들은 비교적 배양하기가 쉽고, 많은 양의 세포를 증식시킬 수 있으며, 이들은 연골, 뼈, 근육과 같은 중배엽성 조직의 세포로 주로 분화할 능력이 있을 뿐 아니라 신경세포를 포함한 다양한 세포로도 분화할 수 있다고 하여 한때 중간엽줄기세포로 불리기도 하였다.

역분화 만능줄기세포란 만능 분화능을 가지고 있지 않던 분화된 세포들이 인위적인 역분화 과정을 통해 만능 분화능을 가지도록 유도된 세포들을 일컫는 말로서 유도만능줄기세포라고도 한다. 이들 세포들은 배반포에서 유래한 배아 줄기세포와 비교해 볼 때 다음과 같은 장점을 갖고 있다. ① 역분화 만능줄기세포를 이용하여 환자 면역 적합형 세포치료제를 개발할 수가 있고, ② 난자나 배아를 사용하지 않고도 만능줄기세포를 만들 수 있기 때문에 그동안 배아줄기세포연구의 걸림돌이었던 종교적 그리고 생명윤리적 논쟁을 잠재울 수 있으며, ③ 환자 자신의 피부 세포로 만능줄기세포를 만든 후 세포를 얻기가 어려운 기관인 뇌나 심장 등의 세포로 분화를 시키게 되면 이 세포들을 이용하여 환자 자신의 뇌질환이나 심장질환의 원인규명과 치료방법에 대한 연구를 할 수 있고, ④ 환자세포 유래 만능줄기세포를 이용하여 환자 맞춤형 치료방법 개발이 되며 신약 스크리닝(Screening)이나 약물 독성 실험들을 수행할 수 있다.

생명과학과 생명공학의 차이

생물학(Biology)과 생명과학(Life Science)과 생명공학(Biotechnology)은 어떻게 다를까? 생물학과 생명과학은 생물 자체에 대한 새로운 현상과 원리를 발견하는 학문이며, 생명공학은 생물학이나 생명과학에서 나온 결과를 가지고 실생활에 응용하는 학문이다. 생물학자나 생명과학자는 실험을 통해 예상보다 생명 현상이 두 배나 복잡하다는 것을 발견하면 감탄한다. 생명공학자는 생명 현상 실험에서 복잡한 결과를 얻고 나면 어떻게 간단하게 만들지를 고민한다. 생물학과 생명과학과 생명공학은 제약회사, 식품회사, 동식물 관련 연구소, 생명공학 연구소 등과 관련된 분야이다. 고령화 시대에 따라 생명공학기술의 중요성이 날로 커지고 있어 많은 대학에서 다양한 바이오(Bio) 관련 전공을 설치하거나 학과명을 변경했다. 생명과학과, 생물학과, 시스템생물학과, 생명자원공학과, 생명공학과, 화공생명공학과, 생화학과, 유전공학과 등이 해당된다. 유사한 학과명이 많다 보니 학과의 교육과정과 교수들의 연구 분야에 대해 정확히 파악하는 것이 중요하다. 생물학이나 생명과학이나 생명공학은 전공과목의 많은 부분이 생명과학 관련인 반면, 화공생명공학과는 생명과학보다는 화학과 물리학이 주를 이루고 있다. 생명과학과 생물학이 동시에 전공학과로 설치되어 있는 학교가 없듯이 생명과학과 생물학은 거의 같은 분야로 볼 수도 있다.

생명 연장의 꿈

인간은 노화를 극복할 수 있을까? 생물은 모두 텔로미어(Telomere)를 가지고 있다. 생물은 세포 분열을 할 때마다 이 부분이 짧아지는데 해당 세포가 다 닳게 되면 세포분열을 멈추게 되고 세포가 세포분열을 멈추면 노화가 일어난다. 성장이 멈추면서 노화가 시작된다. 이것을 막아주는 효소가 있다. 그것이 바로 흔히 바닷가재에서 발견되는 텔로머라제(Telomerase)이다. 과학기술은 긍정적인 측면만 바라보아서는 안 되며 혹시 일어날 수 있는 부정적 상황에 대해서도 대비를 해야 하는데 텔로미어가 과도하게 길어지게 되면 반대로 암이 발생한다는 점이다.

전자상거래 기업인 아마존(Amazone)의 제프 베이조스(Jeffrey Preston Bezos)는 항 노화연구를 수행하는 벤처회사에 많은 투자를 하고 있다. 이 회사에서는 줄기세포와 세포의 노화를 억제하는 새로운 첨단 의학기술로 인간 수명의 한계를 넘어서는 연구를 하고 있다. 반면, 인위적으로 수명을 연장하려는 시도가 불가능하거나 불필요하다고 주장하는 의견도 있다. 전기자동차 제조사인 테슬라(TSLA)의 일론 머스크(Elon Reeve Musk)는 인간이 너무 오랫동안 산다면 사회의 변화를 초래하기 힘들고 경직돼 더 이상의 발전을 기대할 수 없다는 이유로 항 노화연구에 전혀 관심이 없다고 한다.

수명이 연장돼 지금보다 오래 살 수 있게 되면 더 행복할까? 수명 연장이 가져올 미래의 모습은 문제가 없을까? 노년의 건강을 저해하는 문제를 극복하는 방법을 찾는 것은 매우 중요하지만 무조건적인 수명 연장이 반드시 행복한 미래를 가져오지는 않을 것이다. 애플의 창업자 스티브 잡스(Steven Paul Jobs)가 췌장암 수술로 죽음의 문턱을 경험하고 난 후 스탠퍼드 대학교(Stanford University)의 졸업식 축사에서 한 아래의 말은 생명 연장의 꿈이 단순치 않음을 알려준다. "죽음은 삶이 만든 최고의 발명품이다. 죽음은 변화를 만들어낸다. 새로운 것이 이전 것을 대체할 수 있도록 해준다. 언젠가 머지않은 때에 여러분들도 새로운 세대에게 그 자리를 물려줘야 한다. 여러분들의 시간은 한정돼 있다. 그러므로 다른 사람의 삶을 사느라고 시간을 허비하지 마라."

Chapter 2

우주 분야

우주망원경

미국항공우주국(National Aeronautics and Space Administration, NASA)은 4개의 대형 궤도 관측선 계획을 세워서 우주망원경들을 만들어 발사했는데, 첫 번째는 1990년 발사된 허블 우주망원경(Hubble Space Telescope)이고, 두 번째는 1991년 발사된 콤프턴 감마선 관측선(Compton Gamma Ray Observatory)이며, 세 번째는 1999년 발사된 찬드라 관측선(Chandra X-ray Observatory)이고, 네 번째는 2003년 발사된 스피처 우주망원경(Spitzer Space Telescope)이다. 그 이후 2004년 스위프트(Swift) 우주망원경을, 2007년 돈(Dawn) 우주망원경을, 2008년 페르미 감마선(Fermi Gamma-ray) 우주망원경을, 2009년 케플러(Kepler) 우주망원경을, 2018년 테스 우주망원경(Transiting Exoplanet Survey Satellite Space Telescope, TESS Space Telescope)을, 2021년 제임스 웹(James Web) 우주망원경을 각각 만들어 발사하였다.

유럽우주국(European Space Agency, ESA)도 운영한 우주망원경이 있는데 2009년 발사된 플랑크(Planck) 우주망원경이 2013년 10월까지 활동하였다.

허블 우주망원경(Hubble Space Telescope)

1990년 4월 24일, 미국항공우주국 소속 우주왕복선 디스커버리호(Space Shuttle Discovery)는 허블 우주망원경을 계획된 궤도까지 올리는데 성공했다. 우주왕복선 디스커버리호에 실려 발사된 허블 우주망원경의 프로젝트(Project) 비용은 15억 달러였다. 허블 우주망원경은 지구 위 552km 상공에서 시속 2만 8,000km로 97분에 1번씩 지구를 돌고 있는데 지름이 2.4m인 주 거울 무게는 828kg이다. 태양, 수성을 뺀 우주 전역을 관찰한 정보를 지구로 보내는 것이 임무인 허블 우주망원경은 궤도 진입 후 다섯 차례 수리를 통해 수명을 연장했다. 우주 팽창을 발견한 미국의 천문학자 에드윈 허블(Edwin Hubble)의 이름을 따서 망원경의 이름이 지어졌다.

허블 우주망원경(Hubble Space Telescope)

1609년 갈릴레이 갈릴레오(Galilei Galileo, 1564~1642)는 최초로 천체망원경을 만들어 우주를 관측했다. 1946년 라이먼 스피처(Lyman Spitzer, 1914~1997)는 "망원경을 우주로 보내면 선명하게 더 멀리 볼 수 있다"고 주장했다. 우주에서 오는 빛이 지구 대기를 통과하면서 흔들리거나 왜곡되는 현상을 피할 수 있기 때문이다. 스피처가 예언한 이후 44년이 흐른 1990년 4월 24일, 미국항공우주국은 우주왕복선 디스커버리호에 허블 우주망원경을 실어 우주로 보냈으며, 스피처의 예측은 정확했다. 렌즈 직경 2.4m인 허블 우주망원경은 지상의 직경 10m 렌즈 망원경보다도 선명했고, 멀리 내다봤다. 외계 은하, 블랙홀(Black hole) 등 이론으로만 존재했던 수많은 장면을 찍어냈다. 허블 우주망원경의 가장 큰 성과는 천문학자 에드윈 허블(Edwin Powell Hubble, 1889~1953)의 우주팽창이론 입증한 일이었다.

허블은 1929년 멀리 있는 은하일수록 더 빨리 멀어진다는 허블의 법칙을 발표했는데 허블 우주망원경은 거대한 별이 소멸하는 순간 엄청난 빛을 내뿜는 현상 초신성(超新星, Supernova)을 관측했다. 워낙 강렬한 빛을 내뿜기 때문에 아주 먼 우주의 초신성도 관측할 수 있었다. 초신성 관측 결과, 더 멀리 있는 초신성일수록 지구에서 더 빨리 멀어졌다. 과학자들은 초신성이 멀어지는 속도를 역산(逆算)해 우주의 나이를 약 138억년으로 추정하였다.

애초 허블 우주망원경의 수명은 2004년까지였는데 초렌즈(Lens)를 보정했고, 배터리(Battery)와 소모품도 교체하는 등 다섯 차례 수리를 거치면서 수명이 연장됐다. 허블 우주망원경은 2009년 자이로(Gyro) 여섯 기를 새로 교체하는 대대적 수술을 받으며 1990년 4월 24일 최초 발사 이후 지금까지 30년 이상 임무를 계속 수행하여 오고 있다.

> ☀ **자이로(Gyro)**
>
> 방향감지센서를 말한다. 자이로(Gyro)는 자이로스코프(Gyroscope)의 줄임말이며, 방향의 측정과 방향의 유지에 사용되는 기구이다. 자이로(Gyro)의 라틴어 어원은 회전하는 것이라는 뜻을 가지고 있고, 쉽게 말하면 팽이라는 뜻이다.

지구인들이 넋을 잃고 보는 안드로메다 성운(Andromada nebula) 등 우주의 신비로운 모습이나 혜성이 목성과 충돌하는 장면 등은 대부분 허블 우주망원경(Hubble Telescope)이 포착한 이미지이다. 2011년 노벨상을 받은 암흑에너지(Dark Energy)와 우주의 가속팽창(Accelerating expansion of the universe), 암흑물질(Dark Matter) 연구 등 허블 우주망원경 발사 이후 발표된 학술논문이 1만 편이 넘는다. 일반적인 천체망원경이 20억 년 전의 우주를 관찰한다면, 지구 저궤도를 도는 허블 우주망원경은 80억~120억 년 전 우주를 관찰한다.

제임스 웹 우주망원경(James Web Space Telescope)

2021년 12월 25일 미국항공우주국은 100억 달러, 즉, 약 11조 8,750억 원을 투입한 제임스 웹 우주망원경을 발사하는데 성공했다. 제임스 웹 우주망원경을 실은 아리안 5(Ariane 5)는 남미 프랑스령 기아나(French Guiana) 유럽우주국(European Space Agency, ESA) 우주발사기지에서 발사됐다. 케냐 말린디(Malindi, Kenya)의 지상 안테나는 발사 30분이 채 되기도 전, 제임스 웹 우주망원경이 아리안 5호에서 성공적으로 분리됐다는 신호를 확인했다. 제임스 웹 우주망원경의 이름은 1960년대 아폴로 프로그램(Apollo program)을 성공적으로 진행시킨 인물의 이름을 땄다.

미국항공우주국 대변인은 로켓이 지구를 떠난 순간 제임스 웹 우주망원경이 열대우림에서 시간의 끝으로 이륙해 우주의 탄생으로 돌아가는 항해를 시작한다.고 말했다. 제임스 웹 우주망원경은 한 달간 지구와 태양의 중력 균형이 이뤄지는 약 150만km 밖으로 비행하였다. 이 과정에서 발사 당시 접혀있던 망원경 부품을 마치 번데기에서 나오는 나비처럼 펼쳐 고정하였다. 수없이 많은 요소들이 계속 작동해야 하고 완벽하게 작동해야 한다. 이 프로젝트(Project)는 높은 위험성을 수반하고 있지만, 큰 보상을 원할 때는 큰 위험을 감수해야 하는 법이다. 제임스 웹 우주망원경은 금을 입힌 지름 6.5m의 거대 거울을 갖고 있다. 핵심이라 할 수 있는 부분인 허블 우주망원경의 주 반사경보다 세 배 정도 더 크다. 제임스 웹 우주망원경이 펼쳐지는 데는 약 2주가 소요된다. 육각형 18개로 된 금을 입힌 베릴륨(Beryllium) 거울이 펼쳐지는데 이는 빛을 모으는 장치이다. 우주 시작 단계에 발생한 빛을 포착하기 위한 용도이다. 거울 뒷면에는 모터가 설치되어 있다. 중요한 것은 계속 온도가 낮은 상태를 유지해야 한다. 적외선을 관측하려면 망원경의 온도가 섭씨 영하 233도씨 정도일 때 최적화되기 때문이다. 그래서 망원경 뒤쪽에 있는 커다란 차양 막으로 태양빛과 지구에서 나오는 빛을 차단한다. 이 온도가 맞춰질 때 최초의 은하가 태어난 먼 우주와 다른 별 주위를 도는 행성의 민감한 사진을 찍을 수 있다.

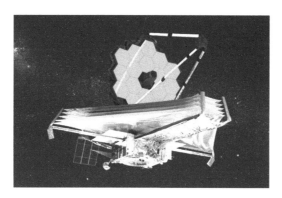

제임스 웹 우주망원경(James Web Space Telescope)

제임스 웹 우주망원경은 케플러 우주망원경과 테스 우주망원경이 발견한 것들 중에서 유력한 후보들을 골라 더욱 세밀한 관찰을 수행한다. 미국항공우주국(NASA)이 주도하고 유럽우주국(ESA), 캐나다우주국(CSA)이 참여하는 100억 달러, 즉, 약 11조 8,750억 원짜리 차세대 우주망원경 프로젝트, 제임스 웹 우주망원경(James Webb Space Telescope · JWST)은 활동을 시작하였다. 허블 우주망원경 이후 천문학의 모든 교과서가 다시 쓰인 것처럼 제임스 웹 우주망원경도 우주에 관한 모든 책을 다시 쓰게 할 것이다. 제임스 웹 우주망원경은 암흑에서 탄생한 최초 우주를 관측할 지구 역사상 가장 강력한 타임머신(Time Machine)이다. 지구 밖 150만km 지점을 돌면서 18개의 적외선 황금 거울을 통해 최초의 우주에서 전달되는 빛과 물질들을 포착해 지구에 전송한다. 허블 우주망원경은 가시광선과 자외선을 중심으로 우주를 관측하지만 제임스 웹 우주망원경은 적외선 관측을 통해 더 먼 우주의 모습을 더 생생하게 포착한다. 망원경 이름은 아폴로 계획을 이끈 미국항공우주국의 2대 국장 제임스 웹(James Webb)의 이름에서 따왔다.

일반적인 천체 망원경이 20억 년 전의 우주를 관찰한다면, 지구 저궤도를 도는 허블 우주망원경은 80억~120억 년 전 우주를 관찰한다. 그리고 제임스 웹 우주망원경은 137억 년 전 우주 모습을 관찰한다. 제임스 웹 우주망원경의 무게는 허블 우주망원경의 절반 수준인 6.4t이지만 금도금한 가벼운 베릴륨(Beryllium)으로 만든 육각형 거울 18개를 결합해 반사경 지름을 6.5m로 늘렸다. 거울 지름이 2.4m인 허블 우주망원경보다 2.5배나 크다. 망원경 전체 크기는 테니스장보다 크다. 얇은 반사경을 접은 상태로 우주로 발사되고 목표지점에 도달한 뒤 반사경을 펴는 구조이다. 애벌레에서 탈피한 나비가 날개를 펴는 것과 같은 방식이며, 천상의 눈 허블 우주망원경보다 집광 능력은 70배, 전체 성능은 100배 좋다. 근적외선 카메라, 근적외선 분광기, 중적외선 장비, 미세 유도 센서 등 4개의 관측 장비가 통합 모듈에 장착된다. 주요 거울 아래에 실드

(shield)를 배치, 태양, 지구, 달의 빛을 최소화한다.

> ☀️ **실드(shield)**
>
> 강철로 만든 원통을 말한다.

1960년대 미국인을 달에 보내자며 시작된 미국의 달 정복 프로젝트, 아폴로 유인우주선 계획은 인류 역사상 처음으로 달에 미국 국기를 꽂았을 뿐 아니라 달 탐사선 제조 과정에서 엄청난 기술 진보와 혁신을 이뤄냈고 그 과실은 미국인과 미국 경제를 부강하게 했다. 세계 최고의 정보통신연구소인 미국 벨연구소(Bell Labs)가 만든 트랜지스터(Transistor)는 개발 초기 엄청난 가격에 거래됐지만 우주선과 달착륙선에 장착할 가볍고 튼튼한 소자가 필요했던 미국항공우주국의 대량 발주 덕분에 가격이 확 떨어졌고, 그 결과 크고 무거운 진공관을 대체하면서 컴퓨터와 인터넷 혁명의 탄탄대로를 열었다. 많은 사람들이 간과하지만 달 정복 등 우주프로젝트에 거대한 예산을 투입한 미국 정부야말로 정보기술혁명의 당당한 주역이었다. 한동안 우주 개발에 소홀했던 미국은 10조원짜리 제임스 웹 우주망원경 발사를 계기로 우주에 대한 또 하나의 도전에 나서고 있다.

스페이스엑스(Space-X), 아마존(Amazone) 등 자금과 비전을 가진 미국의 민간 기업들은 화성 정복과 우주왕복선 프로젝트를 주도하고 있다. 제임스 웹 우주망원경은 렌즈 직경이 6.5m로 허블 우주망원경의 2.7배이며, 렌즈가 크기 때문에 더 조그만 빛까지 감지한다. 허블 우주망원경은 10억 광년 이내를 주로 살폈지만, 제임스 웹 우주망원경은 130억 광년까지 볼 수 있다. 허블 우주망원경이 지상 610km 상공을 돌고 있는 것과 달리, 제임스 웹 우주망원경은 지구에서 150만km 떨어진 지역을 돈다. 지구와 달 사이의 거리보다 4배 더 먼 거리의 이 공간은 지구의 중력이 미치지 않아 빛의 왜곡이 없다. 태양이 항상 지구 뒤에 가려 태양 빛의 방해 없이 먼 우주를 내다볼 수 있다. 배구장 크기의 차양 막은 지구와 달의 빛도 막아준다. 전체 모습은 우주 공간을 항해하는 금색 돛의 돛단배 형태이고, 18개의 거울을 모은 지름 6.5m의 반사경을 탑재한 거대한 우주망원경으로 미국항공우주국과 유럽 우주국(ESA), 캐나다 우주국 등이 공동으로 제작하였다.

 광년

1광년은 빛이 1년간 달리는 거리이며, 약 9조 4,607억km이다.

제임스 웹 우주망원경에 있는 반사경의 주 소재는 베릴륨(Beryllium)인데, 베릴륨은 금속 중에 가장 반사율이 좋은 금속 중의 하나이고, 매우 낮은 온도의 우주 공간에서도 변형이 거의 없는 것이 특징이며, 햇빛에 의한 과열을 막아줘 망원경의 적외선 센서가 잘 작동하는 온도인 -193℃ 이하를 유지해 준다.

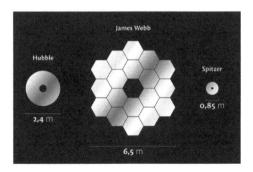

제임스 웹 우주망원경의 반사경

제임스 웹 우주망원경은 아주 먼 곳의 모습보다는 아주 오래전 모습을 보여준다. 빛의 속력이 초속 30만km에 지나지 않아서 먼 곳에서 오는 빛이 오는 동안 시간이 흘러가기 때문인데, 즉 100만 광년 떨어져 있는 천체를 촬영하면 그것은 그대로 100만 년 전의 모습이다. 망원경의 성능을 얼마나 오래 전의 모습을 볼 수 있는가로 환산하면, 지상의 천체망원경은 약 20억 년 전, 허블 우주망원경은 80~120억 년 전 우주의 모습을 보여주는 것이며, 제임스 웹 우주망원경이 137억년으로 추정하는 우주의 첫 천체를 찾아낸다.

제임스 웹 우주망원경은 우주적외선을 관찰하기 때문에 허블이 볼 수 없는 성운의 속살도 들춰낼 수 있고, 별 탄생의 현장을 들여다보는 현미경 역할을 하게 되며, 외계 생명체(extraterrestrial life, alien life) 탐사에도 공헌을 하고, 외계행성(exoplanet, extrasolar planet)이 내뿜는 적외선을 직접 관찰한다. 허블 우주망원경의 수명은 본래 15년이었지만, 다섯 번의 수리를 받아가며 지금까지 30년이라는 시간을 버티면서 우주의 신비를 밝혀왔다. 제임스 웹 우주망원경의 거울은 영하 220도에 이르는 극한 우주공간에서 견디기 위해 베릴륨이라는 특수소재로 만들어졌으며 금을 씌워 코팅했다.

케플러 우주망원경(Kepler Space Telescope)

인류는 수 세기 동안 멀고 먼 은하계에 존재할지 모를 또 다른 지구의 가능성에 대해 늘 호기심을 갖고 도전해왔다. 1995년에 이르러서야 태양계 밖에서 태양과 같은 별의 궤도를 도는 첫 번째 외계행성(exoplanet, extrasolar planet)을 발견했다. 이후 눈부신 성과를 통해 지금까지 새롭게 발견한 외계행성 수는 수없이 많다. 이러한 외계행성들은 대부분 미국항공우주국의 케플러 우주망원경에 의해 발견됐다. 2009년 3월 발사된 케플러 우주망원경은 태양 궤도를 돌며 9년에 걸쳐 태양계 밖에 존재하는 2,600여 개의 외계 행성을 규명했다. 현재까지 발견된 외계 행성의 70%를 케플러 우주망원경이 찾았다.

케플러 우주망원경

그동안 외계행성 탐색에는 케플러 우주망원경의 역할이 컸다. 지구와 닮은 외계행성을 찾기 위해 2009년 발사된 이래 케플러 우주망원경이 찾은 외계행성 2,600여개를 포함하여 총 4천 500개가 넘는 외계행성을 찾았고, 그 중 지구와 비슷한 크기에 별과의 거리도 적당해 생명체가 살기에 적합한 외계행성도 30개 찾아냈다. 지구보다 조금 느린 속도로 태양 주변을 공전하며 태양계 밖 행성들을 찾는 우주망원경인 케플러 우주망원경은 2010년 가동된 이래 지금까지 수많은 외계행성을 찾아냈다

케플러 우주망원경은 372일의 공전주기로 지구의 뒤를 따라 태양 주위를 돌면서 우주를 관찰한다. 이 망원경은 2010년 1월 4일 처음으로 관측 결과를 지구로 전송했다. 2,600개 외계행성을 찾은 케플러 우주망원경은 2018년 8월부터 연료 고갈이 시작되었고, 2018년 10월 19일 교신이 끊겼으며, 10월 30일 연료가 떨어져 더는 제 기능을 못하는 상태가 되었으므로 케플러 우주망원경은

공식적인 은퇴가 선언되었다.

케플러 우주망원경은 2017년 9월 토성의 고리 속으로 떨어지며 사라진 카시니호처럼 장렬한 최후를 맞이하진 않는다. 대신 태양으로부터 약 1억 5,000만 km 떨어진 궤도를 침묵 속에서 홀로 회전하게 된다.

테스 우주망원경
(Transiting Exoplanet Survey Satellite Space Telescope, TESS Space Telescope)

케플러 우주망원경의 뒤를 잇는 미국항공우주국(NASA)의 외계행성 탐사 망원경인 테스(Transiting Exoplanet Survey Satellite, TESS) 우주망원경이 2018년 4월 18일 미국 플로리다주(Florida State) 케이프커내버럴공군기지(Cape Canaveral Air Force Station, CCAFS) 케네디우주센터(Kennedy Space Center)에서 발사됐다. 발사는 일론 머스크(Elon Reeve Musk)가 이끄는 우주개발업체 스페이스엑스(Space-X)의 팰컨 9 로켓(Falcon-9 Rochet)에 실려 이뤄졌다. 민간 기업 스페이스엑스가 미국의 국립기관인 미국항공우주국의 과학위성을 발사한 것이다. 팰컨 9 로켓 1단계 추진체는 발사 8분여 뒤 2단계 추진체와 분리돼 해양바지선으로 귀환했다. 이로써 스페이스엑스는 24번째 로켓 해상회수 기록을 세웠다. 테스 우주망원경은 태양계 밖에서 밝게 빛나는 외계행성들의 카탈로그를 작성한다. 미국항공우주국은 이를 토대로 그 별들의 대기, 특히 수소 흔적 등을 관찰한다. 외계생명체가 존재하거나 인류가 거주할 수 있는 환경을 갖추고 있는지를 알아보기 위해서 제2의 지구를 찾는 척후병으로서 테스 우주망원경은 하늘에서 가장 밝게 빛나는 별 20만여 개를 살펴보면서 별들 주위를 도는 외계행성들의 신호를 찾아 나선다. 대부분 300광년 이내의 거리에 있는 별들이 관찰 대상이며, 테스 우주망원경은 지구를 중심으로 10만~37만km의 타원형 궤도를 13.7일 주기로 공전하며 남반구 하늘과 북반구 하늘을 일 년마다 교대하며 계속하여 살핀다.

테스 우주망원경(Tess Space Telescope)

테스 우주망원경의 지구 공전 궤도는 지구와 달 사이에서 중력 균형을 이뤄 연료 소비를 최소화한 채 궤도를 안정적으로 돌기 위해서 정확히 달 궤도의 절반에 해당한다. 지구에서 가장 가까운 지점에 도달했을 때 관측 데이터를 지구로 보내는데, 이 데이터가 지상에 도달하는 데는 3시간이 걸린다. 테스 우주망원경은 지구 크기만 한 외계행성 50개와 지구의 2배만한 외계행성 500개를 포함해 2만개 이상의 외계행성을 찾을 수 있다. 케플러 우주망원경의 성과를 근거로 보면, 우리 은하에는 너무 덥지도, 너무 춥지도 않은 거주 가능한 외계행성 후보가 적어도 20억 개에 이르는 것으로 추정하고 있다. 테스 우주망원경은 하늘의 특정 위치만을 관찰해온 케플러 우주망원경과는 달리 네 개의 첨단 카메라를 갖추고 지구 주위를 타원형으로 돌면서 케플러 우주망원경보다 350배 더 넓게 하늘을 관찰한다. 이는 전체 하늘의 85%에 해당하는 범위가 된다. 테스 우주망원경이 관찰하는 별들은 케플러 우주망원경이 살펴본 별보다 밝기는

30~100배, 거리는 10배 더 가까운 것들이다.

테스 우주망원경이 외계행성 후보들을 찾아내는 방식은 케플러 우주망원경의 찾는 방식과 같다. 외계행성이 별의 앞을 지나갈 때 빛의 밝기를 추적하는 방식이다. 외계행성이 별의 앞면을 통과할 때는 외계행성에 가려져 별의 밝기가 약간 감소하는데 이 현상을 잡아낸다. 케플러 우주망원경은 이런 방식으로 2,600여개의 외계행성을 확인했다. 지구와 닮은 외계행성을 찾기 위해 케플러 우주망원경보다 관측 범위가 400배 넓은 카메라를 장착한 인공위성 테스 우주망원경은 성공적으로 발사되었다. 테스 우주망원경은 전화번호부와 같은 외계행성목록을 추가하게 된다.

페르미 감마선 우주망원경(Fermi Gamma-ray Space Telescope)

2008년 6월 11일 발사된 페르미 감마선 우주망원경은 가장 높은 에너지 형태의 빛인 감마선(Gamma-ray)으로 우주를 관찰한다. 그 이전의 콤프턴 감마선 관측선(Compton Gamma Ray Observatory : CGRO)에 이어 올라간 감마선을 이용하는 우주망원경이다. 미국, 프랑스, 독일, 일본, 이탈리아, 스웨덴 정부가 공동으로 발사하였다. 페르미 감마선 우주망원경은 두 개의 카메라로 구성되어 있고, 우리 은하의 팽대부 상하로 거품처럼 생긴 구조를 발견하였는데, 이에 대한 가장 유력한 설명은 은하 중심부의 초대질량 블랙홀로부터 나오는 제트(Zet)라고 함이 유력하다. 이 구조는 페르미 감마선 우주망원경이 발견한 탓에 페르미 버블(Fermi Bubbles)이라고 불린다. 이 거대 버블(Bubble)은 가시광선이 아니라 감마선 및 X선 영역에서 관측이 가능한 거대한 거품 구조로 그 크기가 무려 2.5만에서 3만 광년에 달한다.

페르미 버블(Fermi Bubbles)

페르미 버블은 은하계의 중심에서 대칭으로 혹처럼 솟아나 있다. 이 버블은 시간당 200만 마일 즉, 시속 320만 km로 팽창하고 있다. 이 버블의 생성된 이유를 설명하는 방법은 두 가지가 있다. 첫째, 아주 거대한 초신성 폭발의 결과라는 것이고, 둘째, 한 그룹의 별들이 한꺼번에 은하 중심 블랙홀로 흡수된 결과라는 것이다. 초신성 폭발의 결과라고 보기에는 너무 큰 구조이며, 양쪽으로 대칭성이기 때문에 차라리 블랙홀과 관련 있다는 것이 신빙성이 있지만 블랙홀에서 뿜어져 나온 물질이라고 보기에는 중원소를 많이 가지고 있다는 점이 독특한 부분이다.

콤프턴 감마선 관측선(Compton Gamma Ray Observatory : CGRO)

1991년에서 2000년까지 활동한, 20keV~30 GeV의 감마선 대역을 관측한 우주망원경이다.

은하 팽대부(galactic bulge)

은하 내에 빽빽하게 모인 별들의 군집을 말한다.

스피처 우주망원경(Spizer Space Telescope)

스피처 우주망원경은 2003년 8월 25일에 발사되었고, 2020년 1월 30일에 공식적으로 임무를 종료하기까지 16년 동안 적외선으로 우리 태양계, 우리 은하계 그리고 그 너머 경이로운 현상들을 밝혀왔다. 스피처 우주망원경은 2009년 3대의 관측 장비 중 적외선 분광기와 다중밴드 이미지 광도계를 식혀주는 액화 헬륨(Helium) 냉각제가 소진되면서 주요 임무는 종료되는 듯 했다. 하지만 적외선 카메라에서 네 개의 파장 채널 중 두 개만 사용해 임무를 계속 수행하도록 했다. 계속되는 문제들에도 불구하고 10년 반 동안 더 계속해서 혁신적인 발견을 이어왔다. 스피처 우주망원경은 우리 태양계의 혜성과 소행성을 연구했고 이전에 확인되지 않았던 토성 주위의 고리도 발견했다. 또 외계행성을 탐지하고 대기권의 특성을 나타내는 강력한 도구라는 걸 스스로 입증했다. 스피처 우주망원경이 수행했던 가장 유명한 연구는 바로 TRAPPIST-1에서 지구 크기의 행성 7개를 탐지한 결과였다. 이는 단일 항성을 도는 지구형 행성들 중 가장 많은 수를 발견한 연구였으며, 이를 통해 발견된 외계행성의 질량과 밀도를 밝혀낼 수 있었다. 스피처 우주망원경이 발견한 7개의 행성 중 3개의 행성에는 바위와 물이 있는 것으로 분석됐고, 사람이 거주할 만한 잠재력이 있다고 평가받았으며, 일곱 개의 행성 모두 안정된 대기와 물을 가지고 있을 확률이 있다는 설명도 이어졌다.

TRAPPIST-1의 4번째 행성 TRAPPIST-1d

💡 **TRAPPIST-1**

지구로부터 물병자리 방향으로 40광년 떨어져 있는 초저온 적색왜성이고, 이 왜성은 목성보다 반지름이 약간 더 크지만, 질량은 훨씬 더 크며, 생명이 거주할 가능성이 높은 행성계가 있다. TRAPPIST는 최초로 이 행성계를 발견한 칠레의 트라피스트 망원경(Transiting Planets and Planetesimals Small Telescope, TRAPPIST)의 이름에서 유래되었고, planetesimals는 미행성체를 뜻한다.

스피처 우주망원경은 적외선 우주망원경이고, 질량은 950kg이며, 태양 중심 궤도이고 공전 주기는 지구와 동일하고, 직경은 0.85m, 초점 거리 10.2m이다. 물리학자이자 우주망원경을 처음 제안했던 미국의 천문학자 라이만 스피처(Lymann Strong Spitzer)의 이름을 기념하여 스피처 우주망원경이라 불렸다.

찬드라 엑스선 관측선(Chandra X-ray Observatory)

찬드라 엑스선 관측선은 1999년 7월 23일 미국항공우주국에 의해 발사되었다. 공전주기가 64.2시간이고, 망원경 구경은 1.2미터인 찬드라 엑스선 관측선은 백색왜성이 중성자별이 되기 위한 조건인 찬드라세카르 한계(Chandrasekhar limit)를 발견한 인도계 미국 물리학자 수브라마니안 찬드라세카르(Subrahmanyan Chandrasekhar)의 이름을 따서 명명되었다.

> 💡 **찬드라세카르 한계(Chandrasekhar limit)**
>
> 유체 정역학 평형에 있는 백색왜성의 최대 질량을 말한다. 이상기체의 열 압력으로 중력 붕괴를 막는 주계열성과 달리, 백색왜성은 전자 축 퇴압을 통해 중력붕괴를 이겨내고 있기 때문에 백색왜성을 이루는 별의 한계수치가 있다.

찬드라(Chandra)라는 말은 산스크리트어로 달을 의미한다. 지구 대기권은 우주에서 오는 엑스선을 대부분 흡수해 버리므로, 지상의 망원경으로는 관측하기 어려워 궤도권에서 직접 엑스선을 관측하기 위해 찬드라 엑스선 관측선이 설계되었다. 막돼먹은 타원 궤도를 형성하여 지구와 최대 13만km 이상 멀어지는 것이 일반적인 인공위성들과 확연히 다르다. 가장 먼 거리가 지구에서 달까지 거리의 3분의 1에 해당하는데, 지구 자기장에 묶여있는 밴앨런복사대(Van Allen radiation belt)의 존재로 인하여 지구 내에서는 외부로 부터 유입되는 엑스선을 제대로 측정할 수가 없었기에 멀리 내보낸 것이다. 찬드라 엑스선 관측선은 초신성(Supernova)이나 퀘이사(Quasar), 블랙홀(Black hole)과 관련하여 눈에 띄는 성과를 내었고 엑스선 천문학의 엄청난 진보를 불러왔다.

> 💡 **밴 앨런 복사대(Van Allen radiation belt)**
>
> 지구의 극축에 대해서 좌우대칭인 고리 모양으로 지구를 둘러싸고 있는 높은 에너지의 입자 무리를 말한다.

초신성(Supernava)

별의 일생의 마지막 단계에서 핵융합을 일으키며 매우 밝게 빛나는 폭발적 현상을 말하고, 블랙홀(Black hole)은 부피가 제로이고 중력이 무한대인 무한히 수축하는 천체를 말하며, 퀘이사(Quasi-stellar Object, Quasar)는 준항성체라고도 하며 블랙홀이 주변 물질을 집어삼키는 에너지에 의해 형성되는 거대 발광체이며 밝은 점광원이자 전파원이다.

블랙홀
(Black Hole)

가장 밝은 퀘이사
(Quasar)

초신성
(Supernova)

스위프트 우주망원경(Swift Space Telescope)

스위프트 감마선 폭발 임무(Swift Gamma-Ray Burst Mission)는 2004년 11월 20일 델타 Ⅱ 로켓(delta Ⅱ rocket)으로 발사된 무인 우주선 스위프트(Swift) 우주망원경의 임무이다. 스위프트 우주망원경은 감마선 폭발 연구에 특화된 우주망원경으로, 감마선 폭발 발생 이후 관측되는 감마선, 엑스선, 자외선, 가시광선 대역의 잔광을 함께 포착할 수 있는 장비 3개가 탑재되었다. 각 장비의 감지기가 앞 하늘을 연속적으로 스캔하다가 감마선 폭발 후보가 발견되면 자동적으로 그 방향으로 선회하게 되어 있다. 스위프트라는 이름은 임무명의 약자가 아니고 칼새라는 뜻으로서 우주망원경의 선회능력을 일컬어 붙여진 이름이다.

감마선 폭발(Gamma-Ray Burst)

돈(Dawn) 우주망원경

인류 최초의 소행성 탐사선 돈 우주망원경은 미국항공우주국에 의해 2007년 9월 27일 델타Ⅱ 중형로켓에 실려 발사되었다. 화성과 목성 사이의 소행성 벨트에서 질량이 가장 큰 소행성인 베스타(Vesta)에 도착해 1년 여간 궤도를 돌다가 두 번째 목표지인 왜소행성(dwarf planet) 세레스(Ceres)로 옮겨 탐사를 한다. 소행성 벨트에 있는 천체의 궤도를 돈 것이 처음일 뿐만 아니라 탐사 목표지를 옮겨가며 탐사활동을 한 것도 유례가 없었다.

소행성(asteroid)

목성 궤도 및 그 안쪽에서 태양 주위를 공전하고 있는 행성보다 작은 천체이다. 태양계 밖에서도 소행성을 정의할 수는 있으나, 당분간 발견될 가능성은 없다. 처음으로 발견된 소행성은 세레스(Ceres)이며, 일부 소행성은 그 자신의 위성을 거느리고 있다. 화성과 목성 사이의 소행성 벨트에서 질량이 가장 큰 소행성은 베스타(Vesta)이다.

소행성 벨트에서 질량이 가장 큰 소행성인 베스타(Vesta)

돈 우주망원경의 탐사임무는 2016년 설계수명이 다한 뒤 한 차례 연장됐으며, 2017년 재차 연장되면서 약 35km 상공까지 고도를 낮춰 세레스 탐사를 지속하였다. 이를 통해 세레스가 지질학적으로 아직 활동적인 상태일 수 있으며, 내부의 염수가 흘러나와 표면에 소금이 형성돼 있는 점 등을 확인했다. 돈 우주망원경은 연료가 고갈되면 지구와 연락이 끊긴다. 하지만 연락이 끊긴 뒤에도 수십 년간 세레스 궤도에 안정적으로 남아있게 된다.

플랑크(Planck) 우주망원경

플랑크(Planck) 우주망원경은 2009년 5월에 발사되었고, 2013년 10월까지 유럽우주국(European Space Agency, ESA)에서 운영한 우주망원경으로, 고감도 및 높은 각 분해능으로 마이크로파 및 적외선 영역에서 우주 마이크로파 배경(cosmic microwave background, CMB)을 관찰하였다. 플랑크 우주망원경에 의하여 초기 우주의 이론과 우주 구조의 기원을 테스트하는 것과 같은 여러 우주론 및 천체 물리학 문제와 관련된 주요 정보가 제공되었다. 플랑크 위성의 임무가 종료된 후에, 우주의 물질과 암흑물질(Dark Matter)의 평균 밀도와 우주의 나이를 포함하는 주요 우주론적 매개변수 값들에 대하여 가장 정밀한 측정값이 결정되었다.

우주 마이크로파 배경(Cosmic Microwave Background, CMB)

플랑크 우주망원경이란 명칭은 흑체 복사 공식을 도출한 독일의 물리학자 막스 플랑크(Max Planck)를 기리기 위해 사용되었다. 플랑크(Planck) 우주망원경의 최종 논문은 2018년 7월에 발표되었다. 임무를 종료할 때 플랑크 우주망원경은 미래의 임무가 위험에 빠지는 것을 방지하기 위해 태양 주회 궤도인 묘지 궤도에 투입되어 부동화(passivation) 되었다. 2013년 10월에는 최후의 비활성화 명령이 발송되었다. 플랑크 우주망원경은 빅뱅(Big Bang, 우주 대폭발)의 잔류 광선을 분석해 우주가 지금까지 알려진 것보다 약 8,000만 년 더 오래돼, 우주의 나이가 138억년이라는 사실을 밝혀냈다. 우주가 4,000℃ 정도로 식으면서 나온 빛이 태초의 빛이라고 불리는 우주배경복사인데, 이 우주배경복사 광선의 온도를 분석하는 방식으로 빅뱅 후 38만 년 당시의 모습을 구현한 우주지도를 그려냈다. 플랑크 우주망원경은 우주 나이의 비밀을 벗겨준 뒤 2013년 10월 은퇴했다.

💡 **부동화(Passivation)**

금속의 부식 생성물이 표면을 피복함으로써 부식을 억제하는 현상을 말한다.

갤렉스(GALEX) 우주망원경

은하진화탐사선(Galaxy Evolution Explorer, GALEX)는 2003년 4월 발사된 자외선 우주망원경이며, 줄여서 갤렉스 우주망원경이라고 부른다. 자외선망원경(ultraviolet telescope)이란 모든 전자기파 중에서 자외선만을 모아 관측하는 망원경으로 자외선은 파장이 가시광선보다는 짧고 엑스선보다는 긴 전자기파이며, 우주에서 발생된 자외선은 지구대기를 거의 통과하지 못하므로 자외선망원경은 지구대기를 벗어난 우주공간에 설치해야 된다.

별은 99% 이상이 수소와 헬륨으로 구성되어 있어 수소가 먼저 연소되고 별의 나이가 많으면 헬륨이 연소되기 시작하는데 헬륨은 연소되면서 자외선을 방출하므로 자외선의 세기를 측정하는 것이 자외선망원경이며 이를 통해 그 별의 나이를 추정할 수 있다.

이 망원경은 지구에서는 포착하기 어려웠던 자외선을 관측해 우주의 나이를 밝혀내는 데 단서를 제공한다. 미국항공우주국, 프랑스, 한국 등 3개국 공동연구팀이 캘리포니아공대 우주천체 물리연구소에서 98년부터 개발한 망원경이다. 고도 12km까지 비행한 후 항공기에서 분리되면서 자체 추진력으로 우주공간으로 발사되며, 로켓에 의해 고도 690km 상공에 도달한 갤렉스망원경은 지구 주위를 원 궤도로 회전하면서 지름 50cm의 렌즈로 외부 은하에서 오는 자외선을 관측해 데이터를 지상에 보내준다. 그동안 가시광선은 허블 우주망원경이, 엑스선은 찬드라 우주망원경이 우주 구석구석을 관측했지만, 자외선은 관측이 본격적으로 시작되는 단계이다. 무게는 280kg, 지름 50cm의 첨단 광학렌즈를 달았다.

우주망원경의 역사

발사일	국가	망원경 이름	관측파장	임무
1990년 04월 24일	미국	허블 우주망원경 (Hubble Space Telescope)	근자외선, 가시광선, 근적외선	은하와 별 관측, 우주 팽창 증거 발견
1999년 07월 23일	미국	찬드라 엑스선 관측선 (Chandra X-ray Observatory)	X선	성운, 초신성, 퀘이사, 블랙홀 속 입자 관측
1999년 07월 23일	인도	아스트로샛(AstroSat)	X선, 자외선, 가시광선	블랙홀과 중성자별, 은하단 등 관측
2002년 10월 17일	유럽	인테그랄 우주망원경 (INTEGRAL, International Gamma-Ray Astrophysics Laboratory)	감마선, X선, 가시광선	초신성, 감마선 폭발, 블랙홀 관측
2003년 08월 25일	미국	스피처 우주망원경 (Spitzer Space Telescope)	적외선	우주 먼지와 가스에 가려진 열 관측
2003년 04월 28일	미국	은하진화탐사선 (GALEX, Galaxy Evolution Explorer)	자외선	우주관측
2003년 09월 27일	한국	과학기술위성 1호 (FIMS, Far Ultraviolet Imaging Spectrograph)	원자외선	우주관측
2006년 02월 22일	일본	아카리(Akari)	적외선	우주관측
2007년 09월 27일	미국	돈(Dawn) 우주망원경		소행성 탐사
2008년 06월 11일	미국	페르미 우주망원경 (FGST, Fermi Gamma-ray Space Telescope)	감마선	활동은하핵 등 고 에너지 천체와 블랙홀 제트 탐사
2008년 06월 11일	러시아	라디오아스트론(RadioAstron)	전파	블랙홀 및 은하 등의 구조와 암흑물질 탐사
2009년 03월 06일	미국	케플러 우주망원경 (Kepler Space Telescope)		지구와 비슷한 외계 행성 탐사
2009년 05월 14일	유럽	허셜 우주망원경 (Herschel Space Observatory)	원적외선	우주관측
2009년 05월 14일	유럽	플랑크(Planck) 우주망원경	적외선, 마이크로파	우주배경복사 관측
2009년 12월 14일	미국	와이즈 (WISE, Wide-Field Infrared Survey Explorer)	적외선	소행성, 혜성, 왜성 등 태양계 지구 근접 천체 발견

2013년 11월 21일	한국	과학기술위성 3호 (MIRIS, Multi-purpose InfraRed Imaging System)	적외선	우리 은하면 관측과 우주 적외선 배경 복사를 관측
2013년 09월 14일	일본	히사키(Hisaki · APRINT-A)	극자외선	목성의 플라스마 에너지 관측, 태양계 초기 환경 연구, 지구형 행성의 대기 유출 측정
2018년 04월 18일	미국	테스 (TESS, Transiting Exoplanet Survey Satellite Space Telescope)	가시광선, 근적외선	태양과 같은 항성을 공전하는 외계행성 탐사
2021년 12월 25일	미국	제임스 웹 우주망원경 (James Webb Space Telescope)	적외선, 자외선, 가시광선	우주탐사

우주탐사

러시아어로 단순히 위성 혹은 동반자라는 뜻을 가졌던 세계 최초 우주선 스 푸트니크(Sputnik)호는 1957년 소비에트 사회주의 공화국 연방, 약칭 소련(蘇 聯)의 다단계 로켓에 장착되어 대기권을 벗어나, 고도 940km에 도달한 후 시 속 228km로 지구 주위를 선회하기 시작했고 얼마 후 타버린 추진 로켓을 분리 한 후 지구 상공 880km에서 96.2분마다 지구를 한 바퀴씩 선회하기 시작했다.

이 소련의 다단계 로켓이 세계 최초의 인공위성으로 이름은 스푸트니크 1호 라 한다. 직경 57cm, 무게 83.6kg으로 금속구에 4개의 안테나가 달려있었으며 내부에는 측정기와 2대의 송신기 등을 장비하고 있었다. 전 세계 라디오나 텔 레비전에서는 스푸트니크가 우주공간을 날면서 관측하는 내용을 전기신호로 부호화하여 소련에 송신하는 전자 발신음이 흘러나왔고, 지구의 자전 때문에 모든 대륙과 국가의 상공을 비행할 수 있다는 사실을 알게 된다.

동서 냉전 중이던 서방의 국가는 적에게 하늘을 빼앗겼다고 생각했고 소 련은 당시로서 과학기술의 기적이라고 생각되는 것을 성취했다. 로켓 개발 의 시초 단계에서 소련은 2차 세계대전 중 독일 과학자였던 베르너 폰 브라운 (Wernher Magnus Maximilian Freiherr von Braun)의 로켓 제작 시설을 소 련군에 의해 접수했으나 브라운 박사를 비롯한 150명의 로켓 연구원들은 정작

미군에게 항복했다.

핵폭탄으로 종전을 앞당긴 미국 측의 당시 소련에 대한 반응은 더 발전된 형태의 신무기의 위력을 염려해 자금조달을 꺼리고 가치 없던 설비를 들여온 소련이라고 평가하였다. 하지만, 소련이 로켓 개발연구에 박차를 가해 최초의 인공위성 발사에 성공했는바 그간 자국의 풍요함과 강력함을 믿어 의심치 않던 미국인들은 의구심을 가지게 되었다. 미국에서의 과학과 교육의 우월성과 평등한 기회에 대한 사실은 의심받기 시작하였고, 당시 인기위주의 교육풍토가 사정의 표적이 되었다.

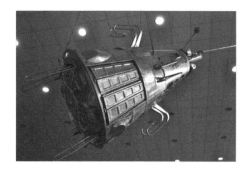

소련의 스푸트니크 3호

소련의 과학자 레오니드 세도프(Leonid Sedov)는 미국인들은 자기의 자동차, 냉장고, 집은 사랑하지만 조국은 사랑하지 않는다며 미국을 조롱하기 시작하고 이에 자극 받은 미국의 우주계획 부서는 무리하게 뱅가드 위성을 궤도에 진입시키려 선전 후 발사하지만 사고로 대 참사를 겪게 된다. 한 달 후 1957년 11월 3일에는 스푸트니크 2호가 소련에 의해 위성발사로 성공한다. 무게는 508.3kg으로, 라이카라는 개 1마리와 우주선, 자외선 측정 장치를 적재하였는데 이는 머지않아 소련이 우주공간에 인간을 보낼 것이라는 사실을 공시하는 것이었다. 이 모든 실험과 과시에 성공하고 이듬해 1월 14일 스푸트니크 2호는 소멸된다. 또한, 스푸트니크 3호는 1958년 5월 15일 발사되어 1960년 4월 6일에 소멸되는데, 무게는 1,327kg으로 처음으로 1t을 초과하였다. 여기에는 대기조성, 자기장, 태양복사를 측정하는 기기 등 968kg을 적재하였다. 스푸트니크1호는 크기도 작고, 단순히 전파를 발사하는 수준이었으며 수명도 길지 못한 인공위성이었으나 스푸트니크 2호와 스푸트니크 3호가 뒤를 이어 발사되었었다. 스푸트니크1호는 1957년 이듬해인 1월 4일에 소멸하였다.

소련의 스푸트니크 2호에 탑승한 우주 비행사 라이카(Laika)

이것은 인류의 과학 발달로 우주여행의 미래에 대한 귀중한 발걸음이란 의의를 가진다. 스푸트니크의 충격은 냉전 중이던 미국의 교육구조와 사회의 변화와 우주과학의 발전에 큰 영향을 미쳤다. 미국의 엄청난 패배감은 그동안 자만심으로 가득 차 있던 미국인들에게 열등감을 안겨다 주었을 뿐 아니라 그 당시 미국의 교육제도를 바꾸어 놓았고, 개혁을 강력하게 모색했다.

초등학생부터 대학원생까지 수학, 과학, 외국어 교육을 강화하는데 10억 달러가 투입되었다. 1958년에는 대통령과학기술 특별보좌국과 국립항공우주국(National Aeronautics and Space Administration, NASA)이 설립되었다.

1957년 10월 4일, 소련이 세계 최초의 인공위성인 스푸트니크 1호를 발사함으로서 미국과 소련의 우주항공과학의 경쟁은 급 가속화되었다. 스푸트니크1호의 발사로 큰 충격을 받은 미국은 매우 적극적으로 투자를 하여 빠른 성장을 보이며 머큐리(Mercury)의 개발에 힘을 쏟았다. 그러나 미국의 성장을 뒤로한 채 1961년 4월 12일, 소련의 보스토크 로켓(Vostok Rocket)은 유리 가가린(Yurii Alekseevich Gagarin, 1934~1968) 비행사를 작은 우주선에 싣고 인공위성 궤도로 날아갔다. 그리고는 가가린의 명대사 "지구는 푸르다"라는 말과 함께 인류의 우주여행의 시작을 알렸다. 1961년 4월 12일 소련의 우주비행사 유리 가가린은 스푸트니크 2호로 108분 동안 지구를 한 바퀴 선회하는 우주비행에 성공하여 우주공간을 비행한 최초의 기록을 세웠고, 4월 19일 미국이 후원한 쿠바의 피그만 침공이 실패하여 당시 미국 대통령인 존 에프 케네디(John F. Kennedy) 대통령은 미국의 국가적 위신이 실추했다고 생각했다. 케네디는 미국의 우주계획을 개편하여 위신을 되찾아야 한다는 생각을 가지고 1961년 5월 25일 의회 연설에서 "나는 미국이 60년대가 가기 전에 인간을 달에 착륙시키고 다시 무사히 지구로 돌아오게 하는데 노력해야 한다"는 연설로 의회의 만장일치를 얻어낸다. 그 노력이란 1958년 소련의 스푸트니크 1호 발사에 자극 받아 창설되었던 민간우주개발기구인 미항공우주국이 사용할 220억 달러의 예산안통과였다. 아폴로 계획의 월 지출 비용은 연간 연방 정부예산의 3%에 달했다. 16개 항공회사와 12,000명의 하청업자, 100개 이상의 미국 대학들이 참여했으며 총 40만 명 이상의 인력이 동원되었다. 그 결과 미국에서는 새턴 V형(Saturn V type)에 의한 아폴로(Apollo) 9호의 지구선회에 의한 착륙선의 테스트, 아폴로 10호에 의한 달 선회 테스트를 계획하였고 각각의 테스트에 성공하고는 아폴로 11호로 인류 최초의 월면 착륙을 시도하게 된다.

존 피츠제럴드 케네디(John Fitzgerald Kennedy, 1917~1963)

존 에프 케네디로 불리는 미국의 제35대 대통령이다. 존 피츠제럴드(잭) 케네디(John Fitzgerald(Jack) Kennedy, 1917.5.29~1963.11.22) 또는 약어로 JFK는 미국의 제35대 대통령이다.

1969년 7월 16일 케이프케네디(Cape Kennedy)에서 발사된 아폴로 11호의 맨 끝단이 3일 후 달의 궤도를 돌기 시작하였다. 탑승한 3인의 우주인은 함장인 닐 암스트롱(Neil Alden Armstrong, 민간인), 우주공학박사 에드윈 앨드린(Edwin Eugene Aldrin, 공군대령), 그리고 둘이 탈 달착륙선이 달 표면에 착륙하는 동안 달 궤도를 선회할 마이클 콜린스(Michael Collins, 공군중령)이었다. 1969년 7월 20일, 아폴로 11호의 함장인 암스트롱은 고요의 바다(Mare Tranquillitatis)에 내려진 사다리를 내려오고 있었다. 그는 발을 딛으면서 "한 사람의 인간에게는 보잘 것 없는 한 걸음이지만 인류에게는 위대한 도약이다"라는 말을 남겼다.

케이프케네디(Cape Kennedy)

케이프 커내버럴(Cape Canaveral)의 옛 이름이다. 미국 플로리다(Flolida) 케이프 커내버럴(Cape Canaveral)에는 케네디 우주 센타(Kennedy Space Center)가 있다.

그들은 달 표면 위에서 21시간을 보내며 사진촬영을 하고 월면 물질 수십그람(g) 그리고 흙, 암석 표본 등을 채집하고 지진계를 설치하고 태양풍 측정 장치, 그리고 성조기를 세웠다. 달의 온도는 영하 157도에서 영상 121도로 인간이 살기에는 부적합한 곳이란 것을 알았고 중력은 지구의 육분의 일로 우주복과 생명유지 장비의 85kg이 넘는 무게가 14kg 정도 밖에 안 되었다. 시간이 되자 그들은 착륙선으로 돌아갔다. 달을 고도 100km의 궤도에서 돌고 있는 콜롬비아(Columbia)호를 향해 착륙선의 하부를 발사대로 하고 상부를 타고 갔다. 그리하여 궤도에서 대기하는 콜롬비아호와 도킹하여 지구 궤도를 돌아 7월 24일 그리운 지구에 도착한다.

컬럼비아(Columbia)

남아메리카의 국가명인 콜롬비아(Colombia)로 혼동을 할 수 있는데 두 단어 모두 동일한 의미에서 생긴 같은 단어지만 미국에서 쓰는 컬럼비아는 U를 사용하고 국가 컬럼비아는 O를 사용하는 점이 다르다. 컬럼비아라는 단어는 합성된 라틴어인데 신대륙을 발견한 크리스토퍼 컬럼부스(Christopher Columbus)의 컬럼브(Columb)와 라틴어에서 국가명의 뒤에 붙이는 이아(ia)를 합해 만들어진 것으로 컬럼부스의 땅이라는 뜻이다.

그들은 만약의 방역을 위해 2주 동안 격리되었으며 그들은 다시 6배로 늘어난 지구의 중력에 서 있기조차 힘듦을 알게 되었다. 이후로도 아폴로 12호가 폭풍의 대양(Ocean of Storms), 14호가 프라 마우로(Fra Mauro) 고지를 찾았으며 15호의 우주비행사들은 하들리 산(Rima Hadley, 또는 해들리 열구) 가까이를 전기자동차를 타고 돌아 다녔다. 그 와중에 40억년 이전 것으로 판명된 사장석을 채취하기도 하는데 이를 제네시스 록(genesis rock) 즉 원생암(原生巖)이라 이름 붙여졌다. 16호는 케리 평원의 자기가 다른 지역보다 5~10배 정도 높은 것을 알아냈고, 17호는 마지막으로 가장 긴 월면 착륙비행인 22시간을 하기도 했다.

아폴로 계획 이후 한동안 우주 계획이 침체되었으나 스페이스셔틀(Space Shuttle, 우주왕복선)을 만들어 냈고 미국 최초의 우주 스테이션(Space Station)인 스카이랩(Skylab)을 계획하기에 이른다. 60년대 초에서 70년대 초까지 국가 간 경쟁의 수단으로 발달된 우주 유인 탐사는 여러 가지 문제가 산재해 있으나 그중 으뜸이 비용 문제이다. 이 비용을 줄이려 80년대 미국항공우주국은 콜롬비아(Columbia) 계획을 세워 우주 왕복이란 개념을 연구하다 사고와 난관을 겪는다.

 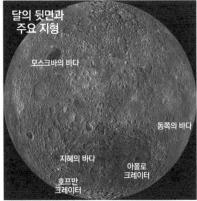

달의 전면과 후면의 주요지형

우주 탐사 장비

❖ 인공위성(artificial satellite) : 지구 주위를 일정한 궤도로 따라 돌도록 만든 인공적인 장치로서 최초의 인공위성은 1957년 소련이 발사된 스푸트니크 1호이고, 지구 밖에서 전체를 관측하는 허블 우주망원경도 인공위성에 속한다.

❖ 탐사선(interstellar probe) : 지구 이외 다른 천체를 탐사하기 위해 쏘아올린 비행 물체를 말하며, 주로 태양계를 이루는 행성, 위성, 소행성, 혜성을 탐사한다. 천체 주위를 돌거나 표면에 착륙하여 탐사 활동을 한다. 마

토성, 천왕성, 해왕성을 돌며, 카시니(Cassini)호는 1997년 미국 플로리다 주에서 발사되어 2017년 9월 15일 임무 완료한 토성탐사선이고, 바이킹(Viking)호는 화성 탐사선, 마젤란(Magellan)호는 금성 탐사선, 아폴로(Apollo)호는 달 탐사선이다.

✧ 우주왕복선(space shuttle) : 우주왕복선은 재사용이 가능하도록 설계한 우주선이며, 우주망원경이나 인공위성 설치 및 수리, 국제 우주정거장에 우주인이나 필요한 물품의 전달 등을 임무로 한다.

✧ 우주정거장(Space Station) : 우주에 우주인이 거주하면서 다양한 임무를 수행할 수 있는 인공 구조물이며, 우주환경에서 다양한 실험, 탐사활동, 신약 및 신소재개발 등을 수행한다.

✧ 국제우주정거장(International Space Station, ISS) : 1998년부터 16개 나라가 협력하여 건설하고 있는 우주정거장으로, 주요 시설은 완성되어 현재 사용 중이다.

우주 탐사의 역사

1950년대는 우주 개발이 시작되었는데, 1957년 최초의 인공위성 스푸트니크 1호가 발사되었고, 1960년대는 첫 유인우주선인 보스토크(Vostok)호(1961)와 최초 달착륙선인 아폴로(Apollo)11호(1969)가 발사되었으며, 1970년대는 화성 착륙선인 바이킹(Viking) 1호(1976)와 목성, 토성, 천왕성, 해왕성 탐사선인 보이저(Voyager)호(1977)가 발사되었다. 1980년대에는 우주왕복선(Space Shuttle, 1981)이 발사되었고, 1990년에는 다양한 장비로 우주 탐사가 이루어졌는데 허블(Hubble) 우주망원경(1990) 발사와 소호(Solar and Heliospheric Observatory, SOHO)위성(1995)에 의한 태양 탐사, 토성 탐사선인 카시니(Cassini)호(1997) 발사 등이 이루어졌다. 2000년대 이후 국가 간 우주 개발에 대한 협력이 늘어나서 딥 임팩트(Deep Impact)호(2005)와 국제우주정거장(International Space Station, ISS)이 완성되었다.

> ☀️ **소호(SOHO)**
>
> 태양 관측 위성(Solar and Heliospheric Observatory)의 줄임말이다.

민간 유인우주선

테슬라 최고경영자 일론 머스크가 설립한 스페이스엑스(Space-X)는 미국항공우주국(The National Aeronautics and Space Administration, NASA) 소속 우주 비행사 2명을 태운 유인우주선 크루드래건(Crew Dragon)을 2020년 5월 30일 미국 플로리다 주(Florida State) 케이프커내버럴의 케네디 우주센터(Kennedy Space Center at Cape Canaveral)에서 쏘아 올렸다. 민간 기업인 스페이스엑스는 유인우주선을 처음으로 발사하며 민간 우주탐사 시대의 개막을 알리는 주인공이 됐다. 크루드래건을 탑재한 스페이스엑스의 팰컨 9 로켓(Falcon 9 Rocket)은 이날 굉음을 내며 케네디 우주센터의 39A 발사대를 떠나 우주로 향했다. 39A 발사대는 1969년 인류 최초로 달 착륙에 성공한 유인우주선 아폴로 11호를 쏘아 올린 영광의 역사를 간직한 곳이다.

크루드래건에는 미국항공우주국 소속 우주비행사 더글러스 헐리(Douglas

Hurley, 53)와 로버트 벤켄(Robert Benken, 49)이 탑승했으며, 이들은 발사 19시간 뒤 400km 상공에 떠 있는 국제우주정거장(ISS)에 도킹하였다. 크루드래건은 발사 후 12분 만에 추진 로켓에서 모두 분리된 뒤 ISS로 향하는 궤도에 올라섰다. 크루드래건은 기존의 우주선과 달리, 전적으로 자동 운항을 하는데다가 테슬라(Tesla, Inc.) 전기자동차처럼 버튼 대신 터치스크린(Touch Screen)으로 조작되도록 만든 차세대 우주선이다. 기내기 온도는 섭씨 18~27도로 유지된다. 이는 스페이스엑스의 화물 운반용 우주선을 유인우주선으로 개조한 것으로, 최대 수용인원은 7명이지만 우주비행사 2명만 탑승했다. 두 사람은 모두 미국항공우주국의 우주왕복선 비행 경력을 가진 베테랑으로, 헐리는 크루드래건 발사와 귀환을, 벤켄은 도킹 임무를 각각 담당한다. 특히 헐리는 2011년 7월 미국의 마지막 우주왕복선 애틀랜티스(Atlantis)호 탑승에 이어 민간 우주탐사 시대를 여는 크루드래건의 첫 유인 비행을 담당하는 진기록을 세우게 됐다. 두 사람은 ISS 안착에 성공하여 ISS에 머물며 연구 임무 등을 수행하였다.

미국은 2011년 미항공우주국의 우주왕복선 프로그램을 종료한 이후 러시아의 소유스(Soyuz) 우주선에 자국 우주비행사를 실어 우주로 보냈었다. 미국항공우주국은 미국의 우주인을 미국 로켓에 태워 미국 땅에서 쏘아 올리는 것이라고 강조했었다. 어쨌든 2020년 5월 30일 떠난 첫 민간 유인선 크루드래건에 탑승한 우주인 2명은 두 달간 우주정거장 생활을 마치고 2020년 8월 3일 지구로 귀환하였다.

그들은 국제우주정거장에서 돌아와 대서양 해상에 착수했다. 우주선의 지구 귀환 과정은 다음과 같다. 우주정거장에서 분리된 우주선은 곧바로 2개의 작은 엔진을 점화해 우주정거장과 안전거리를 확보한다. 그런 다음 엔진을 좀 더 긴 시간 동안 점화해 지구로 복귀하는 경로를 정하는 작업을 한다. 조건이 좋다는 판단이 서면 6분간 다시 엔진을 점화해 착수 지역으로 향하는 궤도에 진입한다. 이어서 태양전지판 등의 장비가 있는 하단부의 트렁크를 떼내고 열차폐막을 앞세운 뒤 대기권으로 진입한다. 이때 속도는 시속 2만 8천km로, 음속의 23배나 된다. 엄청난 공기 마찰로 우주선 외부 온도는 섭씨 1,900도에 이르고, 이때 생기는 플라스마로 우주선은 6분간 통신 두절 상태에 빠진다. 이때가 왕복 비행에서 가장 위험한 순간이다.

우주선 크루드래건이 위기를 무사히 넘기고 나면 고도 5,500m 상공에서 두 개의 보조 낙하산을 펼치고 속도를 시속 191km까지 낮추며 착수지점을 향해 낙하한다. 고도 1,800m 지점에 이르면 4개의 주 낙하산이 펼쳐진다. 우주선이 바다에 착수하면, 인근에서 대기하던 두 척의 배가 우주비행사와 우주선을 배에 옮겨 태우게 된다.

민간 유인우주선 시대가 열렸다. 1961년 옛 소련이 우주비행사 유리 가가린을 태운 최초의 유인우주선 보스토크(Vostok)를 쏜지 60년만이다. 크루드래건은 인류가 만든 9번째 유인우주선이자 첫 번째 민간 유인우주선이다. 미국으로선 머큐리(Mercury), 제미니(Gemini), 아폴로(Apollo), 우주왕복선(space shuttle)에 이은 미국항공우주국의 다섯 번째 유인우주선이다. 이전의 유인우주선들은 모두 정부가 소유권과 운영권을 쥐고 기업에 주문 제작해 왔다. 하지만 크루드래건은 스페이스엑스(Space-X)가 독자적으로 개발한 말 그대로 민간 우주선이다. 과거 온 나라가 총력을 기울여 개발한 것을 이제는 민간 기업 한 곳이 해냈다는 의미를 담고 있다.

지금까지 유인우주선을 개발한 나라는 미국과 러시아(보스토크(Vostok), 보스호트(Voskhod), 소유즈(Soyuz)), 중국(선저우, 神舟) 세 나라뿐이다. 미국 우주 비행사들은 2011년 우주왕복선 아틀란티스(Space Shuttle Atlantis)가 퇴역

한 이후 러시아의 소유즈 우주선을 빌려 타고 있다. 미국은 러시아에 의존하지 않고 다시 독자적으로 우주비행 프로그램을 추진할 수 있게 된다. 두 우주비행사는 2000년에 나란히 우주비행사로 데뷔했다. 사령관을 맡은 헐리는 683시간, 벤켄은 708시간의 우주비행 기록을 갖고 있다. 헐리는 2011년 아틀란티스의 마지막 비행에서 우주왕복선 조종을 맡았다.

민간우주회사 스페이스엑스(Space-X)가 독자적으로 개발한 민간 우주선인 크루드래건은 역대 가장 저렴한 유인우주선이며 아폴로 우주선 비용의 20분의 1의 비용이다. 비상탈출 시스템은 우주선 벽에 부착된 작은 추진 장치로, 로켓에서 비상사태가 발생할 경우 8개의 엔진을 가동시켜 우주선을 로켓에서 즉각 분리시킨다. 이는 두 차례 폭발 사망 사고를 겪은 우주왕복선의 전철을 밟지 않기 위해 미국항공우주국이 주문한 필수 장치다. 미국항공우주국은 스페이스엑스에 사망사고 확률을 우주 왕복선의 90분의 1보다 훨씬 강화된 270분의 1로 낮춰줄 것을 요구했다.

스페이스X, 첫 민간 유인우주선

우주인들이 입는 우주복도 기존 우주복에 비해 훨씬 가볍고 슬림(slim)하여졌다. 단 이 우주복을 입고 우주유영을 할 수는 없으며 실내용이다. 헬멧은 3D 프린팅(3D printing, 3차원 인쇄) 기술로 제작했다. 미국항공우주국은 2014년 새로운 유인우주선 개발 업체로 스페이스엑스와 보잉(Boeing Co.)을 선정하고, 이들 업체와 각각 6차례 국제우주정거장 왕복 비행을 하는 조건으로 26억 달러, 49억 달러에 각각 계약을 맺은 바 있다. 미국항공우주국이 민간 우주선을 쓰기로 한 가장 큰 이유는 비용 절감이며, 크루드래건은 역대 가장 값싼 우주선이다.

민간 우주탐사기구인 플래니터리 소사이어티(The Planetary Society) 분석에 따르면, 크루드래건의 개발 비용은 17억 달러이다. 크루드래건 개발 당시의 달러 가치로 따져 300억 달러가 넘었던 아폴로 우주선의 거의 이십분의 일 수준이다. 우주비행사 1인당 이용 요금도 6천만 달러로, 소유즈를 빌려 타는 데 드는 8천만 달러보다 훨씬 싸다. 우주선은 시속 2만 7,360km의 속도로 날아가 우주정거장과 도킹(Docking)한다. 크루드래건 우주선이 활동하는 시기의 국제우주정거장에는 63차 원정대 우주비행사 3인(러시아 우주인 2인, 미국 우주인 1인)이 체류 중이다.

💡 **행성협회(The Planetary Society)**

천문학과 관련된 많은 연구, 교육활동을 하고 있는 비영리단체이며, 비정부 기구 (nongovernmental organization, NGO)이다.

도킹(Docking)

인공위성이나 우주선 등이 우주 공간에서 서로 결합하는 일을 뜻한다.

크루드래건 우주선은 재활용 가능한 로켓인 팰컨 9 로켓이 강점이고 최고 기록은 5번 발사하였다. 2002년 설립된 스페이스엑스는 회사 역사 20년도 안 돼 세계 최대의 우주로켓 발사 업체가 됐다. 수차례의 실패 끝에 2010년 팰컨 9 로켓 발사에 성공한 이후 2020년 발사를 포함하여 모두 87회의 로켓 발사에 성공했다. 물론, 팰컨 9 로켓과 팰컨 헤비 로켓(Falcon Heavy Roket)을 합한 수치이다. 스페이스엑스 로켓의 가장 큰 장점은 재활용이 가능하다는 점인데 총 발사 횟수의 절반이 넘는 52회에 걸쳐 로켓을 해상 바지선이나 육상 기지로 회수했으며, 회수한 로켓을 다시 쏜 횟수도 35차례나 된다. 한 로켓을 4번 회수해 5번 발사한 기록도 갖고 있다. 스페이스엑스 본사는 미국 캘리포니아 호손(Hawthorne)에 위치하고 있다.

바지(Barge)선

강, 운하, 바다 등에서 화물을 운반하기 위하여 만든 바닥이 평평한 선박으로서 예인선의 도움이 필요한 선박을 말한다.

스페이스엑스

일론 머스크가 이끄는 미국의 우주기업 스페이스엑스가 세계에서 가장 강력한 로켓인 팰컨헤비를 미국 플로리다주 케네디우주센터에서 발사하였다. 팰컨헤비는 이 회사의 주력 로켓인 팰컨 9 로켓의 1단계 추진체 3개를 나란히 묶은 것이다. 최대 63톤의 탑재물을 지구 저궤도에 올려놓을 수 있다. 탑재물 중량이 1.5톤인 한국 누리호와 비교하면, 42배 더 무거운 탑재물까지 우주로 보낼 수 있다.

달 탐사

첫 번째 인류의 달 탐사는 1959년 소련의 루나 2호(Luna 2)이었다. 1969년 미국의 아폴로 11호(Apollo 11)는 최초로 사람을 태운 채 달 착륙에 성공하였다. 달은 지금까지 많은 탐사를 통해 자원의 보고임이 밝혀졌음에도 불구하고 여전히 자원의 정확한 매장량이나 분포에 대한 정보가 부족하다. 헬륨-3(Helium-3), 우라늄(Uranium), 희토류(rare earth elements, REE) 등 지구상에 희귀한 물질들이 달에 많이 분포한다.

루나 2호

소련의 달 탐사 우주선으로 1959년 발사되었고, 인류 최초로 달의 표면에 도착하였다.

아폴로 11호

처음으로 달에 착륙한 유인우주선으로서 아폴로 계획의 다섯 번째 유인우주비행인 동시에 세 번째 유인 달 탐사이기도 했다.

헬륨-3

가볍고 안정된 헬륨의 동위 원소 중의 하나로, 두 개의 양성자와 한 개의 중성자를 갖고 있다. 양성자-양성자 연쇄 반응을 일으킬 때 생성된다. 즉, 수소 다음으로 가벼운 원소인 헬륨(He)의 핵은 양성자 둘과 중성자 둘이 결합해 이뤄져 있는데 중성자 하나가 빠진 동위원소가 바로 헬륨-3(^{3}He)이다.

희토류(rare earth elements, REE)

말 그대로 희귀한 흙(Rare earth) 원소 17종류를 총칭하는 말이다. 겉모양은 금속처럼 생겼으나 금속과 비교하면 상대적으로 부드럽고 탄성과 연성이 있다. 희토류는 15종의 란탄족 원소, 스칸듐, 그리고 이트륨을 포함한 17가지 금속이다.

핵융합 반응의 원료가 되는 헬륨-3는 지구에는 거의 존재하지 않는데, 달에는 많은 양이 침전되어 존재한다. 인류의 달 탐사는 이제 헬륨-3라는 물질의 개발과 밀접한 관계를 갖게 되었다. 현재 지구에서 핵융합 반응을 일으킬 때, 사용하는 원료는 중수소(deuterium)와 삼중수소(tritium)이다. 바닷물에서 비교적 쉽게 채취 가능한 중수소와 달리, 삼중수소는 자연 상태에 거의 존재하지 않아 핵융합로 내에서 리튬(Lithium)과 중성자를 반응시켜 얻어내고 있다. 달 탐사를 통해 헬륨-3를 채취해 온다면 삼중수소를 대신하여, 헬륨-3와 중수소의 핵융합 반응을 일으킬 수 있다. 헬륨-3를 사용한다면 리튬을 통해 삼중수소를 만들어 내는 과정을 생략할 수 있고, 반감기는 매우 짧더라도 방사능을 지니고 있는 삼중수소와 달리 비방사성 원소이므로 핵융합 과정에서 방사능이 전혀 발생하지 않아 진정한 청정에너지를 얻을 수 있게 된다.

중수소(deuterium)

중성자 하나가 있는 수소이고, 삼중수소(tritium)는 중성자 두 개가 있는 수소이며, 일반 수소보다 무겁기 때문에 무거울 중(重)자를 붙여서 부르고, 중수소로 만든 물을 중수(重水 heavy water)라 말한다. 중수소는 원래 안정된 동위원소로서 일반 수소처럼 산소와 결합하여 물을 만들기도 한다.

헬륨-3를 이용한 핵융합 반응은 기존의 중수소-삼중수소 핵융합 반응보다 더 어려운 조건이 필요하므로 현재의 기술력으로 가장 효율적인 핵융합 반응은 중수소와 삼중수소를 이용한 핵융합 반응이다. 향후 헬륨-3를 달에서 매우 경제적으로 채취할 수 있고, 헬륨-3를 이용한 핵융합 조건들을 구현할 수 있게 된 다면 중수소-삼중수소 핵융합 반응을 대체할 수 있는 매우 효율적 방법이다.

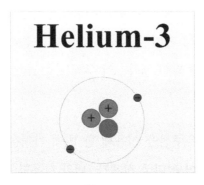

헬륨-3

에너지 효율을 비교하면 다음과 같다. 헬륨-3가 1톤(ton)이면, 석유 1,400만 톤에 해당되고, 석탄 4,000만 톤에 해당되며, 헬륨-3가 25 톤이면 미국 인구 3억 명이 1년 동안 쓸 전력 생산이 가능하다. 달의 헬륨-3를 지구로 가져오면 세계 인구가 1만 년 사용할 에너지원을 확보하는 셈이다.

중성자(Neutron), 우라늄(Uranium) 또는 플루토늄(Plutonium) 핵분열은 중성자와 핵폐기물이 나온다. 원자력 발전은 편리하고 지속 가능하지만 방사능 배출 위험 때문에 안전성이 문제이다. 헬륨-3를 이용한 발전은 원자력 발전보다 5배나 큰 에너지를 낼 수 있으며 방사능 폐기물도 거의 나오지 않아 안전성과 효율이 뛰어나다.

달 탐사 목적에는 엄청난 경제적 이득이 숨어 있는데, 달에는 헬륨-3와 우라늄, 백금(Platinum) 등 다양한 희귀 자원이 매장되어 있기 때문이며, 더군다나 헬륨-3는 지구에는 거의 없는 물질이다. 헬륨-3는 풍선 안에 들어있는 가벼운 원소 헬륨과 구성 물질이나 구조는 같지만 질량은 조금 다른 원소이다. 화성이나 더 먼 행성으로 가기 위한 우주선의 연료로도 사용할 수 있어 앞으로 우주를 개척할 때 꼭 필요한 자원이다. 헬륨-3는 달 속이 아닌 달 표면에 있다. 달은 지구 같은 대기가 없기 때문에 태양에서 날아오는 태양풍을 직격으로 맞는 덕분에 태양에서 날아온 여러 가지 입자를 고스란히 보존하며 헬륨-3를 달 표면에 쌓을 수 있다. 달 표면에 쌓인 헬륨-3의 두께는 수 m에 달하며 이를 다 합치면 100만~5억 톤 정도이다.

우주왕복선 크기의 우주선을 이용해 한 번에 가져올 수 있는 양은 약 25톤 정도인데 이 정도만 있어도 미국 전체가 1년간 사용할 수 있다. 핵을 이용한 발전은 핵분열과 핵융합으로 나누는데 핵분열을 이용한 원자력발전소는 현재 진행이지만 핵융합을 이용한 원자력 발전소는 미래의 일이다. 미래에 상용화가 예상되는 기술이다. 핵융합은 무엇보다 적은 양의 연료로 많은 에너지를 생산할 수 있다.

20톤의 석탄이 탈 때 발생하는 에너지를 1.5kg의 핵분열 연료로 생성할 수 있는데, 핵융합인 경우는 60g의 핵융합 연료로 가능하다.

제어 가능한 핵융합 반응 7가지

- 중수소 + 삼중수소   ▷ 헬륨-4, 중성자
- 중성자 + 리튬-6   ▷ 헬륨-4, 삼중수소
- 중수소 + 중수소   ▷ 삼중수소, 양성자
- 중수소 + 중수소   ▷ 헬륨-3, 중성자
- 중수소 + 헬륨-3   ▷ 헬륨-4, 양성자
- 양성자 + 리튬-6   ▷ 헬륨-3, 헬륨-4
- 양성자 + 붕소-11   ▷ 헬륨-4, 3개

위의 7가지 반응 중에서 중수소와 삼중수소의 핵융합 반응이 가장 각광받고 있다. 중수소는 깊은 바닷물 속에서 무한정 얻을 수 있지만 삼중수소는 얻기에 쉽지 않다. 삼중수소는 리튬-6의 핵융합 과정에서 얻을 수 있지만 리튬 역시 한정되어 있다. 핵융합은 토카막(tokamak)의 원리에 의해 이루어지는데 원자핵을 가열하면 평균 운동에너지가 증가함이 핵심이고 이 운동에너지가 한계치를 넘어서면 핵융합이 일어나는데, 이때 온도가 약 1억 도이며 중수소와 삼중수소를 통해 핵융합 발전을 하기 위해서는 온도를 1억 도 이상으로 유지시켜줘야 한다. 시간이 필요하지만 상용화가 기대되는 기술로서 핵융합 연료 확보에 국가별 경쟁이 심화되고 있다.

> ☀ **토카막(Tokamak)**
> 자석을 이용해 만든 핵융합 장치로서 도넛 모양의 자장이 있는 상자란 의미를 갖는 러시아어의 줄인 말이다.

삼중수소는 보통 헬륨(양성자 2개+중성자 2개)보다 중성자가 하나 적은 헬륨-3(양성자 2개+중성자 1개)으로 바뀌면서 에너지를 내는데 에너지가 크지 않기 때문에 종이나 물을 뚫지 못하고 사람의 피부도 통과할 수 없다. 다른 방사능 물질에 비해 삼중수소는 비교적 안전하다. 삼중수소는 무거울 뿐 아니라 보통 수소에는 없는 방사능을 가지고 있다. 헬륨-3과 중수소의 핵융합 반응은 중수소 삼중수소의 핵융합 반응보다 더 높은 온도에서 가능하다. 헬륨-3에 중수소(양자1개+중성자1개)를 핵 융합시키면 헬륨으로 바뀌면서, 양자 1개가 남는데 이것이 에너지로 바뀐다. 헬륨-3이 주목 받는 이유는 7가지 핵융합 반응 중 가장 높은 에너지를 발생시킬 뿐만 아니라 달에 많이 있다는 점이다.

헬륨-3를 달에서 공급받으면 1g의 헬륨-3는 40톤의 석탄과 비슷하므로 달에서 채굴 수송비용을 감당할 수 있다. 지구에 헬륨-3가 적은 이유는 지구자기장 때문이다. 미국, 러시아, 중국, 일본, 인도가 달에 로켓을 올리고 있는데 이유는 바로 헬륨-3 때문이다. 헬륨-3은 원자량이 3인 헬륨이다. 지구상의 대표적인 화석연료인 석유는 40년, 천연가스도 60년 정도면 고갈된다. 원자력 발전의 연료가 되는 우라늄 역시 재처리해서 쓰지 않는다면 약 65년이면 바닥난다. 태양전지, 풍력, 조력 등으로부터 에너지를 뽑아내려 하지만, 현재의 화석연료를 대체하기에는 턱없이 부족하다. 헬륨-3는 방사선이 없어지는 데 수 만년이 걸리는 원자력 발전과는 달리, 반감기도 12년가량에 불과해 방사성동위원소가 포함된 폐기물을 거의 만들어내지 않는다.

헬륨-3이 매장된 지역에 800도 이상의 열을 가해 헬륨을 분리해 내고, 이를 지구로 가져온다면 전 세계인들이 5백 년가량 쓸 수 있는 에너지를 확보할 수 있다. 핵융합 반응을 안정적으로 유지하여 인공태양을 만들기 위해서는 우선 섭씨 1억도 이상의 온도를 유지하는 기술이 필요하다. 금속 가운데 녹는점이 가장 높다는 텅스텐(tungsten)도 섭씨 3,422도가 넘으면 녹아 버린다. 초전도 자석 안에서 고온의 플라스마(Plasma) 상태를 만들고, 1억 도의 온도를 만들어내는 데 성공하였다. 핵융합을 에너지원으로 이용하기 위해서는 고온의 플라스마를 오랫동안 유지하면서 그 안정성을 검증하는 일이 남아 있다. 수분 동안 초고온 플라스마를 유지하는 핵융합 실험 장치를 짓는 데만 100억 달러 이상의 예산이 투입된다.

> 💡 **텅스텐(tungsten)**
>
> 중석(重石)이라 하는데, 스웨덴어 tung(무거운)과 sten(돌)에서 유래되었으며, 백색 또는 회백색의 금속이고, 녹는점은 3,422℃, 비중은 19.25이며, 원자기호는 W이다.

우주에서 두 번째 흔한 원소 헬륨(Helium)

헬륨은 공기보다 가벼운 기체로 파티 때 사용하는 풍선에 넣는 기체이고, 색깔이나 냄새가 없으며, 반응성이 매우 낮다. 헬륨의 안정한 화합물은 알려진 것이 없고, 개개의 원자로 존재하며 모든 원소들 중에서 끓는점과 녹는점이 가장 낮으며, 표준 온도와 압력에서 색깔이 없는 기체이다. 헬륨 불빛은 헬륨 기체를 통과하는 전류에 의해 들뜬 전자들이 원래의 에너지 상태로 돌아가면서 방출하는 것이다. 헬륨은 우주 초기의 몇 분 동안에 대량으로 만들어진 두 원소 중 하나이며 다른 하나는 수소이다. 우주 초기에 만들어진 것은 헬륨 원자가 아니라 헬륨 원자핵이며, 우주 초기에 만들어진 헬륨 원자핵에는 두 개의 안정한 동위원소인 두 개의 양성자와 두 개의 중성자로 이루어진 헬륨-4와 두 개의 양성자와 한 개의 중성자로 이루어진 헬륨-3이 있는데 이 두 동위원소는 지금도 모든 빛나는 별 내부에서 수소 원자핵의 핵융합 반응으로 만들어지고 있으며 이 핵융합 반응이 별의 주 에너지원이다. 우주에는 수소 다음으로 많은 원소가 헬륨이며, 우주에 존재하는 모든 원소 열 개 중 하나는 헬륨이다. 거대한 별의 내부에는 헬륨 원자핵이 융합하여 더 큰 원자핵을 만드는데 예를 들면 산소의 가장 흔한 동위원소인 산소-16(8p, 8n)은 네 개의 헬륨-4 원자핵이 융합하여 만들어진다. 지구 대기에는 헬륨이 아주 적게 포함되어 있기 때문에 파티용 풍선이나 다른 용도로 사용되는 헬륨은 공기 중에서 추출하는 것이 아니라 지하에서 얻어낸다.

헬륨은 천연가스 산업의 부산물로 생산되는데 천연가스에서 분류해낸 기체의 혼합물에는 몇 퍼센트의 헬륨이 포함되어 있고 이 지하 헬륨은 지각에 포함된 방사성 원소가 붕괴하면서 계속 만들어진다. 1868년 태양 스펙트럼에서 그 당시 알려졌던 어떤 원소의 스펙트럼과도 일치하지 않는 밝은 선이 발견되었는데 이 원소의 이름을 태양을 뜻하는 그리스어 헬리오스(helios)에서 따와 헬륨이라 불렀다.

헬륨은 헬륨-네온 레이저(Helium-Neon Lazer)를 이용한 눈 수술에 사용한다. 헬륨-네온 레이저는 바코드 리더(Bar-cord Reader)나 CD 플레이어(Compact Disc Player)에서 오랫동안 사용해왔으나 작고 값싼 다이오드 레이저로 대체되고 있다.

> 💡 **헬륨네온 레이저(HeNe Laser)**
>
> 632nm의 붉은 적외선 파장을 가지는 가스 레이저이고, 여드름, 염증, 대상포진, 관절염, 통증완화, 단순포진 등의 치료에 이용된다.

천연가스 매장지에 헬륨이 포함되어 있다는 발견으로 헬륨의 가격이 폭락했고, 미국은 1924년 주로 비행선에 이용할 헬륨을 저장할 수 있는 시설을 만들었으며 국립 헬륨 저장소에 10억m³ 이상의 헬륨을 저장해놓고 있다. 미국은 세계 헬륨의 대부분을 생산하고 있고, 알제리가 나머지의 대부분을 생산하고 있다. 헬륨은 밀도가 공기보다 작아 비행선에 부력을 제공한다. 헬륨 기체는 좋은 열 전도체여서 기체 냉각 원자로의 냉각제로 사용된다. 불활성으로 인해 매우 민감한 재료나 부품을 생산할 때 보호 공기로 사용되기도 한다. 전자공학 산업에서 순수한 규소결정의 성장이나 LCD(Liquid Crystal Display)와 광섬유 제작 작업은 헬륨기체 안에서 이루어진다. 헬륨은 또한 아크 용접 시에 공기 중의 산소가 높은 온도의 용접 물질과 접촉해 금속을 산화시키는 것을 방지하는 용도로도 쓰인다.

LCD(Liquid Crystal Display)

액정 디스플레이 즉, 액정 표시장치이다.

세계에서 가장 큰 입자가속기인 대형 하드론 충돌가속기(Large Hadron Collider, LHC)의 냉각장치에는 액체 헬륨이 공급되고 있다. 이 가속기는 100톤의 액체 헬륨을 이용하여 냉각 상태가 유지되는 초전도 자석에 의해 유도되는 양성자가 돌고 있는 27km의 고리 형태 진공관이다. 액체 헬륨은 자기공명영상(Magnetic Resonance Imaging, MRI)의 초전도 자석을 냉각시키는 데도 사용한다. 훨씬 규모가 큰 입자가속기의 초전도체 자석에도 액체 헬륨이 사용되는데, 기체 상태의 헬륨은 입자의 충돌로 발생한 열을 제거하기 위해 사용한다.

우주공학에서는 액체 헬륨이 로켓 연료로 사용되는 수소와 연료를 연소시키는 데 필요한 산소를 액화시키고 발사 전까지 차갑게 유지하는 데 사용한다. 우주선과 항공기의 많은 부품들은 제작하는 동안 주기적으로 변하는 열에 노출시키는 처리를 거치고 반복적으로 가열하고 냉각시키는 과정을 통해 부품이 사용할 수 있을 정도로 안정되도록 하는데 이러한 열처리의 냉각 부분에서는 보통 액체 헬륨을 사용한다.

헬륨을 가지고 노는 재미있는 방법 중 하나는 파티용 풍선에서 헬륨 기체를 들이마셔 목소리가 이상해지도록 만드는 것이다. 사람들의 예상과는 달리 헬륨을 마신다고 목소리의 진동수가 변하는 것은 아니다. 사람의 성대는 공기 속에서나 헬륨 속에서 똑같은 진동수의 목소리를 낸다. 소리의 속도는 헬륨 안에서 훨씬 더 빠르기 때문에 입이나 코 안의 공간이 줄어든 것과 같은 효과를 내 더 높은 진동수를 가진 소리가 공명하도록 한다. 헬륨은 독성이 없기 때문에 한 모금 마시는 것은 해롭지 않지만 계속 마실 경우 죽음에 이를 수도 있다. 허파가 헬륨으로 또는 다른 어떤 기체로 가득 차면 산소가 몸의 조직에 공급되지 못해 질식할 수 있기 때문이다.

원소기호 2번에 위치한 헬륨은 수소 다음으로 가볍고, 또 수소에 이어 우주에서 두 번째로 많은 양을 차지하고 있는 원소이다. 전체 우주의 화학 성분에서 수소가 75%를 차지하며, 헬륨은 24%를 구성하고 있고 다른 모든 원소는 우주의 화학 성분의 나머지 1~2%에 불과하다. 헬륨은 끓는점이 가장 낮고, -269℃에서도 얼지 않고 액체로 존재하는 유일한 원소이다. 가장 많이 알려진 헬륨의 쓰임새는 하늘로 띄우는 일인데 공기보다 가벼우면서도 안전하기 때문에 풍선이나 비행선을 비롯해 기상 연구, 천체 관측, 군사 정찰 등 다양한 목적으로 기구를 띄우는 데 사용한다.

자기공명 영상과 함께 자기공명 분석(Nuclear Magnetic Resonance, NMR) 장치, 고에너지 입자 가속기, 중이온 가속기 등은 분석 신호의 감도를 높이거나 영상의 해상도를 높이기 위해 초전도체를 사용하는데 초전도체는 임계온도 이하의 극저온으로 냉각할 경우 거대한 자기장을 발생시켜 고해상도 의료 영상을 보여주는데 이때 냉각제로 헬륨이 필수이다. 우주선에 동력을 공급하는 액체 산소와 수소를 냉각시키는 데 사용하기도 한다.

헬륨이 수소보다 끓는점이 낮기 때문에, 액체 수소 연료 탱크의 압력을 조절하는 역할을 하고, 위성 장비를 냉각시키고 로켓 엔진을 청소하기 위해 사용하며, 마트에서 물건을 사기 위해 바코드를 찍어 가격을 확인하는데도 쓰이고, 헬륨-네온 가스레이저는 레이저의 다양한 종류 중 하나인 기체 레이저로서 전형적인 붉은색 빔을 만들어내 바코드를 인식한다.

잠수할 때 필요한 산소통은 순수한 산소로만 채워지지 않고 질소가 산소와 함께 들어가는데 반해 심해 잠수 시에는 질소가 혈액 내 침투할 위험이 있으므로 헬륨을 사용하는 게 안전하다. 산소통에 헬륨 대 산소를 8 대 2의 비율로 채워서 사용한다. 헬륨은 LCD와 광섬유 및 반도체 생산에 이용하며, 분자가 매우 작아서 배관을 통과하는 비파괴 검사에도 이용하는데, 지구 대기에 들어 있는 헬륨의 양은 0.0005%에 불과해 대기 중에서 헬륨을 얻기는 사실상 불가능하다.

헬륨의 핵은 매우 가볍기 때문에 헬륨이 대기 중에 있다고 해도 지구 중력의 힘을 못 받고 우주로 빠져나간다. 우리가 사용하는 대부분의 헬륨은 천연가스전에서 얻어지며 대표적인 생산지는 미국, 캐나다, 러시아, 알제리, 중동지역 등이다. 우리나라는 헬륨을 생산하는 곳이 없어서 전량 수입해야 한다. 헬륨의 사용 분야가 다양해지며 매년 전 세계적으로 소비되는 헬륨의 양은 약 2억 3000만㎥이다. 지구상에서 남은 헬륨이 20년 내에 고갈된다. 헬륨-3는 지구상 자연적으로 존재하지 않기 때문에 원자로에서 만들어지며 해마다 약 6,000리터 헬륨-3가 미국에서 생산되고 있다.

달 탐사 역사

러시아	1959년	루나(LUNA) 03호	달 뒷면 촬영
	1966년	루나(LUNA) 09호	세계 최초 달 착륙
	1966년	루나(LUNA) 10호	세계 최초 달 궤도 위성
	1970년	루나(LUNA) 17호	무인 행성표면 탐사로봇 로버(Rover)운영
미국	1969년	아폴로(Apollo) 11호	달에 인류 첫발 성공
일본	1990년	히텐(Hiten)	일본 최초 달 궤도선 발사 미국과 소련 이후 다른 국가에서 발사된 최초 달 탐사선 10번의 달 선회 비행 후 달과 충돌해 임무를 완수하지 못함
	2007년	카구야(Kaguya)	일본 두 번째 달 탐사
유럽	2003년	스마트(SMART) 1호 (Small Missions for Advanced Research in Technology-1)	달 궤도선 발사 이후 차세대 발사 계획인 스파르탄 프 로젝트를 추진
중국	2007년	창어(嫦娥) 1호	달 표면 3차원 지도 작성
	2010년	창어(嫦娥) 2호	달 착륙 예정지 지도 완성
	2014년	창어(嫦娥) 3호	달 착륙 성공
	2019년	창어(嫦娥) 4호	세계 최초로 달 뒷면 착륙
	2020년	창어(嫦娥) 5호	달 샘플 귀환에 성공
인도	2008년	찬드라얀(Chandrayaan) 1호	자체 발사체로 달 궤도선 발사, 총 312일간 임무를 수행
	2019년	찬드라얀(Chandrayaan) 2호	달 궤도선과 달착륙선, 로버로 구성하여 발사했지만, 달 착륙에 실패
한국	2022년	다누리(Danuri) (KPLO, Korea Pathfinder Lunar Orbiter)	다누리는 미국 플로리다 주 케이프커내버럴 우주군 기 지에서 미국의 민간 우주개발업체 스페이스X의 팰컨 9 우주발사체에 실려 발사됨 다누리는 달로 직진하지 않고 태양 쪽으로 갔다가 달 쪽으로 방향을 전환해 넉 달 반 동안 우주여행을 하는 방식 채택

소행성 탐사

　소행성(小行星, asteroid)이란 화성과 목성 사이의 궤도에서 태양의 둘레를 공전하는 작은 행성들로서 무수히 많은 수가 존재하며, 대부분 반지름이 50km 이하이다. 대부분의 소행성은 수많은 크레이터가 있고, 대부분의 소행성들의 공전 궤도는 뚜렷한 타원형이며, 대부분의 소행성들의 형태는 감자나 고구마 모양을 갖고 있어서 불규칙하다. 소행성의 구성 성분은 탄소로 구성되어 있어서 색깔이 검은 것이 특성이다.

　화성과 목성 사이인 소행성대에는 정확한 궤도가 측정된 소행성들이 100,000개 이상이고, 덜 알려진 궤도를 갖는 소행성은 500,000개 이상이며, 지구교차 소행성은 1,300여개이고, 목성궤도를 공유하는 트로이 소행성들은 수백 개이며, 가로 폭이 200km보다 큰 소행성은 20여개이고, 가장 큰 소행성은 세레스(Ceres)이며 두 번째로 큰 소행성은 베스타(Besta)이다. 크기가 아주 작은 소행성들을 모두 합친다면 약 1,000,000개의 소행성들이 태양계를 공전하고 있다.

　세레스(Ceres), 팔라스(Pallas), 유노(Juno), 그리고 베스타(Vesta) 등은 최초로 발견된 소행성 4개이고, 이름들은 그리스 신화와 로마 신화에 나오는 여신에서 각각 유래한다. 1801년 1월 1일 이탈리아인으로 가톨릭 사제이자 천문학자였던 주세페 피아치(Giuseppe Piazzi 1746~1826)는 이탈리아 시칠리(Sicily) 섬의 팔레르모(Palermo) 천문대에서 화성과 목성 사이에서 새로운 행성 세레스(Ceres)를 발견하였다. 1802년 3월 28일, 독일의 천문학자 하인리히 올베르스(Heinrich Olvers)가 발견한 팔라스(Pallas)는 세레스에 이어 두 번째로 발견된 소행성이다. 1804년 9월 1일 독일의 천문학자 카를 루트비히 하딩(Karl Ludwig Harding)이 유노(Juno)를 발견한다. 1807년 3월 29일, 두 번째 발견된 소행성 팔라스를 발견했던 독일의 천문학자 하인리히 올베르스가 베스타(Vesta)를 발견하였고, 발견 순서대로 이름 앞에 숫자를 붙여 1 세레스, 2 팔라스, 3 유노, 4 베스타로 불렀다. 아스트라이아(Astraea)는 1845년 12월 8일, 카를 루트비히 헨케(Karl Ludwig Hencke)가 발견한 소행성이다.

대형 소행성들

1800년까지 인류는 소행성의 존재를 알지 못하였으며 과학기술의 발달로 인해 추후 점점 많은 소행성들이 발견되고 있는데, 1886년까지 소행성 100개가 발견되었고, 1921년까지 1,000개, 1981년까지 10,000개, 2000년까지 100,000개의 소행성이 발견되었으며, 현대 소행성 탐사는 자동화가 이루어져 발견 속도는 계속 증가하고 있다. 확인된 소행성은 79만개가 넘는다. 고유명사

이름이 붙은 소행성은 2만여 개, 숫자로 불리는 소행성은 약 52만 개, 숫자도 아닌 식별부호로 불리는 소행성은 26만여 개이다.

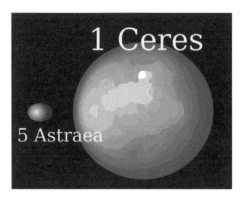

소행성 아스트라이아(Astraea)

소행성이 발견되면 국제천문연맹(International Astronomical Union, IAU)이 발견 일자 정보가 담긴 숫자+알파벳 형식의 식별부호를 붙이고, 나중에 새로운 소행성으로 최종 확인되면 발견 순번을 의미하는 숫자가 이름이 되며, 고유명사 이름을 붙이면 최종적으로 숫자+이름 형식으로 확정된다. 소행성에 고유명사인 이름을 붙이는 것, 즉 명명권(命名權)은 발견자의 권리다. 세레스(Ceres), 팔라스(Pallas), 유노(Juno), 베스타(Vesta), 아스트레아(Astraea), 헤베(Hebe)...... 비슷한 천체들이 자꾸 발견되면서, 가장 큰 세레스(Ceres)라 할지라도 행성으로 보기에는 부족함이 많았으므로 발견 50년 만에 소행성(asteroid, planetoid, minor planet)으로 확정되었다. 세레스는 2006년 8월 국제천문연맹 총회에서 왜소행성(dwarf planet)으로 분류됐다.

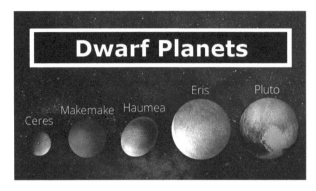

왜소행성(Dwarf Planet)

소행성 162173의 경우 용궁(Dragon Palace)이라는 일본어 발음인 류구 (Ryugu)라는 이름으로 지어졌다. 소행성 4976번은 일본 사람이 발견했지만 조 경철(Choukyongchol)의 이름이고, 소행성 23880번은 우리나라 사람이 발견 하여 이름이 통일(Tongil)이다. 소행성 34666번은 보현산(Bohyunsan)이란 이 름을 부여하였다.

소행성은 희귀한 자원이 풍부하다. 아마존 최고 경영자인 제프 베조스 (Jeffrey Preston Bezos)가 설립한 민간우주개발 회사 블루 오리진(Bule Origin)이 무인로켓 재사용 실험을 성공하였다. 인간이 로켓을 만들고 우주선 을 우주로 보내는 목적은 포화 상태에 가까운 지구에서 벗어나 달이나 화성에 유인 기지를 만들겠다는 계획이나, 관광 산업으로 우주여행사업을 키워보겠다 는 것, 그리고 지구의 부족한 자원을 우주에서 가져오는 것 등이다. 미국 기업 은 법적으로 달이나 소행성 등 지구 밖의 천체에서 자원을 채취해서 판매하는 것이 가능하다.

그런데 지구 밖의 자원을 미국 기업이 임의로 채취해서 판매하는 것이 과연 국제 법에서 가능한 일일까? 그것이 미국의 법으로 허가할 수 있는 사항일까?

많은 사람들이 의문을 가질 것이다. 현재 우주개발과 관련돼 적용되는 국제법은 1967년에 만들어진 우주조약(Outer Space Treaty, OST)이다. 이 조약에 의하면, 어느 나라나 개인도 지구 밖 천체에 대해서 소유권을 행사할 수 없다. 달이나 소행성, 혜성을 포함해 지구 밖 어떤 천체에 대해서도 독점적 소유권을 인정하지 않는다는 것이다. 하지만 이 조약에는 우주에서 자원을 채취하고 판매하는 것에 대한 사항은 명시돼 있지 않다. 많은 전문가들은 이 조약을 근거로 우주에서의 자원 채취와 그것의 판매가 가능하다고 말하고 있다. 그것은 마치 공해 상에서 원양 어선이 물고기를 잡아서 판매하는 것과 같다는 것이다. 물고기를 잡고 판매하는 데 필요한 허가는 각 국가에서 받아야 하지만 바다를 소유하지 않고도 물고기를 잡아서 판매하는 것은 가능하다는 말이다. 미국에서 이런 법안이 통과되었다는 것은 실제로 그런 사업을 하겠다는 기업이 있기 때문이다. 우주에서 자원 채취를 준비하는 기업들이 있다. 그 중 대표적인 기업은 문 익스프레스(Moon Express)라는 회사이다.

처음에 구글(Google)이 주최하는 루나 엑스 프라이즈(Lunar X Prize)라는 공모전에 참가하기 위해 설립되었지만 궁극적인 목표는 달의 자원을 채취하는 것이다. 루나 엑스 프라이즈는 민간 자금으로 만든 로봇을 달에 착륙시켜 500m를 이동하고 사진과 동영상을 지구로 보내면 우승하는 공모전이다. 1등 상금은 무려 2,000만 달러이다.

2010년 11월에 설립된 플래니터리 리소시스(Planetary Resources)라는 곳이 있다. 이 회사는 현재 소형 우주망원경 발사 사업을 하고 있지만 궁극적으로는 소행성의 자원 채취를 목적으로 한다. 민간 회사들 이외에 미국항공우주국을 포함하여 유럽, 러시아, 중국, 일본, 인도 등 우주 선진국들도 국가 차원에서 우주 자원 채취에 관심을 기울이고 있다. 앞으로 수십 년 이내에 달이나 소행성, 화성을 원산지로 하는 자원이 지구에 들어올 것이다.

우주에는 과연 어떤 자원이 있을까? 달이나 소행성에는 어떤 자원이 얼마나 있을까? 달에서 채취할 수 있는 자원 중에 가장 잘 알려진 것은 헬륨-3이라고 하는 핵융합 원료이다. 소행성은 다양한 금속을 포함한 광물로 이루어져 있다. 백금(Platinum)이 풍부한 것으로 알려진, 지름 500m 정도 크기의 소행성 가치가 미국 달러로 약 29조 달러, 우리나라 돈으로는 약 3경원이나 된다고 한다. 물이 풍부한 소행성은 500m 정도 크기가 무려 50조 달러에 해당한다. 백금보다도 더 높게 평가 받는 건 지구에는 풍부한 물을 우주에서는 얻기 어렵기 때문이다. 우주에서 필요한 물을 지구에서 가져가려면 1리터당 무려 2만 달러나 든다. 소행성의 물을 사용할 수 있으면 우주에서 인간이 마시는 것은 물론, 로켓의 연료로 쓸 수도 있고, 산소를 만들 수도 있다.

소행성에서의 자원 채취는 달과는 다르다. 현재 미국항공우주국에서 생각하고 있는 방식은 작은 크기의 소행성을 달 궤도로 끌고 와 인공적으로 달을 돌게 하고, 달과 소행성을 오가면서 자원을 채취한다는 것이다. 물론 기술이 더 발전하면 커다란 소행성에서 직접 자원을 채굴하는 것도 가능할 것이다. 미국항공우주국은 소행성을 달 궤도로 끌고 와 탐사할 계획이다.

화성과 목성 사이 소행성 벨트에는 소행성들이 100만~200만 개가 몰려 있는데 이 가운데 10%는 광산 개발 가능한 M형이다. M형 소행성은 철 성분이 풍부하다. 태양빛을 비추면 10% 정도만 반사하기 때문에 쉽게 식별이 가능하다. 철 이외에도 니켈 · 마그네슘 · 규소 · 금 · 백금 · 이리듐(Iridium) · 팔라듐(Palladium) 등 다양한 자원이 있다. 소행성 전체가 광산 자체인 것이다.

> **💡 M형**
>
> 소행성은 스펙트럼형에 따라 C형, S형, M형으로 구분하는데 C형 소행성이 전체 소행성의 약 75%가 차지하고 있고, 반사도가 낮아 어두우며, 탄소질이 풍부하다. 소행성 마틸드(253 Mathilde)가 여기에 속한다. S형 소행성은 전체 소행성의 약 1/6 즉, 약 17%를 차지하고 있고, 규산철과 규산마그네슘 등의 석질의 물질을 주성분으로 니켈과 철 등의 금속물이 혼합된 화학조성을 갖고 있고, 반사도가 0.10~0.22로 밝은 외관을 가지고 있으며, 주로 화성과 목성 사이의 소행성벨트 중앙보다 안쪽 궤도를 돈다, 소행성들인 가스프라(951 Gaspra), 이다(243 Ida), 에로스(433 Eros) 등이 여기에 속한다. M형 소행성은 금속 성분이 많이 포함되어 있으며, 철이나 니켈에서 나타나는 스펙트럼을 보이고, 소량의 암석 성분도 포함한다. 약간 붉은 색을 띠고 반사도가 0.10~0.18로 중간정도이다. 주로 S형 소행성이 있는 내부 소행성대에 같이 존재한다. 소행성 루테티아(21 Lutetia)가 여기에 속한다.

일본은 소행성에서 샘플 채취에 성공하였다. 소행성은 실리콘밸리 거부들도 투자 관심이 있으나 탐사기술은 아직 초보적인 수준이다. 소행성 표면에 거주지를 만들고 장시간 작업 가능한 우주복이 필요하다. 세계 각국과 민간 개발 업체들이 우주 광산 개발을 준비하고 있다. 최근 이리듐(Iridium) · 팔라듐(Palladium) 같은 희귀 금속 자원 부족 현상이 심화되고 있다. 1967년 유엔(UN)은 우주 조약을 통해 지구 밖에 있는 천체는 어느 국가도 소유할 수 없도록 했지만 탐사와 과학 연구는 누구나 가능하도록 했다.

미국항공우주국은 소행성 베누(Bennu)에 무인탐사선 오시리스-렉스(Origins, Spectral Interpretation, Resource Identification, Security, Regolith Explorer, OSIRIS-REx)를 보냈다. 오시리스-렉스는 우주 광산 개발의 기초 자료를 확보하는 임무를 갖고 있다. 베누 표면의 토양을 2kg 가량 담아 지구로 가져온다.

:bulb: **소행성 베누(101955 Bennu)**

지표면이 작은 돌덩이들로 뒤덮여 있다.

소행성 베누(Bennu)

일본은 이미 우주탐사선 하야부사(はやぶさ, Hayabusa)가 소행성 이토카와 (Itokawa)에서 토양 샘플을 채취해 돌아온 경험이 있다. 외계 행성은 너무 멀리 있어 갈 수 없고, 혜성도 가스와 먼지가 대부분이다. 결국 우주 광산 사업의 가장 강력한 후보는 태양계 내에 있는 수많은 소행성이다. 미국항공우주국과 유럽우주국은 지구에서 비교적 가까운 소행성 중 9,000여개에 얼음이 있다는 데 주목하고 있다. 얼음은 물이나 가스가 얼어서 만들어진 것이어서 여기서 물과 연료를 얻을 수 있다. 지름 500m 정도의 소행성에서 대형 유조선 80개를 채울 만큼의 물과 연료를 얻을 수 있다.

:bulb: **소행성 이토카와(25143 Itokawa)**

일본 로켓 과학자 이토카와 히데오(1912~1999)의 이름을 따서 명명되었다.

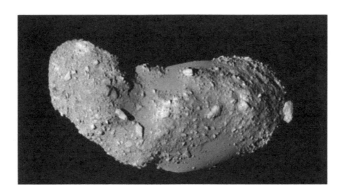

소행성 이토카와(Itokawa)

민간 기업들도 우주 광산 사업에 적극적이다. 미국의 벤처 기업인 딥 스페이스 인더스트리(Deep Space Industries)는 소행성에 탐사선 프로스펙터(prospector)를 보내 사전조사를 시작한다. 실제로 광물을 캘 수 있는 소행성을 탐색하기 위한 목적이다. 구글(Google) 공동 창업자, 구글(Google)의 지주회사 알파벳(Alphabet Inc.)의 이사장, 유명한 영화감독 등도 우주 광산 벤처인 플래니터리 리소시스에 투자하고 있다.

💡 **프로스펙터(prospector)**

금, 은, 보석, 희소 광물이나 석유 등 땅 속에서 돈 되는 것을 탐사 및 채취하는 사람으로 일반적으로는 금 찾는 사람을 말한다. 루나 프로스펙터(Lunar Prospector)는 미국항공우주국이 추진하는 디스커버리 계획의 일환인 달 탐사선을 말한다.

무인 탐사선을 보내 채취할 수 있는 광물에는 한계가 있다. 탐사선에 다양한 채굴·탐지 장비를 실을 수 없기 때문에 무인 탐사선은 미리 프로그램 된 작업만 수행할 수 있다. 결국 우주인이 직접 가서 채취할 수밖에 없다. 하지만 아직까지 소행성 표면에 거주지를 만들거나 우주에서 장시간 작업할 수 있는 우주복을 만드는 기술은 초보적인 수준에 머물고 있다.

하야부사2는 2014년 12월 3일 일본 큐슈(九州, Kyushu) 남단 가고시마현(Kagoshima-ken)에서도 40km 떨어진 섬에 위치한 다네가시마 우주센터(Tanegashima Space Center, TNSC)에서 로켓에 실려 우주로 올라갔다. 지구 궤도를 벗어난 하야부사2는 지구와 화성 사이 궤도를 공전하고 있는 소행성 류구(Ryugu) 상공에 도착했다. 지구를 떠난 지 3년 반, 공전궤도를 따라 32억km의 아득한 거리를 날아간다. 하야부사 2의 주 미션은 소행성 류구의 암석 채취이다. 류구의 암석 샘플을 한줌 잽싸게 움켜쥔 뒤 지구로 귀환한다. 일본우주항공연구개발기구(Japan Aerospace eXploration Agency, JAXA)의 소행성 탐사는 처음이 아니다.

> 💡 **소행성 류구(162173 Ryugu)**
>
> 채취한 광물에서 액체 상태의 물이 확인됐고, 채취한 지표면 모래 샘플에서 가스의 존재가 확인됐다. 지구로부터 3억km 떨어진 소행성에서 상온의 물이 발견된 경우이다.

2003년에도 하야부사 1이 지구를 떠나 20억km를 비행한 후, 수차례의 시행착오와 실패 끝에 소행성 이토카와에 착륙해 시료를 채취하고 2010년 지구로 돌아왔다. 달이 아닌 다른 천체의 물질을 가져온 세계 최초 기록이었다.

일본은 왜 소행성으로 달려가고 있을까? 일본우주항공연구개발기구가 밝히고 있는 공식 이유는 순수과학이다. 소행성 탐사를 통해 45억 년 전 태양계가 형성된 직후의 상황을 좀 더 깊이 들여다볼 수 있을 것으로 기대하고 있다. 소행성은 지구와 같은 행성이 태어나는 과정에서 살아남은 잔해이면서 변화를 가장 덜 겪은 천체다. 때문에 45억 년 전의 화학적 · 열적 상태에 관해 중요한 단서를 전해줄 수 있다. 하지만, 소행성 탐사에는 두 가지 목적이 더 있다. 지구 보호와 자원 확보가 그것이다.

소행성은 우주의 보물창고이다. 지구 표면에는 이용가치가 높은 희귀금속이 거의 없지만, 소행성에는 이런 자원이 상대적으로 많다. 지구가 형성되는 과정에서 철이나 니켈은 물론 백금과 같은 중금속의 대부분은 지구 중심핵으로 가라앉아 버렸다. 반면 크기도 작고, 구(球) 모양을 제대로 갖추지 못한 소행성의 표면에는 희귀금속이 널려있다. 현재 과학기술로는 수송비도 감당하기 어려울 뿐더러 지구 대기권을 뚫고 대량의 자원을 가져오는 것은 불가능하다. 다만, 소행성의 광석과 얼음 등은 우주상에서 가공해 탐사선과 우주기지의 자원과 에너지로 쓸 수 있다.

소행성에서 시료를 채취해 지구로 돌아온 것은 일본이 최초이지만, 탐사선의 소행성 착륙은 미국이 먼저다. 미국항공우주국은 1996년 2월 소행성 탐사선 니어-슈메이커(NEAR-Shoemaker, Near Earth Asteroid Rendezvous)를 쏘아 올렸으며, 5년 뒤인 2001년 2월 근 지구 소행성 중 하나인 에로스(Eros)에 착륙시켰다. 인류의 우주탐사선이 소행성에 착륙한 최초의 기록이다. 에로스는 최대 직경 34.2km로, 근 지구 소행성 중 둘째로 크다. 미국항공우주국은 2016년 9월 소행성 탐사선 오시리스-렉스도 쏘아 올렸다. 이 탐사선 역시 근 지구 소행성 중 하나인 지름 500m의 베누에 직접 착륙해 약 2kg의 샘플을 채취한 뒤 지구로 귀환한다.

> ☀ **소행성 에로스(433 Eros)**
>
> 그리스 사랑의 신인 에로스의 이름을 따서 붙여졌다.

베누는 앞으로 1세기가 더 지난 뒤인 2135년엔 달과 지구 사이를 지나갈 것으로 계산돼, 충돌 가능성이 제기된 근 지구 천체이기도 하다. 한국도 선언뿐이긴 하지만 소행성 탐사 계획을 가지고 있다. 여기에는 달 탐사 일정뿐 아니라,

2035년을 목표로 소행성에서 암석을 채취해 오는 소행성 귀환선 계획이 포함
돼 있다. 하지만 아직 국내에는 소행성 탐사를 위한 인력과 인프라를 제대로 갖
추지 못했다. 한국천문연구원이 2015년 소행성 관측과 이론 연구에 본격 착수
했으며, 미래 소행성 탐사를 위한 준비를 서두르고 있는 정도다.

소행성 탐사선

돈(Dawn) 우주망원경은 소행성이자 왜소행성인 세레스의 궤도를 돌며 탐
사하고 있는 소행성 탐사선이며 우주망원경이다. 인류 최초의 소행성 탐사 우
주선이었던 돈 우주망원경은 케플러 우주망원경보다 2년 앞선 2007년 9월 발
사되었고, 화성과 목성 사이의 소행성 벨트를 거쳐 2015년 왜소행성 세레스의
궤도에 도착해 탐사 임무를 수행하였다. 인류 최초 소행성 탐사선인 돈 우주망
원경은 2018년 9월에 통신 두절되어 그 동안의 장기 임무를 마치고 퇴역하였
다. 탐사선 외부에 장착된 태양 전지 판을 태양 쪽으로 돌릴 수 없게 되면서 전
력 공급이 두절된 상태로 확인됐었는데 발사된 지 11년 만에 사실상 가동이 멈
추었다. 소행성 우주 탐사선 돈 우주망원경은 2007년 9월 발사된 이후 총 69억
km를 비행했다. 화성과 목성 사이의 소행성 벨트에 도착한 이후 소행성 두 개
를 연속으로 탐사하는 임무를 수행했다. 2011년 소행성 벨트에서 가장 규모가
큰 소행성인 베스타에 도착했다. 2015년부터는 왜소행성 세레스를 탐사하였고,
2016년 설계 수명이 다한 뒤에도 두 차례 활동 기간이 연장됐었다. 미국항공우
주국은 세레스에 생명체가 존재할 가능성을 감안해 소행성 우주 탐사선 돈 우
주망원경을 세레스에 추락시키지 않고 주변 궤도를 계속 돌도록 하였다. 미국
항공우주국의 소행성 탐사선인 돈 우주망원경은 세레스가 지질학적으로 아직

활동적인 상태일 수 있으며, 내부의 염수가 흘러나와 표면에 소금이 형성돼 있는 점 등을 확인했다.

소행성 탐사 임무는 소행성 류구를 탐사 중인 일본의 하야부사2, 소행성 베누를 탐사중인 미국의 오리시스-렉스가 이어받고 있다. 소행성은 중력이 작아서 위성이 없을 것이라고 여겨져 왔는데 갈릴레오 우주선(Galileo spacecraft)은 소행성 이다(Ida)의 위성을 발견하였다. 이다는 태양으로부터 평균 4억 3천만km 정도 떨어진 거리에서 공전을 하고, 직경이 약 56km이다. 니어-슈메이커호는 소행성 에로스(Eros)로 가는 도중 마틸드(Mathilde)라는 소행성을 만났다. 오시리스-렉스는 소행성의 토양과 암석 시료 신고 지구로 귀환 중이며, 2023년 9월 24일 베누 시료를 지구에 떨어뜨리고, 새로운 소행성 아포피스(Apophis) 탐사에 나선다.

갈릴레오 탐사선(Galileo spacecraft)

미국항공우주국의 목성 탐사선이며, 갈릴레오 갈릴레이의 이름을 땄다.

소행성 이다(243 Ida)

1884년 오스트리아의 천문학자 요한 팔리사(Johann Palisa)에 의해 발견되었다.

소행성 마틸드(253 Mathilde)

우주선이 방문한 최초의 소행성이다.

소행성 아포피스(99942 Apophis)

지름이 370미터 크기이다.

일본우주항공연구개발기구가 2014년 발사를 주도한 소행성 탐사선 하야부사-2는 소행성 류구에 도착한 뒤 주변을 돌았는데, 류구는 지름이 1km인 팽이 모양 또는 땅콩 모양의 소행성이다. 하야부사2는 어른 주먹 두 개 크기에 무게가 1.1kg인 소형 측정 로봇 두 대를 류구 표면에 착륙시켜 지표면 온도와 지표 풍경 등을 측정했다.

독일항공우주센터(Deutsches Zentrum fr Luft-und Raumfahrt, DLR)와 프랑스국립우주연구센터(Centre National dEtudes Spatiales, CNES)가 공동 개발한 어른 구두상자 크기의 탐사로봇 마스코트(Mascot)를 내려 보내 적외선 과 가시광선 영상을 촬영하고 자기장을 측정했다. 소행성 표토 시료 채취 임무 도 성공했다. 공중에 떠 있던 매가 순간적으로 지상에 내려가 먹이를 낚아채듯, 하야부사2도 짧은 시간 소행성 표면에 착지했다가 시료를 채취해 다시 공중으 로 올라섰다.

베누는 지름이 492m인 팽이 모양 소행성으로 류구와 달리 수분이 풍부한 게 특징이다. 또한, 표석이라고 불리는 알 모양의 크고 둥근 돌이 많다. 프시케 (Psyches) 소행성은 암석과 얼음으로 구성된 일반적인 소행성과 달리 철과 니 켈, 금과 같은 귀중한 광물로 가득 차 있다. 프시케 우주선은 2022년 8월 플로 리다 케이프 커낼 버럴 공군기지에서 스페이스엑스 팰컨 헤비 로켓에 실려 지 름이 약 226km인 프시케 소행성으로 떠난다.

> ### 💡 소행성 프시케(16 Psyches)
> 1852년에 발견되었다. 최근에 발견되는 소행성들 가운데 프시케(Psyches)와 구성성분 이 비슷해서 미니 프시케들(mini Psyches)이라는 별명으로 불리는 것들이 있다.

한국천문연구원은 소행성 아포피스(Apophis)를 탐사한다는 야심찬 계획을 전했는데 아포피스는 지름은 390m로, 미국의 엠파이어스테이트 빌딩(Empire State Building)의 높이인 381m보다 조금 크다. 탐사 위성의 경우 한국과학기 술원(The Korea Advanced Institute of Science and Technology, KAIST) 인공위성연구소 차세대 소형위성 쎄트렉아이의 민간위성을 활용할 수 있다. 발사체는 당연히 누리호를 활용하면 된다.

> **쎄트렉 아이(Satrec Initiative)**
>
> 대한민국 인공위성 제조회사로서 위성시스템 수출기업으로서 1999년 12월에 설립되었다. 2021년 1월, 한화 에어로 스페이스(Hanwha Aerospace)가 투자하여 최대주주가 되었다.

소행성 에우리바테스(Eurybates)는 쿠에타(Queta)라는 약 1km 크기 위성을 갖는데, 이 위성은 84일의 공전주기를 가진다. 미국 항공우주국(NASA)이 제작한 소행성 탐사선 루시(Lucy)가 한국 시간으로 2021년 10월 16일 12년간의 대장정을 개시했다. 미국 플로리다주 케이프커내버럴 우주군 기지에서 루시가 로켓에 실려 발사됐다. 이 프로젝트에는 총 9억 8,100만 달러, 한국 돈으로 약 1조 1,610억 원가량이 투입됐다. 루시호가 이동할 거리는 총 63억km에 달한다. 태양계 바깥에서 지구 인근으로 돌아오는 최초 우주선으로도 기록될 전망이다. 2025년 4월 화성과 목성 사이 소행성대에 있는 소행성을 근접해 지나가며 첫 탐사 임무를 수행한다. 2027년 8월부터 목성과 같은 궤도를 돌고 있는 트로이군(群) 소행성 중 7곳을 사상 최초로 탐사하게 된다. 루시는 목성 트로이군 소행성들에 약 400km거리까지 접근한 뒤 초속 5~9km로 비행하며 원격 측정 장비를 이용해 소행성의 구성 물질과 질량, 밀도, 크기 등을 조사한다. 12년에 이르는 대장정이지만 트로이군 소행성들을 탐사할 수 있는 시간적 여유는 24시간에 불과하기 때문에 상당한 기술력이 요구된다.

> **소행성 에우리바테스(3548 Eurybates)**
>
> 루시(Lucy) 탐사선에 의해 발견된 쿠에타(Queta)라는 위성을 갖고 있는 소행성이다.

목성이 워낙 멀다보니 2025년에 첫 소행성에 도달한다. 루시가 탐사하는 소행성의 목록은 다음과 같다.

- 52246 도날드요한슨(2025년 4월 20일)
- 3548 에우리바테스(2027년 8월 12일)
- 15094 폴리멜(2027년 9월 15일)
- 11351 레우코스(2028년 4월 18일)
- 21900 오러스(2028년 11월 11일)
- 617 파트로클로스(2033년 3월 2일)

이들은 모두 목성 트로이군 소행성이라는 공통점이 있다. 목성 트로이군 소행성들이란 목성과 태양의 중력이 균형을 이루어서, 천체들이 정지해 있을 수 있는 라그랑주 지점 L^4와 L에 위치해 있는 소행성들이다. L^4에 정지해있는 소행성들은 그리스 군, L에 정지한 소행성들은 트로이 군이라 불린다. 탐사선 루시(Lucy)에는 LRalph라는 적외선 분광기, Lorri라는 흑백 가시광선 카메라, LTes라 불리는 열적외선 분광기, 질량 측정기 등을 탑재하였다. 루시는 부채꼴 모양의 태양전지판 두 개를 가지고 날고 있는데 이 날개는 직경이 7m가 넘는다.

> :bulb: **라그랑주 점(Lagrange point)**
>
> 서로 중력으로 묶여 운동하는 천체들 간의 중력이 균형을 이루어 중력이 0이 되는 지점으로서 공전하는 두 천체가 만들어내는 평형점을 말한다. 이를 발견한 프랑스의 수학자이자 물리학자인 조세프-루이르 라그랑주(Joseph-Louis Lagrange)의 이름을 따서 불리고 있다. 라그랑주 점은 중력의 평형점이기 때문에 우주개발에서 요긴하게 사용된다.

미국항공우주국의 소행성 탐사선인 Osiris-Rex의 임무는 Bennu의 표면에서 샘플을 채취한 후 집으로 향하고 있고, 2022년, 미국항공우주국은 프시케

(Psyche)라는 금속 소행성에 프시케 우주선을 발사한다. 루시(Lucy) 탐사선은 여러 개의 소행성을 탐사로 돌아 볼 계획이다. 루시 소행성 탐사선은 목성에 도달할 수 있는 충분한 추진력을 얻기 위해 6년 동안 지구를 두 차례 플라이바이(fly-by) 하는 등 태양계를 순항한다.

> ☀ **플라이바이(fly-by)**
>
> 행성 주위를 지나가는 우주선이 그 행성의 중력을 이용하여 속도를 바꾸어 가며 궤도를 수정하는 일을 말한다.

루시 소행성 탐사 우주선은 태양계의 진화 과정을 더 분명히 밝히기 위해 여러 개의 소행성을 방문하는데 대부분은 목성의 앞뒤에서 궤도를 돌고 있는 트로이군 소행성이며, 다른 하나는 소행성대에 위치한 것이다. 트로이군 소행성들은 태양계가 형성되던 시초의 물질이 완벽하게 보존된 우주 타임캡슐로, 이를 연구함으로써 태양계의 기원과 거대한 목성이 어떻게 형성되었는지에 대해 더 많은 정보를 얻을 수 있다. 초기 태양계의 파편으로 여겨지는 트로이군은 목성과 같은 거리에 있는 중력 균형점인 라그랑주 점에 묶여 있다. 트로이군 소행성이 과학적으로 중요한 이유는 그것들이 본질적으로 태양계를 형성하고 남은 잔재들이기 때문이다. 지금까지 전 세계의 우주 기관은 소행성대에서 지구 근접 소행성, 그리고 얼음으로 덮인 카이퍼 벨트(Kuiper Belt)에 이르기까지 다양한 소행성들을 탐사해왔다. 일본의 하야부사 임무와 미국의 오시리스 렉스와 같은 프로젝트가 대표적이다. 그러나 목성 주변 두 무리의 트로이군 소행성들은 아직 미답의 영역으로 남아 있다. 소행성의 암석이 무엇으로 이루어져 있는지에 대한 통찰력을 제공할 수 있는 소행성 표면의 색상을 분석한다. 열 측정 및 적외선 스펙트럼과 함께 각 소행성의 구성을 정확히 찾아내고 있다.

태양계의 소행성들

한국명	영문명	발견년도	발견장소	발견자
1세레스(왜소행성)	Ceres	1801년	Palermo	G.Piazzi
2팔라스	Pallas	1802년	Bremen	H.W.Olbers
3유노	Juno	1804년	SternwarteLilienthal	K.Harding
4베스타	Vesta	1807년	Bremen	H.W.Olbers
5아스트라이아	Astraea	1845년	Driesen	K.L.Hencke
6헤베	Hebe	1847년	Driesen	K.L.Hencke
7이리스	Iris	1847년	London	J.R.Hind
8플로라	Flora	1847년	London	J.R.Hind
9메티스	Metis	1848년	Markree	A.Graham
10히기에이아	Hygiea	1849년	Naples	A.de Gasparis
11파르테노페	Parthenope	1850년	Naples	A.de Gasparis
12빅토리아	Victoria	1850년	London	J.R.Hind
13에게리아	Egeria	1850년	Naples	A.de Gasparis
14이레네	Irene	1851년	London	J.R.Hind
15에우노미아	Eunomia	1851년	Naples	A.de Gasparis
16프시케	Psyche	1852년	Naples	A.de Gasparis
21루테티아	Lutetia	1852년	Paris	H. Goldschmidt
243이다	Ida	1884년	Vienna	J. Palisa
253마틸드	Mathilde	1885년	Vienna	J. Palisa
433에르스	Eros	1898년	Urania	G. Witt
951가스프라	Gaspra	1916년	Crimea-Simeis	G. N. Neujmin
3548에우리바테스	Eurybates	1973년	팔로마 천문대	코네리스 요하네스 반 호우텐 등
4976조경철	Choukyongchol	1991년	삿포로 관측소	와타나베 가즈오
23880통일	Tongil	1998년	경기도 연천	이태형
251430이토카와	Itokawa	1998년		링컨연구소 리니어팀
34666보현산	Bohyunsan	2000년	보현산 천문대	전영범,이병철
999942아포피스	Apophis	2004년		Roy A. Tucker
101955베누	Bennu	1999년		
162173류구	Ryugu	1999년		링컨연구소 리니어팀

* 24만개 이상의 소행성들은 아직 번호가 부여되지 않았고, 2만개 이상의 소행성들은 아직도 숫자가 아닌 다른 이름으로 명명되고 있으며, 많은 소행성들이 계속해서 발견되어 지고 있다.

위성 탐사

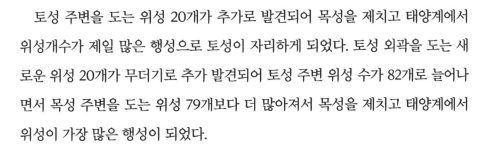

토성 주변을 도는 위성 20개가 추가로 발견되어 목성을 제치고 태양계에서 위성개수가 제일 많은 행성으로 토성이 자리하게 되었다. 토성 외곽을 도는 새로운 위성 20개가 무더기로 추가 발견되어 토성 주변 위성 수가 82개로 늘어나면서 목성 주변을 도는 위성 79개보다 더 많아져서 목성을 제치고 태양계에서 위성이 가장 많은 행성이 되었다.

미국 카네기과학연구소(Carnegie Institution for Science, CIS) 국제천문연맹(International Astronomical Union, IAU) 소행성체 센터(Minor Planet Center : MPC)가 하와이 섬 마우나케아(Mauna Kea) 천문대에 있는 스바루(Subaru) 망원경으로 관측한 결과, 토성 주변에서 위성 20개를 새롭게 발견했다. 천문학 관련 교과서 내용은 계속하여 바뀌어 가고 있다. 발견된 위성은 모두 지름이 5km 안팎으로 토성에서 상대적으로 멀리 떨어진 외곽을 돌고 있는 것으로 나타났다.

🔅 **국제천문연맹(International Astronomical Union)**

84개 국가 12,400명 이상의 천문학자 회원으로 구성된 천문학 분야 세계 최대 규모의 국제기구이다. 천체의 이름을 지정할 수 있는 공식적인 권한을 지니고 있다. 1919년 설립됐으며, 본부는 프랑스 파리에 두고 있다. 국제천문연맹은 1922년부터 매 3년간 대륙 간 순환 개최를 원칙으로 총회(General Assembly)를 개최한다.

이 가운데 17개는 토성의 자전 방향과 반대 방향으로 공전하는 역행 위성으로 토성 주변을 한 바퀴 도는 데 3년 이상이 걸리고, 역행 위성과 반대로 토성의 자전 방향과 같은 방향으로 공전하는 나머지 3개 순행 위성 중 하나는 역행 위성과 방향만 반대일 뿐 비슷한 궤도에서 발견됐고, 다른 순행 위성 2개는 좀 더 반경이 작은 타원형 궤도에서 2년 주기로 토성 주위를 공전하는 것으로 나타났다.

위성 궤도를 분석하면 각 위성이 어디에서 비롯됐고 당시 어떤 조건에서 형성됐는지 등에 관한 단서를 얻을 수 있다. 토성에서 새로운 위성이 발견된 건 2007년 타르케크(Tarqeq) 등 3개 위성이 발견된 이후 12년 만이다. 최초로 발견된 토성 위성은 1655년 발견된 타이탄(Titan)으로, 지름이 5151km이며 가장 규모가 크고 토성과 매우 가까워 공전 주기가 15.9일로 짧다. 태양계 행성 가운데 토성과 목성 다음으로 위성이 많은 행성은 천왕성(27개)과 해왕성(13개)이다. 화성에는 포보스(Phobos)와 데이모스(Deimos) 등 위성 2개가 있고 지구 위성은 달이 유일하며 수성이나 금성은 위성이 없다.

🔅 **타르케크(Tarqeq)**

토성의 제52위성이며 순행 불규칙 위성이고 직경은 약 7km이다.

위성들은 50개가 넘도록 계속 발견되고 있다. 태양계 행성 중 위성 갑부는 단연 목성과 토성이다. 이 두 행성이 차지하고 있는 위성이 전체의 약 80%에 달하고, 역시 같은 가스 행성인 천왕성과 해왕성도 많은 위성이 있다. 관측기술이 발달하면서 감자처럼 찌그러진 위성이나 수세미처럼 구멍이 숭숭 뚫린 위성, 물 얼음이 덮힌 위성 등, 지구의 달과는 다른 다양한 위성들이 무더기로 발견되고 있어, 앞으로 어떤 위성들이 얼마나 더 많이 발견될지는 아무도 모른다. 이들 위성은 생명체 서식과 태양계 형성의 비밀을 지니고 있을 가능성이 높아짐에 따라 위성이 천체 연구의 새로운 주인공으로 떠오르고 있다.

지구의 밤하늘에는 달이 하나밖에 없지만, 수십 개의 위성을 자랑하는 목성의 밤하늘에는 수십 개의 달들이 떠있는 장관을 이룬다. 토성의 상황도 비슷하지만, 고리까지 두르고 있는 토성의 밤하늘은 더욱 환상적이다. 행성에 이렇게 위성이 많은 이유는 행성이 외부에서 작은 천체를 입양한 경우가 많기 때문이다. 위성이 태어나는 방법은 크게 두 가지로, 행성이 탄생할 때 남은 찌꺼기가 뭉쳐서 위성이 되거나, 주위를 지나가는 작은 천체를 중력으로 끌어들여 자신의 위성으로 삼는 방법이다.

후자의 경우에는 대개 작은 소행성들이 대상이 되므로 대부분이 작고 찌그러진 감자 모양을 하고 있으며, 모 행성과는 전혀 다른 기울기로 공전한다. 이런 행성에 사는 사람이라면 달이 북쪽에서 떠서 남쪽으로 지는 광경을 볼 수도 있다. 이런 위성을 불규칙 위성이라고 부른다. 현재 전체 위성 중 60%가 넘는 113개가 불규칙 위성으로 분류돼 있다.

대부분의 위성은 지구의 달처럼 중력으로 잠겨 있는 상태로 늘 같은 면을 모 행성으로 향하고 있다. 그러나 토성 주위를 불규칙하게 도는 히페리온(Hyperion)이나, 행성의 가장 바깥 궤도를 도는 토성의 포에베(Phoebe) 등은 예외에 속한다.

히페리온(Hyperion)

토성의 제7위성이고, 주기는 21.3일, 반지름은 200km이다. 윌리엄 크랜치 본드, 조지
필립스 본드, 윌리엄 라셀 3인이 1848년에 발견했고, 모양은 구형이 아닌 불규칙한 모
양이다.

포에베(Phoebe)

토성의 제9위성으로 1898년 미국 천문학자 피커링에 의해 발견됐다. 역행, 불규칙 위성
이다.

그러면 암석형 행성인 수성, 금성, 지구, 화성에는 왜 위성이 귀한 것일까? 이유는 태양에 너무 가깝기 때문이다. 위성이 행성에서 너무 멀어지면 궤도가 불안정해져 압도적인 태양의 중력에 붙잡혀버린다. 반대로 행성에 너무 접근하면, 중력의 조석 효과에 의해 파괴되어 버린다. 수성과 금성 각각의 주기에서 위성이 수십억 년이나 안정되게 있을 영역은 너무나도 좁기 때문에 행성에 붙잡히는 천체도 없으며, 위성이 형성되기도 어렵다.

태양계 위성 중에서 가장 덩치가 큰 것은 어떤 위성이며 얼마나 클까? 목성의 위성 가니메데(Ganymede)가 위성의 왕초이다. 지름이 5,262km로, 행성인 수성보다도 8%나 크며, 지구의 달보다는 1.5배가량이나 크다. 가니메데는 1610년 갈릴레오 갈릴레이(Galileo Galilei)가 자작 망원경으로 발견한 목성 4대 위성 중 하나로, 나머지 셋인 칼리스토(Calisto), 이오(Io), 유로파(Europa) 등과 함께 갈릴레이 위성으로 불린다. 이 4대 위성은 태양계의 거대 위성 군으로, 다 위성 덩치 랭킹 10위 안에 드는 위성들이다.

서열을 매기자면 다음과 같다.

1. 가니메데(Ganymede, 목성의 위성) 5,262km
2. 타이탄(Titan, 토성의 위성) 5,151km

3. 칼리스토(Calisto, 목성의 위성) 4,821km

4. 이오(Io, 목성의 위성) 3,122km

5. 달(Moon, 지구의 위성) 3,476km

6. 유로파(Europa, 목성의 위성) 3,122km

7. 트리톤(Triton, 해왕성의 위성) 2,706km

8. 티타니아(Titania, 천왕성의 위성) 1,580km

9. 레아(Rea, 토성의 위성) 1,527km

10. 오베론(Oberon, 천왕성의 위성) 1,423km

💡 **가니메데(Ganymede)**

목성의 제3위성이고, 태양계의 위성들 중 가장 크고 밝다. 갈릴레이 위성 중에선 세 번째에 위치한다. 공전 주기는 약 7일이며, 유로파와 2:1, 이오와 4:1의 궤도 공명을 일으킨다.

10대 위성 중 우리의 관심을 가장 끄는 존재는 말할 것도 없이 지구의 달이다. 덩치 순위로는 5위에 지나지 않지만, 모 행성 대비 크기 비율은 무려 27%에 달한다. 모 행성 대비 2위는 트리톤(Triton)인데, 그래봐야 5.5%에 지나지 않는다. 이런 이유로 달은 위성이라기보다 동반 행성으로 봐야 한다는 주장까지 있다.

달이 지구 자전축을 23.5도로 안정적으로 잡아줌으로써 사계절이 생기고 지구상에 생명이 서식하게 된 것이다. 달에 인류는 50년 전 첫 발을 내딛었으며, 현재는 중국의 달 탐사로봇 로버가 최초로 그 뒷면을 탐사하고 있다. 중국의 무인 달 탐사선 창어 4호가 인류 사상 최초로 달 뒷면에 성공적으로 착륙한 뒤 표면에서 촬영한다. 중국의 무인 달 탐사선 창어4호에서 분리된 탐사로봇인 옥토끼 2호가 달 뒷면 표면에 인류 최초로 발자국을 남겼다. 우주강국으로 꼽히던 미국과 러시아, 일본을 제치고 이뤄낸 중국의 성과였다. 인류는 이전에도 여러 차례 달 탐사를 시도했지만 모두 앞면에 착륙하거나 달 궤도를 돌며 멀리서 달 뒷면을 바라봤을 뿐이다.

달 뒷면 탐사가 어려웠던 이유는 달의 뒷면과 지구 지상과의 직접 교신이 불가능하기 때문이다. 지구에서는 달의 공전주기와 자전주기가 약 27.3일로 동일해 항상 달의 앞면만 보인다. 중국국가항천국(China National Space Administration, CNSA)은 달과 지구 사이에 췌차오(鵲橋·오작교)라는 이름의 통신 중계 위성을 띄워 이 문제를 해결했다. 달의 낮과 밤 길이는 각각 지구의 14일과 동일하다. 밤이 되면 기온이 섭씨 영하 190도까지 떨어져 활동이 불가하다. 햇빛을 가릴 대기가 없는 달의 낮에는 표면 온도가 섭씨 100도를 넘기도 한다. 이런 환경은 옥토끼 2호의 손상을 유발할 수 있기 때문에 이때 옥토끼 2호는 움직임을 멈추고 수면모드에 들어간다. 달 뒷면에 분화구가 많아 지형이 울퉁불퉁하다는 점도 긴 이동을 방해하는 요소다.

> 🔅 **중국국가항천국(China National Space Administration)**
> 국가 우주개발 및 정책을 총괄하는 국가기관이다.

국민투표로 결정된 광밍(光明)이라는 별명을 가지고 있기도 한 옥토끼 2호는 적외선 영상 분광계, 파노라마 카메라, 레이더 측정 장치와 같은 다양한 장치들을 가지고 달 뒷면의 지형을 측정하고 토양과 광물을 분석하는 임무를 수행했다.

옥토끼 2호의 광학 및 근적외선 분광기를 이용한 탐사 결과를 국제학술지 네이처에 발표하였다. 내용은 다음과 같다. 달 남극의 에이킨 분지에서 칼슘 함량이 적고 철과 마그네슘 성분이 풍부한 휘석과 감람석이 존재한다. 에이킨 분지는 달의 뒷면에서 가장 큰 충돌구로 지름 2,500km, 깊이 13km에 달한다.

지구의 적도 지름은 12,756km로, 육지는 표면적의 3분의 1을 차지한다. 지름이 지구의 약 반인 가니메데의 표면적만 하더라도 지구의 육지면적과 맞먹는 넓이임을 알 수 있다. 우주 생물학자들이 가장 가고 싶어 하는 위성들을 보면 다음과 같다. 과학자들에게 가장 뜨거운 관심을 받고 있는 위성은 토성의 엔셀라두스(Enceladus)이다. 토성 탐사선 카시니는 2005년부터 여러 번 엔셀라두스를 접근 통과하면서 표면의 세부적인 부분까지 탐사하던 중, 엔셀라두스 남극 지방에서 얼음에 뒤덮인 지표를 뚫고 솟아오르는 물기둥들을 발견했다. 간헐천에서 뿜어져 나오는 100개가 넘는 얼음기둥 중에는 높이가 무려 300km에 달하는 것도 있다.

> ☀ **엔셀라두스(Enceladus)**
>
> 토성의 제2위성으로 토성의 위성들 중 6번째로 큰 위성이며, 1789년 윌리엄 허셜(William Herschel)이 발견하였다. 엔셀라두스는 암석과 얼음으로 이루어졌다.

이것은 지하에 거대한 바다가 있음을 뜻하는 증거였다. 카시니(Cassini) 토성 탐사선은 이 위성 가까이 돌면서 확보한 중력 측정 결과에 따르면, 엔셀라두스 남극에 있는 바다는 얼음 표층으로부터 30~40km 아래에 있으며, 바다의 깊이는 약 10km로, 수량은 지구 바다의 2배로 추정되었다. 얼음 천체가 관심을 끄는 것은 태양계 내 생명의 존재를 발견할 확률이 아주 높기 때문이다. 얼음 천체들은 거의 그 내부에 바다를 가지고 있으며, 토성과의 강한 중력 상호작용으로 인해 바다는 액체 상태에서 미생물들을 포함하고 있다. 엔셀라두스는 우주 생물학자들의 버킷 리스트(Bucket list) 1번에 올랐다.

목성의 위성 유로파(Europa)에서도 물기둥이 발견되었는데 허블 우주망원경으로 촬영한 유로파의 자외선 방출 패턴을 분석한 결과, 이 위성의 남반구 지역에서 거대한 물기둥 2개가 각각 200km 높이로 치솟는 현상이 발생하는 것을 포착했다. 이런 물기둥 분출 현상은 특정한 장소에서 일어났으며, 일단 발생하면 7시간 이상 지속되는 것으로 관측됐다. 유로파가 목성에서 멀리 떨어져 있을 때 생겼으며, 목성에 가까이 다가갔을 때는 발생하지 않았다. 유로파는 표면이 얼음으로 덮여 있고 그 아래에 액체 상태 물로 이뤄진 바다가 있어 태양계에서 생명체가 존재할 개연성이 가장 큰 곳 중 하나로 꼽힌다.

> **유로파(Europa)**
>
> 목성의 제2위성이다. 유로파클리퍼(Europa Clipper)는 유로파 위성만을 관측하기 위해 제작되는 탐사선이며 2024년에 지구를 떠나 2030년경에 현지에 도착한다.

액화 메탄(Methane) 바다를 가지고 있는 토성의 위성 타이탄(Titan)도 주시하고 있는 천체 중 하나다. 초기 지구와 비슷한 환경을 가진 타이탄은 지금까지 탐사한 천체 중 여러 면에서 지구와 가장 닮은 천체로, 생명이 서식하고 있을 가능성이 아주 높다. 타이탄은 지름 약 5,150km로, 목성의 위성 가니메데보다는 작지만 수성보다 크며, 질량도 달의 약 2배나 된다. 또 표면온도가 낮기 때문에 태양계 행성의 위성 중 유일하게 대기를 갖고 있다.

> **타이탄(Titan)**
>
> 토성의 위성 가운데 가장 큰 위성이다.

태양계의 위성들

직경 (km)	지구	화성	목성	토성	천왕성	해왕성	플루토	하우메아	에리스
합계	1개	2개	67개 이상	62개 이상	27개	14개	5개	2개	1개
5,000~ 6,000			가니메데 (1610)*	타이탄 (1655)					
4,000~ 5,000			칼리스토 (1610)						
3,000~ 4,000	달		이오 (1610) 유로파 (1610)						
2,000~ 3,000						트리톤 (1846)			
1,000~ 2,000				레아 (1672) 이아페투스 (1671) 디오네 (1684) 테티스 (1684)	타이타니아 (1787) 오베론 (1787) 움브리엘 (1851) 아리엘 (1851)		카론 (1978)		
500~ 1,000				엔켈라두스 (1789)					
100~ 500			아말티아 (1892) 히말라 (1904)	미마스 (1789) 히페리온 (1848) 페베 (1899) 야누스 (1966) 에피메테우스 (1980)	미란다 (1948) 시코락스 (1997) 퍽 (1985) 포르티아 (1986)	프로테우스 (1989) 네레이드 (1949) 라리사 (1989) 갈라티아 (1989) 데스피나 (1989)		히이아카 (2005) 나마카 (2005)	디스노미아 (2005)

크기									
50~100			테베 (1979) 엘라라 (1905) 파시파에 (1908)	프로메테우스 (1980) 판도라 (1980)	비앙카 (1986) 크레시다 (1986) 데스데모나 (1986) 줄리엣 (1986) 로자린드 (1986) 벨린다 (1986) 칼리반 (1997)	타랏사 (1989) 나이아드 (1989) 할리메데 (2002) 네소 (2002)	닉스 (2005) 히드라 (2005)		
10~50		포보스 (1877) 데이모스 (1877)	시노페 (1914) 리시티아 (1938) 카르메 (1938) 아난케 (1951) 레다 (1974) 아드라스티아 (1979) 메티스 (1979)	헬레네 (1980) 텔레스토 (1980) 칼립소 (1980) 아틀라스 (1980) 판 (1990) 유미르 (2000) 팔리아크 (2000) 타르보스 (2000) 이지라크 (2000) 키비우크 (2000) 알비오릭스 (2000) 샤르나크 (2000) 폴리디우케스 (2004)	코델리아 (1986) 오필리아 (1986) 프로스페로 (1999) 세티보스 (1999) 스테파노 (1999) 프란시스코 (2001) 페르디난드 (2001) 페르디타 (1986) 마브 (2003) 큐피드 (2003)	사오 (2002) 라오메디아 (2002) 프사마테 (2003)	케르베로스 (2011) 스틱스 (2011)		
10~6,000	1개	2개	16개	26개	27개	14개	5개	2개	1개
0~10			51개 이상	36개이상					

*( )속 숫자는 발견년도

외계행성 발견
Exoplanet

외계행성(exoplanet)이란 태양계 밖의 행성으로 태양이 아닌 다른 항성 주위를 공전하는 행성을 말한다. 외계행성의 조건을 든다면 다음과 같은 것이 있다.

- 태양의 중력권을 벗어나야하며 태양처럼 빛을 내는 항성은 제외한 행성만을 뜻한다.

- 행성의 질량이 목성보다 13배만 더 커져도 중수소 핵융합 반응이 일어나 빛을 밝혀 항성이 될 확률이 높아진다. 따라서 목성보다 13배 이하의 질량을 보유하며 태양을 공전하지 않아야 한다.

- 현재까지 발견한 외계행성은 모두 우리 은하 내에 있으며 이 중 지구와 가장 가까운 것은 프록시마 b(proxima-b)로 생명체 거주가능 영역을 돌고 있다.

19세기부터 외계행성을 찾았다는 발표는 몇 번 있었으나 공식적으로 최초 외계행성 존재가 검증된 것은 1992년이다.

- 최초의 외계행성은 전자기파의 광선을 뿜는 자전하는 중성자별인 펄서 주위를 공전하는 2개의 행성으로 펄서 주위를 돌고 있다는 점에서 특이한 사례로 꼽히고 있다.

- 태양처럼 평범한 주계열성 주위를 도는 행성 중 최초로 확인된 외계

행성은 항성 페가수스(Pegasus)자리를 공전하는 행성으로 어머니 항성에 바짝 붙어서 공전하고 있다. 질량도 목성의 절반 정도로 굉장히 커서 가스 행성으로 추정된다.

최초의 외계행성

최초 외계행성은 중성자별 PSR B1257+12 주위를 공전하는 PSR B1257+12 B와 PSR B1257+12 C 2개 행성이다.

최초로 확인된 외계행성

주계열성 주위를 도는 최초 외계행성은 항성 페가수스(Pegasus)자리 51을 4일에 한 바퀴를 공전하는 행성 페가수스자리 51b이다. 그리스 신화에서 페가수스를 키우던 주인의 이름인 벨레로폰이라는 별칭으로도 불리는 이 외계행성은 어머니 항성에 바짝 붙어서 공전해 표면 온도는 섭씨 1천도 이상이며 공전주기도 4일로 굉장히 짧다.

이 광활한 우주 어딘가에 지구 이외에 다른 생명체가 존재하는 행성이 있을까? 이러한 물음은 과학자들은 물론 일반 대중도 호기심을 가지는 질문이다. 하지만 역으로 거대한 우주에 우리 혼자만 있다는 것 자체를 생각하긴 쉽지 않다. 사실상 지구와 같은 행성이나 태양과 같은 항성은 우주 어디에나 널려있다. 인류의 기준으로 봤을 때 생명체가 존재하는 데 필수적인 물이나 기본적인 유기물들도 우주에 널려있다. 최근 급격한 관측기술의 발달로 지구 주변에만 수천여개의 외계행성이 존재함을 알아냈다.

슈퍼지구라는 말은 다른 물리적 성질을 다 제외하고 오로지 질량을 기준으로 정한다. 슈퍼(super)라는 단어가 붙기 때문에 지구의 질량보다는 크며, 지구 질량의 10배까지를 슈퍼지구라고 한다. 10배를 넘어가게 되면 표면 대기압과 중력이 세어져서 해왕성이나 천왕성 같은 준 가스 행성이 된다. 슈퍼지구는 다른 말로 미니 해왕성이라고도 불리는데, 이들은 보통 지구 반지름의 2~4배가량까지의 행성을 표현한다.

생명체가 존재하기 위해선 몇 가지 조건이 있어야한다. 첫 번째 조건은 액체 상태의 물이다. 두 번째 조건은 궤도 안정성인데, 자전주기/공전주기 의 값이 1/9보다 작아야 생명체가 존재할 가능성이 높아진다. 이 값이 1/9을 넘어버리면 태양에 오랫동안 노출되는 지역이 많아진다. 반대로 어두운 부분은 더 오랫동안 어두워지기 때문에 그만큼 온도차가 극심해진다. 이 극심한 온도차는 양지에서 음지로 엄청난 세기의 바람을 일으키게 된다.

세 번째 조건은 대기이다. 대기는 생명체가 호흡을 하며 에너지를 만들면서 살아가야하기 때문에 필수적인 조건이라고 볼 수 있다. 네 번째 조건은 자전축의 기울기이다. 실례로 천왕성을 보면 천왕성의 자전축은 황도면과 거의 나란하다. 다른 행성들이 황도면에 수직하거나 약간 기운 것과 비교할 때 큰 차이점이다. 이 때문에 천왕성의 자전주기는 16시간임에도 불구하고 공전주기가 84년이기 때문에 42년 동안 낮, 42년 동안 밤이 된다.

천왕성과 같은 극단적인 자전축의 기울기는 낮과 밤의 어마어마한 온도차를 불러일으킬 수 있다. 마지막 조건은 바로 온도이다. 이 온도는 위의 첫 번째 조건과 일부 겹치는 부분이 있는데, 액체 상태의 물은 1기압 기준 0~100도 사이에 존재하므로 온도가 이 사이에 있다면 큰 문제는 없다.

보통 외계행성에 생명체가 살 가능성을 볼 때 가장 먼저 보는 것이 바로 항성과의 거리이다. 생명체가 살 수 있는 구역을 이른바 골디락스 존(Goldilocks zone)이라고 한다. 생명체 거주가능 영역(habitable zone) 또는 골디락스 행성(Goldilocks planet)은 지구상의 생명체들이 살아가기에 적합한 환경을 전제로 이와 같은 환경을 지니는 우주 공간의 범위를 뜻한다. 골디락스 존은 너무 차갑지도, 또 너무 뜨겁지도 않은 구역을 뜻하며 위의 다섯 가지 조건 중 가장 필수적인 조건인 액체상태의 물 존재와 표면온도조건을 포함한다.

지구 유사성 지수(Earth Similarity Index, ESI)란 행성의 물리적 특성이 지구와 얼마나 비슷한지를 나타내주는 척도라고 할 수 있는데, 이 값은 0부터 1까지 변화한다. 1에 가까울수록 지구와 유사하며, 0에 가까울수록 지구형 행성과는 거리가 멀게 된다. 이 수를 결정하는 요소로는 표면온도, 크기, 질량, 중력가속도 등이 있다. 실례로 금성의 지구 유사성 지수는 약 0.4, 화성의 지구 유사성 지수는 약 0.7가량 된다. 보통 0.8 이상일 때 지구와 유사하다고 본다.

생명체가 존재할 수 있는 외계행성의 목록으로 가장 잘 알려진 9가지는 지금까지 발견된 외계행성 중 지구 유사성 지수를 비롯한 액체상태의 물 존재 유무, 골디락스 존에 위치하는지 여부 등 여러 변수를 고려하여 아레시보 전파천문대(Arecibo Radio Observatory)에서 내린 결론이다. 순위가 올라갈수록 지구와 비슷한 행성이 되며, 생명체가 살 가능성이 높다. 9가지 목록을 살펴보면 다음과 같다.

9위는 광도 등급이 3.5등급 정도로 육안으로도 보이며, 모 항성 주위를 약 642일에 걸쳐 공전한다. 질량은 지구의 약 6.4배가량 되는 거대한 행성이며, 표면온도는 대기가 없을 시 평균적으로 영하 40도에 이르고, 질량이 크기 때문에 대기가 있다면 표면온도는 0~ 50도 사이를 웃돈다. 이 행성의 지구 유사성 지수는 0.71이다.

☀ **Tau Ceti f**

9위는 Tau Ceti f이고, 고래자리에 위치한 별을 공전하는 행성이다.

8위는 모 항성으로부터 3천만 km정도 떨어진 곳에서 66일에 한 번씩 공전하며 질량은 약 지구의 7배 정도 되는 슈퍼지구이다. 대기가 있다면 영상 20도이고, 지구 유사성 지수는 0.72이다.

Gliese 581 d

8위는 Gliese 581 d이다.

7위는 모 항성 중심으로 1,700만km 떨어져서 공전하고 있으며, 공전주기는 25일이다. 질량은 지구의 7배가량으로 비교적 큰 슈퍼지구에 속한다. 대기가 존재한다면 표면온도는 30도 가량이다. 지구 유사성 지구 역시 0.72이다.

Gliese 163 c

7위는 Gliese 163 c이고 지구로부터 약 49광년 떨어져있으며, 황새치자리 부근에 자리 잡고 있다.

6위는 질량이 지구의 약 4.3배가량 되는 슈퍼지구이며, 모 항성으로부터 약 7,500만km 떨어진 곳에서 약 166일을 기준으로 공전한다. 대기가 존재한다면 그 표면온도는 대략 70도 정도이며, 이 경우 액체 상태의 물은 존재할 수 있다. 지구 유사성 지수는 0.77이다.

Tau Ceti e

6위는 Tau Ceti e이다.

5위는 질량이 지구의 약 3.6배 정도이며, 모 항성으로부터 약 3천만 km 떨어져서 54일에 한 번씩 공전한다. 대기가 없을 때의 표면온도는 약 영하 3도 정도이고, 대기가 없을 때 지구의 표면온도와 비슷한 수준이다. 대기가 존재할 시 예상되는 표면온도는 약 24도로, 액체 상태의 물이 존재한다. 지구 유사성 지수는 0.77이다.

HD 85512 b

5위는 HD 85512 b이고 K타입의 별 Gliese 370 주변을 공전하는 외계 행성이다. 남쪽 하늘에서만 볼 수 있으며, 돛 자리 근처에 위치해 있다. 지구로부터 약 36광년가량 떨어져 있다.

4위는 모 항성으로부터 약 8천만 km 근처에서 200일 주기로 공전한다. 지구 질량의 약 8배 정도 하는 슈퍼지구로, 표면온도는 영하 3도 정도이다. 이 행성의 지구 유사성 지수는 0.79이다.

HD 40307 g

4위는 HD 40307 g이고 남반구에서만 관측할 수 있는데, 남반구의 화가자리에 위치한 HD 40307 항성 주위를 공전하는 행성이다. 지구로부터 약 42광년 정도 떨어져 있다.

3위는 모 항성으로부터 약 1억 3천만 km 근방에서 290일을 주기로 공전한다. 여름과 겨울의 기온차가 매우 크다. 이 행성은 지구 직경의 약 2.4배 정도 하는 슈퍼지구이며 최대 50배까지 커질 수 있다. 지구 유사성 지수는 0.81이다.

Kepler 22 b

3위는 Kepler 22 b이다. 이 행성은 백조자리 부근에 위치한 Kepler 22 항성을 공전하는 행성으로, 이 별은 오직 b 행성 하나만 거느리고 있다. 모항성이 태양과 아주 비슷한 G 타입이다.

2위는 특이하게도 태양이 3개이다. 세 항성의 질량중심을 중심으로 약 28일에 걸쳐 한 바퀴 회전하며 지구가 받는 태양에너지의 약 90%까지 받는다. 하지만 가시광선이 주된 지구와는 달리 이 행성은 적외선 근처의 전자기파를 받기 때문에 실제로 가시광선 영역만 따지면 지구의 약 20% 남짓이다. 지구 유사성 지표는 0.85이다. 질량은 지구의 약 4배가량 되며 표면온도는 지구의 평균온도

인 영상 15도를 살짝 웃도는 정도이다. 따라서 생명체가 살기 가장 적합한 환경
이다.

Gliese 667C c

2위는 Gliese 667C c이다. 2011년에 발견된 이 행성은 전갈자리부근에 위치하며 지구로
부터 약 22.7광년 떨어져있다. 이곳의 환경은 약간 특이한데, 태양이 3개이다.

1위는 질량이 지구의 약 2~3배가량 되는 슈퍼지구이며 모 항성으로부터 약 2
천만 km 떨어져 있다. 참고로 태양과 수성사이의 거리는 약 5천만 km이다. 약
36일에 한 번씩 돈다. 가장 높은 지구 유사성 지수를 보이며 0.92이다. 거의 지
구와 다름없는 수준이다.

Gliese 581 g

1위는 Gliese 581 g이다. 지구로부터 약 20광년 남짓의 가까운 곳에 있다.

태양에서 가장 가까운 항성에서 공전하는 외계행성이 발견되었다. 지구 질
량의 약 1.3배로, 지구로부터 4.22광년 거리에 있다. 생명거주 가능지역의 궤도
를 돌고 있다. 표면에 물이 액체 상태로 존재할 수 있을 만큼 온도가 적정하다.
생명체가 서식하고 있을 가능성이 높다. 모 항성에 대하여 11.2일에 한 바퀴 공
전하고, 액체 상태의 바다가 200km 깊이로 존재하며, 모 항성으로부터 750만
km이다. 항성과의 거리가 지구와 태양의 거리의 5%에 불과하다. 지구처럼 암
석 행성이고, 대기가 존재하며, 표면온도는 30~40도이다. 자외선이나 X선 등
도 지구보다 훨씬 강하기 때문에 생명체가 존재한다면 방사선 영향을 받는다.
현재 기술로는 지구에서 도달하는 데 수천 년이 걸린다. 훨씬 발전된 현존 기술
로도 8,000년~3만년이 걸린다.

☀ 태양에서 가장 가까운 항성에서 공전하는 외계행성

프록시마 센터우리(proxima centauri)를 공전하는 프록시마 b(proxima-b)라는 외계행성이 발견되었다. 프록시마 b 표면에 물이 액체 상태로 존재할 수 있을 만큼 온도가 적정하다. 알파 센터우리(alpha-centauri)의 쌍성 A, B와 함께 3중 쌍성을 이루는 별이고, 태양으로부터 약 40조 1,104km 떨어져 외계행성 중에서도 가장 가깝다. 프록시마 센터우리(proxima centauri)로부터 750만 km이며, 지구와 태양 간의 거리가 1억 5,000만 km이고, 수성과 태양 간의 거리와 비교해도 1/10 정도이다. 항성과의 거리가 지구와 태양의 거리의 5%에 불과하고, 모성인 프록시마 센터우리는 적색왜성이다. 적색왜성은 표면온도가 5,000K보다 낮고 크기가 작은 별이며, 태양보다 훨씬 온도가 낮을 뿐더러 빛도 1천 배 가량 약하다.

프록시마 b(Proxima-b)

제9행성(Planet Nine)의 발견도 가능성이 점점 더 올라가고 있다. 제9행성의 질량은 지구의 5~10배 크며, 해왕성보다는 작다. 평균기온은 섭씨 -226도 정도이고, 공전주기는 1~2만 년, 태양과의 거리는 320억~1,600억km에 달하며, 중심은 암반으로 되어 있고 대기층과 옅은 가스층으로 구성되어 있다고 알려져 있다.

제9행성(Planet Nine)

태양계 변두리인 카이퍼 벨트(Kuiper belt)에 있을 것으로 예측되는 거대한 얼음의 세계이다. 제9행성은 해왕성보다는 작은 미니 해왕성이고, 명왕성의 5,000배 크기이다. 태양에서 지구까지의 거리가 약 1억 5,000만㎞이고, 명왕성과 태양 간 평균 거리는 약 59억㎞이므로 아직 발견되고 있지는 않다. 지금껏 관측되지 않은 것은 태양에서의 거리가 워낙 멀기 때문이다. 태양과의 거리가 최소 320억㎞에서 최대 1,600억㎞에 이르는데 관측 자료가 있어야 정식으로 행성으로 공인 받을 수 있다.

우리나라 외계행성 탐색시스템(Korea Microlensing Telescope Network, KMTNet)이 외계행성을 꾸준히 발견하고 있다. 한국의 외계행성 탐색시스템은 지구 남반구의 칠레, 남아프리카공화국, 호주 등 세 곳에 설치된 지상 우주망원경 시스템으로 2015년 10월부터 본격 가동을 시작하였다. 세 관측소가 약 8시간 동안 쉬지 않고 외계행성 탐색을 수행하는데 24시간 연속 관측이 가능한 탐색시스템은 우리나라가 유일하다. 스피처(Spitzer) 우주망원경은 2003년 미국항공우주국이 우주에 띄운 적외선 망원경인데 한국 외계행성 탐색시스템과 스피처(Spitzer) 우주망원경은 서로 떨어진 양쪽 지점에서 한 물체를 관측하여 물체까지 거리 등을 측정하는 시차 원리를 이용해 여러 특성을 확인하는 협업을 수행하고 있다.

본격적으로 행성이 발견되기 시작한 것은 1992년으로, 재미있게도 태양처럼 빛나는 보통 항성이 아니라 항성의 시체라 할 수 있는 펄서 주위에서 행성 세 개가 발견되었다. 태양과 같은 평범한 별을 도는 행성으로 최초로 발견된 것은 목성 절반 정도 질량의 행성이었다. 관측 결과 항성을 공전하지 않고 혼자 떠도는 목성형 행성을 발견했다. 이런 행성을 떠돌아다닌다는 뜻에서 나그네 행성이라고도 하고, 주변 다른 항성계에 영향을 미쳐 원래 있던 행성이 튕겨나간다던가 하는 난장판을 만들 수 있기에 깡패 행성이라고도 부른다. 목성 절반 정도 질량인 이 행성은 항성으로부터 불과 800만 킬로미터밖에 떨어져 있지 않아 뜨겁게 달구어진 불덩어리 가스였으며, 상식을 깨는 결과이었다. 외계 행성은 태양계와 비슷한 구조를 갖고 있을 것이라고 생각해 왔기 때문이다. 그러나 이후 수많은 외계 행성이 항성 바로 옆에 있음을 알게 되었고, 오히려 태양계처럼 목성형 행성이 멀찍이 떨어져 있는 것이 희귀한 것이 아닌가라는 의구심까지 갖게 되었다.

태양과 같은 평범한 별을 도는 행성으로 최초로 발견

페가수스자리(Pegasus) 방향으로 지구에서 약 50광년 떨어진 페가수스자리 51을 도는 페가수스 자리 51b이었다.

지금까지 발견된 외계 행성들을 정리하여 보면 다음과 같다. 가장 큰 행성은 태양계에서 가장 큰 목성보다 1.7배이다. 밀도가 매우 낮아서 0.2g/㎤이고, 매우 밝아 가장 밝은 행성 중 몇 손가락 안에 꼽을 정도이다. 가장 빠른 행성은 10시간 만에 공전한다. 모 항성으로부터 약 120만 km 밖에 있고, 이는 지구에서부터 달까지의 약 3배 거리에 불과하다. 가장 작은 행성은 가장 작지만, 지구보다는 1.4배나 큰 행성이다. 지구와 같은 암석 행성이지만 모항성과의 거리가 너무 가까워 생명체가 발견될 확률은 희박하다. 지구에서는 560광년 떨어져 있고, 낮 시간 표면 온도는 약 1,300℃ 정도로 금속이 용해된 강이 있으리라 추측된다.

가장 큰 행성

TrES-4이다.

가장 빠른 행성

SWEEPS-10이다.

가장 작은 행성

Kepler-10b이다.

가장 뜨거운 행성은 우주에서 가장 뜨거운 행성으로 2,200℃나 되는 기체로 된 행성이다. 모항성과의 거리가 340만 Km로 매우 가깝기 때문이며, 지구와 태양과의 거리와 비교하면 50분의 1 정도이고, 태양계에서 가장 큰 행성인 목성보다 거의 두 배이다. 가장 차가운 행성이면서 가장 먼 행성 2관왕의 주인공은 부피가 지구의 5배이고, 질량은 5.5배나 되는 암반 형의 행성이다. 알려진 가장 먼 행성으로 모 항성과의 거리가 꽤 멀어 지구와 태양 간의 거리의 약 3배이다. 표면 온도는 영하 220℃ 정도로 몹시 낮고 표면에는 암모니아, 메탄, 질소 등이 꽁꽁 얼어붙어 있다. 지구에서 21,500광년이나 떨어져 있는 행성이다.

💡 **가장 뜨거운 행성**

WASP-12b이다.

가장 차가운 행성이면서 가장 먼 행성

OGLE-2005-BLG-390Lb이다.

가장 가까운 행성은 에리다누스자리 엡실론 b(Epsilon Eridani b)이다. 태양계에서 에리다누스(Eridanus)자리 방향으로 불과 약 10.5광년 밖에 떨어져 있지 않다. 외계 생명체가 존재 가능성이 가장 많은 행성 중 하나이다. 가장 늙은 행성은 발견된 행성 중 제일 오래된 행성으로 127억 년 정도이다. 지구보다도 80억 년 정도 더 나이가 많다. 우주에서 가장 어린 행성은 최근 발견된 것으로 태어난 지 100만년도 안 된 아기 행성이다. 아직 이름도 붙여지지 않은 이 행성은 코쿠(Coku) 별 주위를 돌고 있다. 인류가 발견한 외계행성들은 2018년 2월 기준으로 3,743개, 2021년 6월 기준으로 4,424개, 2022년 5월 기준으로 5,030개이다.

가장 가까운 행성

Epsilon Eridani b이다. HD 22049 b라고도 불린다.

가장 늙은 행성

PSR B1620-26 b이다. 1993년 발견된 행성 PSR B1620-26 b는 므두셀라(Methusela)라고도 불린다.

역대 최대 크기 떠돌이 행성이 모 항성에서 무려 1조 km 떨어진 궤도를 공전하고 있기도 하다. 모 항성으로부터 너무나 멀리 떨어져 떠돌이 행성이라 불린다. 모 항성 하나에 외계행성 셋이 있는 경우도 있는데, 모 항성은 아주 작고 차가운 왜성인데 3개 행성 모두 생명거주 확률이 높다. 아주 차가운 왜성으로 이루어진 항성계로는 최초 외계행성이다.

역대 최대 크기 떠돌이 행성

2MASS J2126이다. 모 항성으로부터 너무나 멀리 떨어져 '떠돌이' 행성이라 부른다. 행성 궤도와 모 항성 간 거리를 태양계와 비교해보면, 태양-지구간 거리의 7,000배이고, 태양-명왕성 간 거리의 약 200배이다. 모항성의 둘레를 한 바퀴 도는 데만 90만 년이 걸린다.

모 항성 하나에 외계행성 셋이 있는 경우

모 항성 TRAPPIST-1 하나에 외계행성 셋이 있고, 거리는 지구로부터 40광년 떨어져 있다. 태양에 비해 밝기는 약 2,000분의 1이고, 온도는 2분의 1 이하이다. 질량은 태양의 12분의 1이고, 지름은 8분의 1정도이며, 목성보다 조금 더 큰 별이다. 칠레에 있는 TRAPPIST(TRAnsiting Planets and PlanetesImals Small Telescope) 망원경으로 발견되어 TRAPPIST-1이라고 부른다. 3개의 행성들은 모두 지구의 약 10분의 1 크기이다.

지구에서 200광년 가량 떨어진 곳에 위치한 행성이 있다. 밀도가 매우 낮으며 크기는 목성과 비슷하고, 질량은 목성보다 12% 더 크다. 표면온도는 500℃ 정도이고, 대기가 헬륨가스로 가득하며, 우주에서 가장 흔하게 찾을 수 있는 성분인 헬륨 가스가 대기 아래쪽에 풍부하다. 외계행성 중 가장 지구를 닮은 외계행성이 있다. 지구 이외의 다른 행성에 생명체가 살 수 있을 것이라고 확신하는 근거는 행성 크기와 성분, 중심별까지의 거리 등인데 모 항성으로부터 받는 빛의 양이 태양으로부터 지구가 받는 빛의 3분의 2 정도이고, 행성 표면의 물이 끓거나 얼지 않고 액체 상태를 유지할 수 있는 온도이며, 지구와 크기가 비슷하기 때문에 표면이 지구처럼 단단한 암석으로 이뤄져 있을 가능성이 60%이다. 지구가 속한 태양계 내에서도 목성 같은 가스 행성보다 화성 같은 암석 행성에 생명체가 존재할 가능성이 더 높기 때문에 기대감이 크다.

지구에서 200광년 가량 떨어진 곳에 위치한 행성

WASP-107b이다.

가장 지구를 닮은 외계행성

Kepler-442b이다. 이 외계행성의 모 항성은 적색왜성이다.

지구 크기의 외계행성이 있다. 무게는 지구의 1.7배이고, 반경은 지구의 1.2배이며, 지구와 동일밀도를 가진다. 모 항성을 8.5시간 만에 맹렬한 속도로 공전하고, 열기가 가득 찬 상태를 유지하며 암석과 철 등 암석 질로 구성된 행성이다. 지구보다 조금 큰 외계행성이 있다. 지구로부터 470광년 떨어진 곳에서 35일 주기로 모 항성을 돌고 있고, 암석으로 이뤄져 있을 확률 70%이며, 빛은 지구가 받는 양의 40%만큼 더 받는다.

지구크기의 외계행성

Kepler 78b이다.

지구보다 조금 큰 외계행성

Kepler-438b이다.

470광년

1광년은 9조 4,670억 7,782만 km이다.

지구와 가장 닮은 외계행성이 있다. 지구보다 5배 크고, 훨씬 빠른 속도로 움직여서 모 항성을 한 바퀴 도는데 36일이 걸린다. 거리가 지구와 태양 사이의 거리보다 훨씬 가깝지만 항성이 미치는 에너지는 태양이 지구에 미치는 수준과 마찬가지이다. 지구 지름의 1.75배 지름과 5배 질량을 갖고 있고, 표면온도는 대기상태에 따라 영하 40도에서 영상 7도까지 가능하다.

지구와 가장 닮은 외계행성

GJ 832c이다. 지구에서 16광년 떨어진 곳이다. 해당 항성은 태양보다 훨씬 어둡고 덜 뜨거운 적색 왜성이다.

한국외계행성탐색팀(Korea Microlensing Telescope Network, KMTNet)이 발견한 외계행성도 있다. 지구 질량의 1.43배이고, 지구로부터 1만 3천 광년 떨어져 있으며, 모 항성으로부터 행성까지 거리도 지구와 비슷하여 약 1.16 천문단위이다. 모 항성 즉, 중심별은 태양 질량의 7.8%이며, 매우 차가워서 표면온도가 명왕성보다 낮다. 즉, 온도가 낮은 얼음덩어리 행성이다.

한국외계행성탐색팀이 발견한 외계행성

OGLE-2016-BLG-1195Lb이다.

천문단위

태양에서 지구까지 거리를 1 천문단위(Astronomical Unit, AU)라고 하는데 1 천문단위는 약 1억 5천만㎞이다.

지구보다 큰 외계행성이 있다. 지구 유사성 지수가 0.84이고, 최소 질량이 약 3.7지구질량으로 지구보다 무거우며 평균온도는 4.3℃이다. 생명체 거주 가능성이 큰 행성이 있다. 모 항성의 다섯 번째 궤도를 공전하는데 태양에서 수성까지 거리 정도이고, 공전 일수는 130일이다. 지구 크기의 약 1.1배이고 바위로 이뤄진 땅과 액체 상태의 물이 존재한다.

지구보다 큰 외계행성

GJ 667Cc이다. GJ 667Cc는 글리제 667Cc로 읽으며, GJ 667Cc, HR 6426Cc, HD 156384Cc로도 알려져 있다. 모 항성은 적색왜성 글리제 667C이고 전갈자리에서 23.62 광년 떨어져 있다.

생명체 거주 가능성이 큰 행성

Kepler186f이다. 태양보다 조금 덜 뜨거운 항성인 케플러 186의 다섯 번째 궤도를 공전한다. 모 항성은 지구에서 백조자리 방향으로 490광년 떨어져 있다. M형 주 계열성인 적색왜성이며 태양보다 덜 뜨거운 항성이다.

외계행성을 찾는 작업은 1천억 와트(Watts)의 서치라이트(Search light) 옆에 있는 백 와트(Watts)의 전구를 구별하는 것만큼 어렵다. 별과 별 주위를 도는 행성의 밝기 차이가 그 만큼 크기 때문이다. 별 주위에 행성이 있다면 별은 행성의 중력에 의해 약간 위치가 변하며, 또 별 주위를 도는 행성이 별을 가릴 경우에 별의 밝기가 조금 떨어진다. 이런 가정들로부터 별을 관측하면 행성이 있는지를 알아낼 수 있다.

외계행성을 찾는 방법은 다섯 가지로 요약해 볼 수 있다. 첫 번째는 행성이 우연히 별 앞을 지날 때, 별의 광도가 변화하는 것을 정밀 분석하는 방법이다. 밝기 변화가 일어났을 때 흑점이나 별 표면에서 일어나는 다른 현상에 의한 것이 아니라면 간접적이나마 행성이 있다고 말할 수 있다. 행성이 밝다면, 행성이 직접 별을 가리지 않더라도 행성의 위치에 따라 별과 행성을 합한 밝기가 변화하므로 행성의 존재를 유추해낼 수 있다. 즉 행성은 스스로 빛을 내지 못하고 별의 빛을 받아 빛나므로 행성이 별 주위를 돌면서 별빛을 가리면 어둡고, 별빛을 반사해 별빛에 광도를 더하면 밝아지는 광도 변화를 추적해 내는 것이다.

두 번째는 도플러 효과를 이용하는 방법이다. 질량이 큰 행성이 별 주위에 있으면 그 행성의 중력에 의해 미약하나마 별도 움직이게 된다. 따라서 스펙트럼을 측정해 보면 적색편이(red shift)와 청색편이(blue shift)가 주기적으로 일어나게 된다. 행성의 질량이 클수록 별이 도는 현상은 뚜렷이 나타난다.

적색편이(red shift)

물체가 내는 빛의 파장이 늘어나 보이는 현상 즉, 파동의 진동수가 줄어드는 현상을 말한다.

청색편이(blue shift)

물체가 내는 빛의 파장이 짧아져서 보이는 현상 즉, 파동의 진동수가 높아지는 현상을 말한다. 별이 가까워질 때 나오는 빛의 파장이 도플러 효과에 의해 실제 빛의 스펙트럼보다 약간 파란색에 치우쳐 나타나는 현상을 말한다.

세 번째는 전파신호를 주기적으로 내는 천체인 펄사(pulsating radio star, Pulsar)의 신호주기 변화를 측정하는 방법이다. 1967년 처음 발견된 펄사는 초신성의 폭발로 형성된 중성자별이 내는 전파인데, 중성자별이 빠르게 회전하면서 주기적인 전파를 방출하는 것이다. 펄사 주위에 행성이 돌고 있으면 펄사 신호의 주기가 변화하게 된다. 이 변화를 추론해 행성의 존재를 유추해 낼 수 있다.

💡 **펄사(pulsating radio star, Pulsar)**

맥동전파원(脈動電波源)이다.

네 번째는 중력렌즈에 의한 방법이다. 아인슈타인의 일반상대성이론에 따르면 빛도 중력에 따라 경로가 휘어진다. 별빛이 행성의 중력에 의해 굽어져 별의 밝기가 변하면 이를 정밀 분석해 행성의 존재를 유추해낼 수 있다.

다섯 번째는 별이 움직이는 경로를 추적하는 방법이다. 별이 일정한 방향으로 움직일 때 혼자 움직일 경우에는 직선 경로를 보이지만, 행성과 같이 갈 경우 경로가 꼬불꼬불한 경로를 그리게 된다. 별과 행성이 공동 무게 중심을 돌면서 행진하기 때문이다. 별의 경로를 정확히 측정하면 보이지 않는 행성의 존재를 알 수가 있다.

외계행성들

지구 유사성 지수	외계행성이름	공전 주기	모항성과 거리	지구비교크기	모 항성
최초 외계행성 발견	PSR B1257+12B				중성자별 PSR B1257+12
	PSR B1257+12C				
주계열성 도는 최초 외계행성 확인	Pegasus 51 b	4일		목성의 0.5배	페가수스자리 51
0.71	Tau Ceti f	642일		지구의 6.4배	고래자리
0.72	Gliese 581 d	66일	3천만 km	지구의 7배	
0.72	Gliese 163 c	25일	1,700만km	지구의 7배	황새치자리
0.77	Tau Ceti e	166일	7,500만 km	지구의 4.3배	
0.77	HD 85512 b	54일	3천만 km	지구의 3.6배	K타입 별 Gliese 370.
0.79	HD 40307 g	200일	8천만 km	지구의 8배	남반구의 화가자리 HD 40307
0.81	Kepler 22 b	290일	1억 3천만 km	지구의 2.4~50배	백조자리 Kepler 22
0.85	Gliese 667C c	28일		지구의 4배	태양이 3개 전갈자리
0.92	Gliese 581 g	36일	2천만 km	지구의 2~3배	
태양에서 가장 가까운 항성에서 공전하는 외계행성	proxima-b	11.2일		지구의 1.3배	태양에서 가장 가까운 프록시마 센터우리 (proxima centauri)
태양계 행성	Planet Nine	1~2만 년	320~1,600 억km	지구의 5~10배	
태양과 같은 평범한 별을 도는 행성으로 최초 발견	Pegasus 51 b	4일	800만 km	목성의 0.5배	페가수스자리 51

가장 큰 행성	TrES-4			목성의 1.7배	
가장 빠른 행성	SWEEPS-10		120만 km		
가장 작은 행성	Kepler-10 b		가까움	지구의 1.4배	
가장 뜨거운 행성	WASP-12 b		340만 Km	목성의 2배	
가장 차가운 행성이면서 가장 먼 행성 2관왕	OGLE-2005-BLG-390L b		3천문단위	지구의 5배	
가장 가까운 행성	Epsilon Eridani b. HD 22049 b라고도 불림				에리다누스(Eridanus)자리
가장 늙은 행성	PSR B1620-26 b 므두셀라(Methusela)라고도 불림				코쿠(Coku) 별
역대 최대 크기 떠돌이 행성	2MASS J2126	90만 년	1조 km		
모 항성 하나에 외계행성 셋	TRAPPIST-1			목성보다 조금 더 큰 별	TRAPPIST-1
지구에서 200광년 떨어진 곳에 위치한 행성	Kepler-442 b			목성보다 12% 더 큼	
외계행성 중 가장 지구를 닮은 외계행성	Kepler 78 b			지구와 유사	
지구크기의 외계행성	Kepler 78 b	8.5시간		지구의 1.7배	
지구보다 조금 큰 외계행성	Kepler-438 b	35일			
지구와 가장 닮은 외계행성	GJ 832 c	36일		지구의 5배	

한국 외계행성 탐색 팀이 발견한 외계행성	OGLE-2016-BLG-1195L b	1.16 천문단위	지구의 1.43배	
0.84 지구보다 큰 외계행성	GJ 667Cc 글리제 667Cc로 읽으며, GJ 667Cc, HR 6426Cc, HD 156384Cc로도 알려져 있음		지구의 3.7배	적색왜성 글리제 667C
생명체 거주 가능성 큰 행성	Kepler186 f	130일	지구의 1.1배	케플러 186, M형 주계열성인 적색왜성, 태양보다 덜 뜨거운 항성

인류가 발견한 외계행성들 숫자:
2018년 2월 기준 3,743개/2021년 6월 기준 4,424개/2022년 5월 기준 5,030개

일론 머스크
Elon Musk

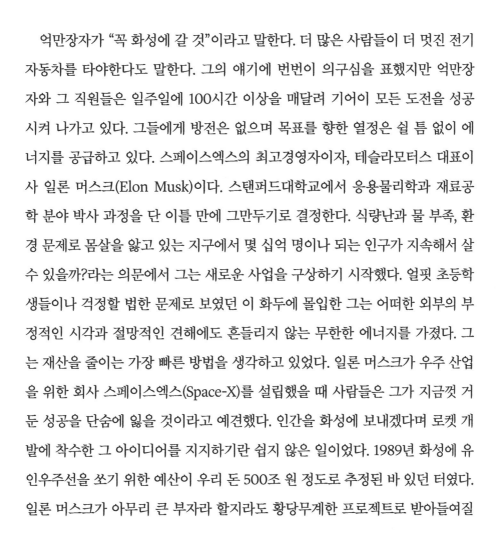

억만장자가 "꼭 화성에 갈 것"이라고 말한다. 더 많은 사람들이 더 멋진 전기 자동차를 타야한다고도 말한다. 그의 얘기에 번번이 의구심을 표했지만 억만장자와 그 직원들은 일주일에 100시간 이상을 매달려 기어이 모든 도전을 성공시켜 나가고 있다. 그들에게 방전은 없으며 목표를 향한 열정은 쉴 틈 없이 에너지를 공급하고 있다. 스페이스엑스의 최고경영자이자, 테슬라모터스 대표이사 일론 머스크(Elon Musk)이다. 스탠퍼드대학교에서 응용물리학과 재료공학 분야 박사 과정을 단 이틀 만에 그만두기로 결정한다. 식량난과 물 부족, 환경 문제로 몸살을 앓고 있는 지구에서 몇 십억 명이나 되는 인구가 지속해서 살 수 있을까?라는 의문에서 그는 새로운 사업을 구상하기 시작했다. 얼핏 초등학생들이나 걱정할 법한 문제로 보였던 이 화두에 몰입한 그는 어떠한 외부의 부정적인 시각과 절망적인 견해에도 흔들리지 않는 무한한 에너지를 가졌다. 그는 재산을 줄이는 가장 빠른 방법을 생각하고 있었다. 일론 머스크가 우주 산업을 위한 회사 스페이스엑스(Space-X)를 설립했을 때 사람들은 그가 지금껏 거둔 성공을 단숨에 잃을 것이라고 예견했다. 인간을 화성에 보내겠다며 로켓 개발에 착수한 그 아이디어를 지지하기란 쉽지 않은 일이었다. 1989년 화성에 유인우주선을 쏘기 위한 예산이 우리 돈 500조 원 정도로 추정된 바 있던 터였다. 일론 머스크가 아무리 큰 부자라 할지라도 황당무계한 프로젝트로 받아들여질

수밖에 없었다. 첫 번째 로켓인 팔콘 1호(Falcon 1)의 개발에 착수했고, 스페이스엑스(Space-X) 설립 6년 만에 민간기업 최초로 액체연료 로켓을 지구 궤도로 쏘아 올렸다. 2010년에는 미항공우주국(NASA)과 협력해 대형 2단형 로켓 팔콘 9호(Falcon 9)의 궤도 진입도 성공시켰다. 로켓 제작에 드는 재료비는 전체 개발비의 단 2%라는 사실을 알게 된 그가 저가형 로켓을 만들겠다고 공언한 이후 이것이 실제로 가능하다는 것을 증명해냈다. 인류의 화성 이주 프로젝트라는 상상 이상의 일을 벌이는 와중에 다른 한편으로 그는 대학 시절부터 관심을 가졌던 전기자동차 분야에도 발을 내디뎠다. 자금난을 겪던 캘리포니아의 전기자동차 제조업체 테슬라 창업자 마틴 에버하드(Martin Eberhard)와 특별한 하이브리드(hybrid) 추진 시스템을 바탕으로 우주산업에 진출한 볼라콤의 제프리 스트라우벨(Jeffrey Straubel)을 만난 일론 머스크는 2004년 테슬라 모터스를 통해 최고급 스포츠카를 지향한 전기자동차인 로드스터(Roadster)를 만들어 내겠다고 공언했다. 미국 전역에서 투자자가 줄을 이었고, 조지 클루니(George Timothy Clooney), 브래드 피트(William Bradley Pitt) 등의 할리우드 스타들도 구매 예약자 명단에 이름을 올리며 숱한 화제를 낳았다.

영화 <아이언맨(Iron Man)>에 등장하는 주인공인 토니 스타크(Tony Stark)의 실제 모델로 알려진 일론 머스크는 사실 영화에서 보여주는 영웅의 삶과는 전혀 다르게, 일주일에 100시간 이상 일하는 워커홀릭(workaholic)의 삶을 살고 있다. 그의 가슴팍에는 "화성에서 죽겠다"는 간단하고도 명료한 열정이 심어져 있다. 그는 공식적으로 "2030년까지 8만여 명이 거주할 수 있는 화성 식민지를 완성하겠다"고 밝혔다. 일론 머스크의 스페이스엑스(Space X)가 2021년 한 해 동안 우주로 쏘아 올린 위성의 수는 약 900개가 됐다. 2020년 이전 전 세계가 1년 동안 위성을 발사한 양의 두 배에 달하는 수준이다. 고객들은 자사 위성을 궤도에 진입시키기 위해 로켓 전체를 구매할 필요가 없다. 대신 다른 회사와 로켓을 공유해 비용을 낮춘다.

> ### 워커홀릭(workaholic)
> 가정이나 다른 것보다도 일이 우선이어서 오로지 일에만 몰두하여 사는 사람을 뜻한다.

가격은 무게 약 220kg 기준 100만 달러 즉, 약 11억원이다. 위성 인터넷 스타링크 프로젝트도 속도를 내고 있다. 스페이스엑스가 로켓으로 쏘아 올린 위성은 대부분 스타링크(Starlink)용이다. 스타링크는 지구 저궤도에 소형 위성 1만 2천개를 띄워 지구 전역에서 이용 가능한 초고속 인터넷 서비스를 구축하는 사업이다. 일론 머스크 테슬라 최고경영자가 이끄는 항공우주기업 스페이스엑스의 기업가치가 1,000억 달러 즉, 약 119조 6,000억 원을 넘어섰다. 중국 동영상 공유 앱 틱톡(TikTok)의 모회사 바이트댄스(ByteDance)에 이어 세계에서 두 번째로 큰 헥토콘(Hectocorn) 기업이 됐다. 헥토콘은 기업가치 1,000억 달러 이상인 비상장 스타트업을 의미한다.

> ### 헥토콘(Hectocorn)
> 기업 가치가 1천억 달러(약 100조 원) 이상인 스타트업 기업을 일컫는다. 기업 가치가 10억 달러가 넘는 비상장 스타트업 기업을 유니콘(Unicorn) 기업이라 하는데, 이 유니콘의 100배 규모라 해서 숫자 100을 의미하는 접두사 헥토(hecto)를 붙였다. 10을 뜻하는 데카(Deca)와 유니콘을 합성해 100억 달러가 넘는 기업은 데카콘(Decacorn)이라고 한다. 전세계 데카콘 수는 30여개에 달한다. 전 세계 최초의 헥토콘 기업은 동영상 앱 틱톡(TikTok) 등의 개발, 운영사인 중국의 벤처기업 바이트댄스다. 테슬라 최고경영자 일론 머스크가 이끄는 미국 우주 탐사업체 스페이스엑스가 다음으로 헥토콘 자리에 올랐다.

끊임없는 도전

일론 머스크는 로켓 개발에 700억 원 가량이 들어가는 상황에서 로켓을 재사용해 발사 비용을 백분의 일로 줄일 수 있다는 아이디어를 냈고 이는 천문학적인 비용 절감을 의미했다. 스페이스엑스의 로켓인 팔콘 9 로켓은 크게 두 부분으로 나뉘는데, 1단 로켓은 약 40m 길이로 고도 80km까지 상승하고 분리된 뒤 귀환하고, 약 15m 길이의 2단 로켓은 분리된 뒤 약 5분간 연소하며 1단 로켓을 지구 궤도에 올리는 방식이다. 머스크는 로켓을 안전하게 손상 없이 회수해 재사용으로 이어지는 방식을 구축해 나가고 있다. 로켓 재사용의 핵심은 로켓에 손상을 입히지 않고 회수하는 기술이다. 이를 위해 스페이스X는 재 점화가 가능한 엔진, 로켓의 자세조정 기술, 무인선 위치고정 기술 등을 개발하였다. 일론 머스크가 화성을 제2의 지구로 보고 있다면, 아마존의 설립자인 제프 베조스(Jeff Bezos)는 지구에는 인간을 살게 하고 중공업은 지구 밖으로 옮기려는 목표를 가지고 있다.

열두 살에 스스로 컴퓨터 프로그래밍을 익혀 게임을 만들었던 일론 머스크는 어린 시절부터 실행력 강한 발명가였다. 남다른 발상과 거침없는 시도는 전자결제를 넘어 전기자동차로, 그리고 우주산업으로 이어지고 있다. 전기자동차 혁신의 아이콘으로 알려진 일론 머스크는

1971년 남아프리카공화국에서 태어나 어린 시절부터 남다른 천재였다. 열두 살에 독학한 컴퓨터 프로그래밍으로 직접 비디오 게임 코드를 짠 일화는 이미 유명하다. 그는 이 프로그램을 500달러에 팔기도 했다. 열일곱 살에 캐나다로 이주한 그는 퀸스 대학교(Queen's University)을 거쳐 미국 펜실베이니아 대학교(University of Pennsylvania)에 편입해 물리학과 경제학 공부를 한다. 1995년에 스탠퍼드 대학교(Stanford University) 대학원(Graduate)에 입학하지만 이틀 후에 자퇴하고 그해 창업에 도전한다.

첫 번째 회사였던 집투(ZIP2)는 인터넷 기반 지역 정보 제공 서비스였다. 일론 머스크는 이 사업을 1999년에 컴퓨터 제조기 업인 컴팩에 2,200만 달러 즉,

약 276억 원에 매각했다. 다음으로 온라인 금융 서비스 사업에 나선 일론 머스크는 설립 1년 만에 경쟁사를 인수하는 쾌거를 올렸다. 여기에는 이메일 결제 서비스인 페이팔(Paypal)이 포함되어 있었다. 그는 아예 회사 이름을 페이팔로 바꾸고 온라인 결제 서비스를 고도화했다. 그리고 3년 후, 온라인 쇼핑몰 이베이(eBay)가 페이팔을 15억 달러 즉, 약 1조 8,700억 원에 인수한다. 이 모든 것이 불과 10년 사이에 일어난 일이었다.

젊은 나이에 잇달아 사업에 성공하며 큰돈을 벌었지만, 일론 머스크는 안주하지 않았다. 오히려 그렇게 번 돈을 자본 삼아 새로운 사업에 나섰다. 그는 미래에 자신이 집중할 분야로 인터넷과 청정에너지, 우주산업이라는 매우 다른 세 가지를 꼽았다. 하나만 잘하기도 어려운 영역에서, 일론 머스크는 매우 다른 카테고리에 있는 세 영역을 모두 성장시켰다.

특히 전기자동차를 만드는 테슬라 모터스(Tesla Motors)와 태양광 에너지 기업 솔라 시티(Solar City)는 청정에너지라는 그의 또 다른 목표와 연결되어 있다. 테슬라의 전기자동차는 가솔린을 일부 사용하는 하이브리드(Hybrid) 차량이 아니라 전기모터로만 움직이는 100% 전기자동차다. 일론 머스크는 테슬라에서 전기자동차를 내놓으면서 기존 자동차 시장에서 고수하던 인식과 방식을 모두 뒤집었다. 우선 테슬라는 작고 가볍게 만들어지던 기존 전기자동차와 달리 스포츠카(Sports car)와 세단(sedan) 등을 만들며 전기자동차의 고급화를 이루었다. 더불어 솔라 시티는 테슬라의 전기자동차가 원활하게 운영될 수 있게 전기를 공급하는 서비스를 제공한다.

전기자동차 개발 초창기에는 일론 머스크가 사비를 들여 개발을 이어가야 할 정도로 수익이 거의 없었다. 2014년에 특허를 무료 공개하면서 "짝퉁 테슬라를 만들어도 상관없다"는 선언까지 한다. 기존 내연기관 자동차와 경쟁하기 위해서는 전기자동차 시장이 더욱더 확장되어야 한다는 판단에서 비롯한 시도였다.

과연 인간은 지구를 벗어나 화성으로 이주할 수 있을까? 평범한 사람이 이런 주장을 펼쳤다면 '미쳤다'는 소리를 들었을 것이 틀림없다. 그런데 지난 2020

년 5월 31일, 일론 머스크가 설립한 스페이스X는 민간 기업 세계 최초로 유인우주선 '크루 드래곤 (Crew Dragon)'을 발사한다. 크루 드래곤은 국제우주정거장(International Space Station, ISS)과의 도킹(Docking)에도 성공했다.

2002년 일론 머스크가 전자결제 기업인 페이팔을 매각하고 스페이스X를 설립할 때만 해도 사람들은 긴가민가했다. "우주여행을 할 수 있는 저렴한 로켓을 만들겠다"는 그의 선언은 허무맹랑한 소리로만 여겨졌다. 2006년 첫 번째 로켓인 '펠컨 1(Falcon 1)'을 발사했지만 화재가 일어났고, 이후 두 차례 더 로켓을 발사했지만 번번이 실패했기 때문이다. 하지만, 2008년 9월 28일에 비로소 펠컨1이 발사에 성공했다. 때를 맞추어 미국항공우주국(National Aeronautics and Space Administration, NASA)도 국제우주정거장에 화물을 보내는 수송 사업자로 스페이스X를 선정하였다. 우주 화물선을 운영하는 민간업체로는 스페이스X가 유일하다.

상당한 비용이 드는 우주산업은 민간기업에서 접근하기 어려운 분야다. 일론 머스크가 우주산업에 뛰어든 초창기에는 허황한 도전이라며 비웃음을 사기도 했다. 하지만 네 번째 로켓 발사를 성공적으로 이끈 그는 우주산업에서도 안정화를 이루어 갔다. 일론 머스크의 우주 계획은 단순히 사업으로 이익을 얻는 데 그치지 않는다. 2004년 언론 인터뷰에서 "달 기지를 건설하고 화성 기지를 건설하는 것이 목표"라고 했던 그는 8만 명 규모의 화성 식민지 건설 구상까지 갖고 있다. 유인우주선을 보낸다는 구체적인 목표도 밝혔다. 공상과학 소설에 등장하던 장면을 상상이 아닌 현실로 만들어가고 있다.

일론 머스크가 뛰어든 세 산업은 서로 영역이 달랐지만, 성공 가능성이 극히 낮았다는 공통점이 있다. 하지만 그가 색다른 도전을 하지 않았다면, 100% 전기자동차도 일반인의 우주여행도 공상과학 소설 속 한 장면으로만 남았을 것이다. 이런 점에서 일론 머스크의 회사들은 제품이 아닌 꿈을 파는 기업이라 할 수 있다. 실제로 테슬라의 주가는 판매 실적보다 미래 성장 가능성에 무게를 두고 계속해서 올라가고 있다.

우주로 가는 걸음마 테라포밍(Terraforming)

테라포밍(Terraforming)은 지구가 아닌 다른 행성 및 위성, 기타 천체의 환경을 지구의 대기 및 온도, 생태계와 비슷하게 바꾸어 인간이 살 수 있도록 만드는 작업이다. 우주 개척 중 지구 외의 다른 천체에 지구 생물이 살 수 있는 환경과 생태계를 구축하는 일이다. 외계 행성의 지구화 계획이라 할 수 있다. 땅을 뜻하는 단어인 테라(terra)에 만든다는 의미의 포밍(forming)이 결합된 단어이다. 화성(Mars)의 경우 인간이 살 수 있는 환경으로 바꾸기 위해 토양에서 물을 추출하고 이산화탄소를 저장하는 등 여러 기술이 필요하다. 미국항공우주국(National Aeronautics and Space Administration, NASA)을 비롯해 비영리단체인 마스 원(Mars One) 프로젝트, 그리고 스페이스 엑스(Space-X) 등 다양한 주체가 화성에 거주민을 보내는 계획을 추진하고 있다. 하지만 우주 방사선과 유성우 충돌과 운석 충돌 등 우주적 문제는 차치하고 화성은 지구처럼 생명체에 친화적이지 않다.

테라포밍 방법으로 화성의 극관에 핵폭발을 일으켜 드라이아이스 형태의 이산화탄소를 녹임으로 온도를 높이자는 주장이 있는데 방사능 오염의 문제가 생기며, 핵폭발로 인하여 이산화탄소가 방출이 되더라도 화성의 약한 중력과 대기가 이산화탄소를 붙잡아 두는 것이 불가능해 우주 공간으로 날아가 버린다. 화성에 온실효과를 일으키는 방법도 있는데 화학물질을 이용하여 온실 효과를 내면 화학물질을 배출해야 하는 공장 등을 만들어야 한다.

스페이스 엑스의 화성 거주 프로그램(Mars settlement program)은 21세기 말까지 약 8만 명을 화성에 이주시키겠다는 내용이다. 이를 위해 액체 산소와 메탄(CH_4)을 연료로 사용하는 재사용 가능한 대형 우주선을 개발해 1차로 10명 미만의 소수 인원을 화성으로 보내 자급자족할 수 있는 거주구역을 건설한다는 계획이다. 일론 머스크는 새로운 우주선으로 사람들을 대거 보내서, 화성에 인구 100만 명의 도시를 건설하도록 하겠다고 자주 말해 왔다.

인류의 화성 탐사 및 이주 관련 문제를 가장 현실감 있게 표현한 영화로는 2015년에 개봉한 리들리 스콧(Ridley Scott) 감독의 마션(The Martian)을 꼽을 수 있다. 이 영화에서 많은 사람이 화성에 정착하여 거주하는 모습은 나오지 않지만, 화성에 건설된 기지 안에서 우주비행사들이 물과 산소를 공급받으면서 생활하는 장면 및 고립된 한 우주비행사가 식량 부족 문제를 해결하기 위하여 감자 농사를 짓는 장면이 나온다.

Chapter 3

로봇 분야

01

인공지능 로봇

인공지능 로봇에는 안드로이드(Android), 사이보그(Cyborg), 휴머노이드(Humanoid), 복제인간(Human clone) 등이 있다. 인공지능에는 의식이 있는 강한 인공지능(Strong AI)과 의식이 없는 약한 인공지능(Weak AI)이 있으며 말이나 행동까지 인간과 구별하기가 어려운 면이 있다.

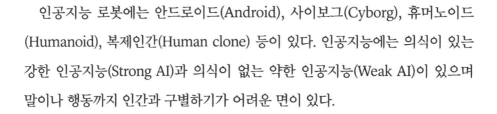

안드로이드 (Android)	사이보그 (Cyborg)	휴머노이드 (Humanoid)	복제인간 (Human clone)
인간이 아닌 로봇	개조수술 받은 인간	인간 감성을 지닌 로봇	로봇이 아닌 인간

안드로이드(Android)란 과학소설에서 자칫 사람으로 착각하기 쉬울 정도로 사람과 똑같이 만든 인조인간이고, 인간이 아닌 로봇이며, 영화 터미네이터(Terminator, 1984)에 나오는 인조인간들이 안드로이드이다. 외모는 물론 동작이나 지능까지도 인간과 거의 같지만 현재 기술로는 아직 만들지 못하고 있다. Andro는 인간이란 뜻이고, 남성형을 뜻하며, Eidos는 형태란 뜻이며 이 두 단어가 결합하여 만들어진 언어가 바로 안드로이드이다. Andro는 남성만을 뜻하는 단어이기 때문에 엄밀히 따지자면 여자의 경우는 안드로이드가 아닌 여성형인 Gyno를 붙여 가이노이드(Gynoid)라고 부르는 것이 맞지만, 둘을 구분하

여 부르진 않고 안드로이드라 통칭한다. 100% 기계라서 인간이 아님을 이해해야 한다. 안드로이드는 인조인간이며 인공적으로 만들어낸 인간이다. 무기적인 인조인간, 유기적인 인조인간으로 나눌 수 있는데 몸을 구성하고 있는 것이 무기물 즉, 금속으로 구성되어 있는지, 유기물 즉, 단백질로 구성되어 있는지의 차이이다.

안드로이드는 모습과 행동이 인간을 닮은 로봇이며, 외형뿐 아니라 피부의 촉감 등 여러 모로 인간과 아주 유사해서 구분하기 힘든 로봇이다. 안드로이드는 생물학적 존재를 뜻하는 단어인데 인간과 거의 같게 여기다 보니 여성형 존재를 별도로 구분해서 Gynoid로 부르기도 한다. 생물학적으로도 비슷한 경우이며, 안드로이드는 인조인간(人造人間)으로 표현하는 것이 적합하다. 분명히 이해해야 할 것은 안드로이드는 생물학적 존재가 아니라 로봇을 가리키고 있다는 점이다.

영화 터미네이터(Terminator)

사이보그(Cyborg)란 인간의 신체를 바탕으로 하여 본래의 기능을 강화하거나 보완하는 도구나 기계가 결합되었을 때를 말한다. 사이보그는 보통 뇌는 필수적으로 포함되어야 하며 그 뇌는 실제 사람의 뇌라는 점이다. 그러니까 사이보그는 기계가 아니라 인간이다. 사이보그는 로봇이 아닌 인간이다. 팔이 의수인 경우도 사이보그 인간이고, 형사였다가 기계로 신체를 보완해 다시 살아난 영화에서의 로보캅(RoboCop)이 좋은 예이다.

사이보그는 개조인간이고, 인간으로 태어난 뒤 개조수술을 받은 인간이며, 유기 컴퓨터나 심장 박동기 등을 사용하는 인간이다. 사이보그는 사이버네틱스(Cybernetics)와 오가니즘(Organism)의 합성어이며 오가니즘은 유기체인 생물을 말한다. 사이보그는 사람 사이보그도 있고 동물 사이보그도 있는데 사람이든지 동물이든지 어떠한 생물체에 기계장치가 결합된 것을 의미한다.

1970년대 유행하던 텔레비전(Television, TV) 연재 드라마이었던 600만 불의 사나이(The Six Million Dollar Man)의 주인공이 바로 사이보그이다. 사이보그는 팔, 다리, 내장 기관 등 인간의 신체 일부를 인공 수족, 인공 장기 등의 기계 즉, 로봇으로 대체했거나 인간과 기계가 결합한 개체인 셈이다. 소머즈(영어 영화명 : The Bionic Woman) 또는 로보캅(RoboCop)에 등장했던 주인공들이 사이보그들이다. 사이보그는 인체에 반영구적으로 보조 기구로서의 로봇을 부착했다는 점에서 필요에 따라 입었다 벗었다 할 수 있는 외골격(Exoskeleton)과는 구분된다.

영화 로보캅(RoboCop)

휴머노이드(Humanoid)란 꼭 인간의 외형을 닮지 않아도 되는 로봇이며, 로봇이긴 하지만 인간과 같은 감성을 지닌 로봇이고, 인간과 같이 팔과 다리가 있으며 직립 보행 즉, 서서 두발로 걷는 로봇이다. 휴머노이드는 지능보다는 감성에 좀 더 초점이 맞추어져 있고, 인간(Human)과 안드로이드(Android)의 합성어이다. 휴머노이드는 머리, 몸통, 팔, 다리 등 인간의 신체와 유사한 형태를 지닌 로봇이고, 분명히 인간이 아닌 로봇이다. 인간의 행동을 가장 잘 모방할 수 있는 인간형 로봇인 셈이다.

일본 혼다(HONDA)사가 개발한 아시모(ASIMO)나 우리나라 카이스트(Korea Advanced Institute of Science and Technology, KAIST, 한국과학기술원)에서 개발한 휴보(HUBO)가 바로 휴머노이드이고, 로봇공학(Robotics)에서는 휴머노이드 로봇(Humanoid Robot)이라고 한다. 휴머노이드는 인간의 신체적 특징을 닮은 외형을 지녔으면서 인간과 유사한 동작을 취할 수 있는 로봇이고, 인간의 오감을 모방한 각종 센서들이 있어서 가속도가 가능하고, 경사를 움직일 수 있으며, 힘이 작동하는 역학(力學)이 관여되며, 위치 센서가 있고, 촉각 센서가 있으며, 시청각 센서가 있고, 음향 센서 등이 있으므로 수준 높은 인공지능을 갖추고 있음으로 인해 직립 보행을 할 수 있다.

휴머노이드의 개념은 보다 융통성 있게 상체만 인간을 닮은 경우(Torso)도 있으며 휴머노이드는 머리, 몸, 팔, 다리를 모두 갖추지 않더라도 동일한 휴머노이드 로봇 범주로 간주되고 있는 것을 이해해야 한다.

💡 **토르소(Torso)**

이탈리아어로 몸통이라는 뜻이고, 고대 그리스나 로마의 유적지에서 발굴해 낸 조각상 중 몸통만 남은 것을 의미한다. 머리와 팔, 다리 등이 없는 몸통 조각 작품을 독립된 의미를 지닌 완전한 작품으로 생각하고 토르소라 불렀다.

일본 혼다(HONDA) 개발 아시모(ASIMO)   대한민국 카이스트(KAIST) 개발
                                      휴보(HUBO)

복제인간(Human clone)은 실제 인간을 모델로 하여 복제하여 만든 인간이며, 로봇이 아닌 인간이다. 복제인간의 경우 모든 과학자들이 반대하고 있어서 실현은 불가능하다. 하지만 현대과학기술은 생명복제기술이 발달되어 있으므로 기술적으로는 얼마든지 복제인간이 가능한 시대임을 알아두어야 한다.

영화 속 로봇과학

- 1984년 영화 터미네이터(Terminator)에 나온 인조인간들이 안드로이드(Android)에 해당된다.

- 2015년에서 2018년까지 영국 텔레비전(Television, TV) 드라마 시리즈(Drama series) 휴먼(Humans)에서 등장하는 인공지능 로봇 아니타(ANITA)가 안드로이드이다.

- 1979년 영화 에이리언(Alien)에서 과학 장교 애쉬(Ash)가 유기체 조직으로 구성된 안드로이드이다. 에이리언 2편에서는 비숍(Bishop)이 에이리언이고 개량형 안드로이드 모델로 등장한다. 2012년 영화 프로메테우스(Prometheus)에서는 데이빗(David)과 월터(Walter)가 에이리언이고 인간과 똑같이 생긴 안드로이드 인조인간들이며 늙지도 죽지도 않는 불로불사의 존재로 나온다.

- 2001년 영화 에이아이(AI)에서 등장하는 데이빗(David)은 안드로이드 아동로봇으로 등장한다.

영화 에이아이(Artificial Intelligence, AI)

- 2014년 영화 엑스 마키나(EX-Machina)에서는 에이바(Ava)가 안드로이드인데 이 안드로이드에 대해 튜어링 테스트(Turing test)라는 개념이 나오는데 이는 인간의 지능을 가진 로봇 테스트를 말한다.

- 사이보그(Cyborg)는 1960년대에 등장한 개념이며, 1970년대 유행하던 텔레비전 연속 드라마였던 600만 불의 사나이(The Six Million Dollar Man)의 주인공은 사이보그였다. 영화 소머즈(영어 영화명 : The Bionic Woman)에서의 소머즈(Sommers)도 사이보그이고, 1987년 영화인 로보캅(RoboCop)에 등장했던 주인공들도 사이보그이며, 형사 머피(Murphy)는 머리 이외 모든 신체를 기계로 만들었는데, 카본프레임(Carbon frame)과 티타늄(Titanium)으로 구성되었고 합금 팔의 악력은 200kg이었다. 공각기동대(영어 영화명 : Ghost in the Shell)의 메이저(Major)도 사이보그였는데 인간의 뇌와 기계 몸이 결합된 전투형 사이보그로 사이보그가 일상화된 미래사회를 묘사한다. 2021년 영화 저스티스리그(Justice League)에도 사이보그들이 등장한다.

공각기동대(영어 영화명 : Ghost In The Shell)

• 휴머노이드(Humanoid)는 2004년 영화 아이로봇(I, Robot)에서 등장하는 로봇들이 해당된다. 아이로봇에서는 미래사회를 묘사하고 있는데 택배로봇, 청소로봇, 가정부로봇을 그려내고 있다. 인간의 사회적인 역할을 대신하는 아이로봇들은 세 가지 원칙을 세운 상태에서 만들어진다. 세 가지 원칙은 다음과 같다. ① 로봇은 인간을 해치거나 인간에게 해가 되는 행동을 하지 않는다. ② 1의 원칙에 위배되지 않는 범위에서 로봇은 인간에게 무조건 복종해야만 한다. ③ 1과 2의 원칙에 위배되지 않는 한 로봇은 스스로 자신을 보호할 수 있은 능력이 가능하다. 이러한 세 가지 원칙이 지켜지면 로봇이 인간을 해하지 않으리라 생각했으나 그렇지 않음을 보여주고 있다. 이 개념들은 1950년 발간된 아이작 아시모프(Isaac Asimov)의 로봇 소설 시리즈에서 등장한 개념이다.

영화 아이로봇(I, Robot)

- 1999년 영화 바이센테니얼맨(Bicentennial man)에서 휴머노이드 로봇이 나오는데 기계 스스로가 자신을 개조하여 나가는 것으로 나타난다. 2014년 오토마타(Automata)에서 주인공도 휴머노이드이다.

- 안드로이드, 사이보그, 휴머노이드 모두 포괄한 로봇이 나오는데, 영화 터미네이터(1984)에 나오는 인조인간들은 안드로이드이지만 영화 터미네이터 II(1991년)에 나오는 인조인간들은 안드로이드, 사이보그, 휴머노이드 모두를 포괄한 로봇이다. 터미네이터 T800은 침투형 로봇이고 동시에 사이보그이다. 기계에다가 인간 생체를 뒤집어 씌었다는 설정인데 실제로는 사이보그라 하기는 무리가 있다. 3편에 등장하는 터미네이터 TX는 T800과 T1000의 약점을 보완한 것이다. 2009년 영화 터미네이터 4편인 터미네이터 살베이션(Terminator salvation)에서는 미래전쟁의 시작이라는 설정이 나타나는데 주인공인 마커스(Markers)는 전형적인 사이보그의 개념이 강하다. 피와 살, 심장과 뇌는 사람이지만 신체골격과 일부 장기가 기계로 대체된 개념이다. 2편에 등장하는 터미네이터 T1000은 생체조직이 전혀 없는 완전한 액체 금속 모델로 나타나는데 외형은 사람과 똑같아서 안

드로이드로 분류해야 한다.

2019년 영화 블레이드 러너(Blade Runner)에서는 유전공학으로 탄생한 인간과 동일한 생명체 Nexus-6가 나타나는데 과학적이지 않다. 태어날 때부터 성인으로 감정이 없는 상태로 태어나고 4년의 수명이 확정되었으며 임신 출산이 불가능하다는 설정인데 비과학적이다.

로봇과학기술의 근본적인 질문은 ① 인간과 기계 각각의 진정한 정체성에 대한 질문, ② 인간과 기계의 경계에 대한 질문, ③ 무엇이 인간을 진정한 인간이 되게 정의하는가에 대한 질문 등이 있다.

사이보그는 광(光) 컴퓨터를 이식받은 인조인간이고, 신체는 인공 장기로 만들어졌고 두뇌에는 광 컴퓨터가 장착되어 모든 작업을 빛의 속도로 처리할 수 있는 능력이 있다. 사이보그는 로봇 비서를 대신할 길이 열리는 것이다. 하반신 마비로 걷지 못하는 사람을 위한 로봇 다리 리워크(Rework)도 일종의 사이보그용 도구인데 센서와 원격 조종기를 이용해 걷기, 앉기, 계단 오르내리기 등을 할 수 있다. 생쥐의 수염을 자르고 그 자리에 자극을 주는 장치를 달아 생쥐가 제대로 길을 찾아가면 기쁨을 느끼도록 해서 원하는 길로 이끌었다면 이 또한 사이보그이고, 생물체의 몸에 기계를 붙여 그 생물체의 뜻대로 움직이는 것이 그 원리이다. 근육에서 생긴 전기 신호나, 뇌에서 보낸 팔을 움직이고 싶다는 뇌파를 기계가 받아 작동하며, 인공 관절을 착용한 노인들도 넓은 의미에서는 사이보그이다. 고양이 몸에 마이크로 칩과 송신기, 안테나 등을 장착해 구소련과의 첩보전에서 미국이 활용하려고 한 것인데 이 또한 사이보그나 실전에는 투입하지 못했다. 미국의 사이버키네틱스(Cyberkinetics)사가 개발한 브레인 게이트(Brain Gate)라는 장치를 이식받은 전신마비 환자는 생각만으로 팔꿈치를 펴고 굽히는 등 움직일 수 있었다. 사이보그는 기계를 닮을 수밖에 없는 인간의 운명이며, 어쩔 수 없는 사고로 몸을 기계에 의지하게 된 사람들의 안타까운 선택이다.

사이보그는 의료복지적 사이보그와 슈퍼맨 사이보그의 두 종류로 나뉜다. 의료복지적 사이보그는 질병, 재해, 고령 등으로 인하여 결함이 생긴 인체에 인공장치를 부착하여 정상적인 작용을 가능하게 하는 것으로 인공장기, 전자의수 등이 쓰인다. 슈퍼맨(Superman) 사이보그는 정상적인 사람에게 여러 가지 장치를 부착시켜서 정상인 이상의 활동을 가능하게 하는 것인데 그 전형으로서 우주복을 입고 달의 표면을 걷거나 우주유영을 하는 우주비행사를 들 수 있다. 그 외에 해저용, 수중용, 군사용, 이상 환경용 등의 슈퍼맨 사이보그가 있고, 기계를 장착하여 개체의 여러 기능을 조절하고 향상시킨다는 점에서 인체에 심박조절기를 삽입하거나, 당뇨병 치료를 위해 인슐린 주입기를 부착한 사람도 이미 사이보그인 셈이다. 보청기, 콘택트 렌즈의 사용까지도 넓은 의미에서 사이보그인데, 사이보그라는 말은 1960년 등장하였다.

생물체에 기계가 결합되면 그것이 사람이건 바퀴벌레이건 사이보그이다. 인류 최초 사이보그였던 닐 하비슨(Neil Harbisson)은 영국에서 태어나 미국 뉴욕에 거주하였던 20대의 평범한 청년이었다. 이 청년은 특정한 색만 구분하지 못하는 일반 색맹과 달리 모든 색이 흑백으로 보이는 선천적 전색맹이었는데, 전자 눈을 자신의 후두골에 이식하고 난 후에는 360여 개의 서로 다른 색감을 인지하게 되었다.

유비쿼터스 컴퓨팅(ubiquitous computing)이란 단어가 급부상하고 있다. 언제 어디서나, 동시에 존재한다라는 뜻인 유비쿼터스는 모든 사물과 사람들이 보이지 않는 센서 네트워크로 연결돼있어, 보다 개인화된 맞춤형 서비스를 실시간으로 제공할 수 있는 지능형 환경에 대한 개념이다. 센서들과 무선통신장치가 장착된 옷을 입고 가상의 화면을 넘기며 범인을 색출하는 장면은 입는 컴퓨터(wearable computers)가 유비쿼터스 환경에서 사용되는 모습은 또 다른 형태의 사이보그이다.

인간과 기계, 전자장치들이 결합된 사이보그(cyborg)는 미래과학이다. 미디어는 인간의 몸의 확장, 컴퓨터는 뇌의 확장, 카메라는 눈의 확장, 스피커는 귀의 확장을 이룬다. 우리 몸이나 피부 속에 이식하는 컴퓨터가 보편화될 것이다. 컴퓨터는 더 이상 도구에 머물지 않고 인간과 떨어질 수 없는 부분, 즉 사이보그의 반쪽이 될 것이다.

미국에서는 개인 인증 기능과 위치 추적 기능, 의료정보 제공 기능을 가진 칩(Chip)을 개발함으로 응급상황에서 의료진이 스캐너(Scanner)로 이 칩을 판독하면 환자의 신원과 자택 전화번호, 병력 등을 신속히 파악한다. 칩은 보안유지를 위한 출입통제에 이용될 수 있고 실종이나 사고 발생 시 응급센터에 위치를 알려줄 수 있다. 1998년 영국 레딩대학교(University of Reading)의 캐빈 워릭(Kevin Warwick) 교수는 자신의 팔에 전파교신기가 내장된 컴퓨터 칩을 이식해 최초로 사이보그가 된 바 있다. 당시 그의 몸에 이식된 칩은 연구실 건물 관리 컴퓨터에 신호를 보내 워릭 교수가 연구실 건물로 들어서면 자동으로 문이 열리고 전원이 켜지게 했다. 또한 그의 컴퓨터는 건물 안에 있는 그의 위치를 정확히 추적할 수 있었다.

미래에는 옷이나 안경 형태의 입는 컴퓨터가 주된 사이보그 장비가 될 것이고, 미래에 우리는 컴퓨터를 몸 여기저기에 지니거나 이식하고 다니게 될 것이며, 개인의 모든 정보가 칩 안에 저장되므로, 자칫 개인의 사생활이 침해될 우려도 크다. 조지 오웰(George Orwell)의 소설 「1984년」처럼 절대 권력자인 빅브라더(Big Brother)에 의해 항상 감시당하거나 추적당하는 삶을 살 수도 있다. 또 빈부격차로 부자는 좋은 몸을 가지고, 가난한 자는 나쁜 몸을 가지는 문제도 있을 수 있기 때문이다. 생명공학과 나노공학, 정보공학의 발전 덕분에 이제는 초 소형화된 전자 칩과 회로를 생체에 적합하게 만들어 몸에 이식하게 되면 수많은 문제들이 해결되게 된다.

03 인공지능 서비스 로봇

로봇이 집 앞까지 배달음식을 가져다주는 일이 일상이 되는 날도 멀지 않았다. 주문접수가 확인되면 마련된 대기소에서 잠자고 있던 여러 대의 인공지능 로봇(Artificial Intelligence Robot, AI Robot)들 중 한 대가 움직인다. 스스로 식당으로 이동해 점원이 포장된 음식을 넣으면 시속 약 4~5km 속도로 고객이 있는 위치에까지 안전하게 배달한다. 도착하기 100m 전에 문자를 보내는 것은 물론, 주행 중 사람이 앞을 가로막으면 비켜주세요라고 말도 한다. 한 번 충전에 주행할 수 있는 시간은 여덟 시간, 라이트가 장착돼있어 야간 주행도 가능하다. 인공지능 배달 로봇이 기존 여러 단계 데이터 전송 방식이 아닌 스마트 폰과 기지국이라는 두 가지 전송망을 이용한 시스템 기반으로 확장되고 있다.

인공지능 서비스 로봇

배달 로봇은 지하 층수부터 아파트의 높은 층수까지 엘리베이터를 타고 자유롭게 이동하며, 가장 먼 목적지까지 배달을 완료한다. 바퀴에 서스펜션 (Suspension)을 적용해 불규칙한 노면이나 높은 턱을 지날 때도 로봇에 담긴 음식이 흔들리지 않는다.

☼ **서스펜션(Suspension)**
차량에서 차륜과 차체를 연결하는 장치를 말하며 노면충격 흡수 역할을 한다.

인공지능 서빙 로봇(Artificial Intelligence Serving Robot)이 상용화되어 있다. 인사 및 음식 서빙도 척척해낸다. 호텔 정문에서 고객에게 환영 인사를 하고 로비에서 드링크를 서빙하는 등 호텔의 마스코트와 같은 역할도 수행한다. 인공지능을 통한 안면·신체인식기술 및 음성인식기술 등을 탑재해 고도화 한다. 로봇이 서빙하는 음식을 먹는다. 안내 로봇은 음식 안내 외에도 전자제품 매장, 은행, 구청 등에서도 다양하게 쓰여 로봇과 공존하는 세상을 앞장서고 있다. 현장에서 사용되고 있는 로봇 서비스 기술은 그 기능과 역할에 따라 크게 3가지로 나뉜다. 음식, 커피 등을 조리하는 제조 로봇, 자율주행 기술로 배달하는 서빙 로봇, 확장된 주문 가능한 안내 로봇 등이 있다. 커피는 기본이고 드립 커피를 내려주는 로봇이 있으며, 무인 로봇 카페, 칵테일까지 제조하는 로봇이 있는 카페도 있다. 서빙하는 직원이 따로 있지만 로봇이 함께 서빙한다. 서빙 로봇은 주문이 없을 땐 지정 장소에서 대기한다. 직원이 테이블 번호를 입력하면 로봇이 자율주행하며, 장애물을 피해 고객이 있는 테이블까지 음식을 서빙한다. 백신접종 안내 로봇도 있다. 서빙 로봇은 입소문을 타고 꾸준히 도입하는 식당이 늘어났다. 매장 효율성이 높아지고, 고객들도 만족도가 높다는 사실이 알려지면서 도입이 확산되고 있다. 최대 적재용량이 50kg이어서 종업원들의 노동 강도를 크게 낮춰 준다. 도중에 길을 막고 있는 장애물을 마주치면 스스로 피해간다. 날렵하고 작은 사이즈, 적재량이 많은 모델, 자동 고속 충전이 가능해 쉴 새 없이 서빙할 수 있는 모델 등이 운영 중이다. 재료를 넣어주니 로봇이 프로그램에 입력된 조리법으로 요리를 완성한다. 요리를 손님이 있는 테이블로 가져가는 것도 로봇이다. 손님들은 테이블에 붙어 있는 QR 코드를 휴대전화로 스캔해 주문하고 바로 결제까지 마친다. 점차 영토를 넓히고 있는 미래형 무인 식당의 모습이다. 4차 산업혁명 기술 발전과 코로나19가 가져온 새로운 문화로 인해 서비스 로봇 시장이 빠른 속도로 성장하고 있다.

💡 QR 코드(Quick Response Code)

흑백격자무늬패턴 방식으로 정보를 나타내는 매트릭스 형식의 2차원 바코드이다. 기존 바코드(Bar Code)가 용량 제한에 따라 가격과 상품명 등 한정된 정보만 담는 데 비해 QR 코드는 넉넉한 용량을 강점으로 3차원적인 다양한 정보를 담을 수 있다. 모자이크처럼 생긴 가로세로 흑백의 격자무늬 속에 영상이나 텍스트 등의 정보가 담겨 있는데, 스마트 폰 등으로 스캔하면 코드 속에 저장된 정보가 나타난다. 기존의 1차원 바코드가 20자 내외의 숫자 정보만 저장할 수 있는 반면 QR 코드는 숫자 최대 7089자, 문자(ASCII) 최대 4296자, 이진(8비트) 최대 2953바이트, 한자 최대 1817자를 저장할 수 있으며, 일반 바코드보다 인식속도와 인식률, 복원력이 뛰어난 지능형 바코드 QR 코드는 1994년 일본의 Denso Wave에 의해서 개발됐다. 일본에서는 휴대폰 사용자 80% 이상이 QR 코드를 사용할 만큼 활성화되어 있다. 다양한 매체를 통해 QR 코드로 광고하고 물건을 바로 찍어서 구매하기도 한다. 명함, 자기소개, 애완동물 찾기 서비스 등에도 응용되고 있다. 스마트폰 사용자들은 QR 코드 애플리케이션을 실행시킨 후 QR 코드를 스캔하면 QR 코드가 내장하고 있는 다양한 정보를 습득할 수 있다. 정보의 접근성도 뛰어나다.

나노 로봇
Nano Robot

나노 로봇(nano robot)은 90nm×60nm 크기의 편평한 직사각형 DNA 종이 접기 시트를 말한다. 표면에는 핵심적인 혈액응고 효소인 트롬빈을 부착하고, 암세포에 영양공급을 차단해 암치료에 도움을 주는 나노 로봇은 완전히 자율적으로 움직이는 로봇이다. 종이접기에 영감 얻은 DNA 종이접기 기술을 이용해 DNA로 만들어졌으며, 암 세포를 굶겨 죽인다는 발상에 흥미로움이 있다. 나노 로봇들을 정맥 주사를 통해 실험용 쥐에 주입하자 혈류를 따라 이동해 종양을 찾아 안착하는데 이러한 나노 로봇들은 항암제 등을 사용하지 않기 때문에 다른 항암치료보다 안전하다.

나노 로봇이 일단 종양 혈관 안의 표면에 부착되면 종양의 심장부에 약물을 전달하게 되고, 혈액을 응고시키는 트롬빈 효소를 암 세포에 노출하도록 해준다. 나노 로봇은 빠르게 작동해 주사 후 몇 시간 만에 많은 수의 나노 로봇들이 종양 세포들 주위에 모여든다. 나노 로봇은 정상적인 쥐와 미니 돼지에 주입했을 때 정상적인 혈액 응고에서나 세포 형태에서 아무런 변화가 감지되지 않아 안전하고 면역학적으로 비활성임이 입증되었다. 또한 나노 로봇이 뇌에 퍼져 뇌졸중과 같이 원치 않는 부작용을 일으킬 수 있는 증거도 발견되지 않았다.

나노 로봇이 갖고 있던 트롬빈은 종양이 있는 혈관 안에 있을 때만 나노 로봇으로부터 종양 세포 쪽으로 보내진다. 나노 로봇은 생쥐는 물론 더 큰 동물들의 정상 조직에서도 안전하다. 나노 로봇은 종양 세포에 혈액 공급을 차단하고 24시간 이내에 종양 조직에 손상을 일으켰으나 건강한 조직에는 아무런 영향을 주지 않았다. 종양을 공격한 뒤 대부분의 나노 로봇은 24시간 뒤 몸 안에서 분해돼 사라졌다. 나노 로봇은 구성 성분인 탄소 나노 로봇이므로 동물이나 사람의 몸 속에는 전혀 해롭지 않고 분해된 탄소 분자들은 몸속에서 그대로 사용되어진다.

나노 로봇의 아이디어를 처음 발표한 사람은 미국의 물리학자 리차드 파인만(Richard P. Feynman 1918~1988)이며, 1959년 나노 로봇의 개념과 활용에 대해 언급하였다. 나노 로봇이란 마이크로 로봇보다 1,000배 정도 더 작은 10억분의 1미터(1nm)의 세계를 다루는 나노 과학기술을 기반으로 하는 초소형 로봇이다. 1nm은 원자 3~4개를 붙여 놓은 정도의 크기인데, 원자를 10억 배 확대하면 포도알 크기 정도이며, 야구공을 10억 배 확대하면 지구 크기가 된다고 하니 상상이 되지 않을 만큼 아주 작은 크기이다.

나노 로봇을 사람이나 동물의 몸속에 주입하면 사람이나 동물의 혈관 속을 마음대로 돌아다니면서 바이러스를 박멸하거나 세포 안으로 들어가서 손상된 부위를 복구한다. 혈관 속에 쌓인 지방이나 혈전을 찾아내 분해하여 뇌출혈이나 심 혈관 질환을 예방할 수 있다. 나노 로봇은 그 역할로서 뇌에 들어가 고해상도의 뇌 지도를 만드는 것도 가능하다. 수십억 개의 나노 로봇이 모세혈관을 통해 고해상도의 뇌 지도를 만들면 인간이나 동물의 뇌 활동을 구체적으로 파악할 수 있게 된다.

인간 뇌의 알고리즘을 컴퓨터가 촬영하여 인간 뇌에 대한 획기적인 정보를 파악할 수도 있다. 인간 몸속의 암세포를 물리치기 위해서는 수백만 개 이상의 나노 로봇이 필요한데 나노 로봇이 스스로를 복제하도록 할 수도 있다. 주어진 임무에 맞추어 만들어진 첫 번째 나노 로봇은 자신과 똑같은 로봇을 복제하고, 이 복제한 로봇이 또 다시 다른 나노 로봇을 복제하면 수백 만 개의 나노 로봇을 간단하게 만들 수도 있다. 향후 10년 후 정도면 혈액 속을 헤엄치면서 병든 세포를 치료하는 나노 로봇이 등장할 것으로 기대되고 있다. 물론, 심장병이나 뇌졸중 위험도 확 줄여준다.

나노 로봇은 혈관 내벽에 쌓인 침전물(plaque)을 녹여버리거나 뚫는 역할을 한다. 나노 로봇을 이용하면 안구 내부 망막 등에 발생한 병소를 수술할 수 있고 암세포만 찾아다니며 이를 파괴할 수 있어 암에 대한 정복도 가능하다. 나노 로봇의 크기가 1nm도 안되는 초소형이기 때문에 마이크로 스위머(microswimmer)라는 별명을 갖고 있다. 몸속에는 혈액과 척수액 등으로 이루어진 체액이 60~65%를 차지한다. 나노 로봇은 이 체액 속을 이동할 수 있게 된다. 나노 로봇은 질병 치료에 필요한 약을 정확한 장소에 투입할 수 있고 정밀한 수술까지 해줄 수 있다.

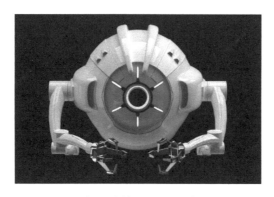

나노 로봇(Nano Robot)

미국

미국 애리조나주립대학교(Arizona State University, ASU)와 중국 과학
아카데미 국립나노과학기술센터(National Center for Nanoscience and
Technology, NCNST)에서는 나노 로봇을 유방암과 흑색종, 자궁암 및 폐암
을 일으킨 쥐 모델에 적용해 성공적인 효과를 거두었다. 나노 로봇에 탑재된 트
롬빈이 종양 성장을 유도하는 혈관 안의 피를 응고시켜 혈류를 차단하였고, 종
양 안에서 일종의 미니 심장 발작을 일으켜 종양 조직을 사멸시켰다. 암 세포만
을 공격하는 나노 로봇을 프로그래밍하기 위해서는 로봇 표면에 DNA 앱타머
(aptamer)라는 특수 탑재물을 포함해야 한다. 뉴클레올린(nucleolin)이라는 단
백질을 특이적으로 표적화하는 DNA 앱타머는 종양 내피 세포의 표면에서만
대량으로 만들어지고 건강한 세포의 표면에서는 발견되지 않는다. 나노 로봇은
분자 화물을 수송하고 현장에서 암세포의 혈액 공급을 차단하도록 프로그래밍
할 수 있어 조직을 사멸시키고 종양 크기를 줄어들게 하였다.

앱타머(Aptamer)

fitting이라는 뜻을 가지는 라틴어 aptus와 그리스 접미사 mer의 합성어로, 특정 물질에
대해 특이적 결합 능력을 가지는 DNA를 일컫는다. DNA 또는 RNA인 압타머는 단백질
인 항체 분자에 비해 열적, 화학적 안정성이 높으며, 내구성 역시 뛰어나기 때문에 의약
적 목적뿐만 아니라 진단 등의 체외 활용에도 쉽게 이용될 수 있는 장점이 있다.

뉴클레올린(Nucleolin)

RSV(Respiratory Syncytial Virus)에서 세포를 감염시키는데 사용되는 보조 수용체
(Co-receptor)이다. 뉴클레올린은 바이러스가 감염되는 폐 상피세포의 아주 작은 부분
의 표면에서만 발현된다.

미국 캘리포니아공대(California Institute of Technology, CalTech) 생명공

학과(Bioengineering)에서는 DNA의 두 가닥이 서로 결합하는 원리를 적용해 스스로 돌아다니며 탐사가 가능한 DNA 나노 로봇을 개발하였다. 1개의 다리에 달린 2개의 발과 물건 집는 2개 손이 있는데, 이들이 움직이면서 나노 물질을 스스로 분류해서 운반하기 때문에 짐을 분류하는 DNA 로봇(A cargo-sorting DNA robot)이라고도 한다. 이 로봇은 별다른 에너지를 공급하지 않아도 돌아다니도록 DNA의 원리를 적용한 게 특징이다.

원하는 물질을 찾은 뒤 이것을 들어 올려 적합한 목적지에 내려놓는 임무의 성공률이 80%이기 때문에 나노 로봇이 혈류나 세포에 약물을 운송하고 암세포 같은 몸속 찌꺼기를 끌어다 버리는 의사와 같은 일을 하게 한다.

미국 캘리포니아샌디에고대학교(University of California San Diego, UCSD) 나노 엔지니어링 팀(Nano Engineering Team)은 나노 로봇을 워낙 소형으로 만들어서 기어나 배터리를 넣는 게 쉽지 않았다. 동력은 화학 반응, 외부의 자기장 활용, 광선, 열 등의 에너지 기술을 활용한다. 앞으로의 과제는 인간의 개입 없이 스스로 작동하고 오랫동안 지속 가능한 에너지원을 개발하는 일이며, 위나 식도에 있는 위액을 이용해 추진력을 얻을 수 있는 나노 로켓을 개발하는 것도 하나의 방법으로 고려한다. 위장을 통해 빠르게 헤엄쳐 위산을 중화시키고 pH 수준에서 약물을 방출하는 기능을 갖고 있어 위장 속 박테리아 감염을 치료할 수 있다.

대한민국·일본·캐나다

　대한민국 성균관대학교 화학공학과에서는 초음파로 원격제어하는 종양 치료용 스마트 나노 로봇을 개발하였다. 이 로봇이 상용화되면 외과적 수술이나 항암제 없이 암을 치료할 수 있다. 나노 로봇을 통해 암세포를 사멸시키는 활성 산소종을 과량 방출시키는 데 성공하였다. 쥐에게 나노 로봇을 주입해 실험한 결과 간, 폐, 비장, 신장, 심장 등 신체 내 주요 장기에서 손상이나 독성이 나타나지 않았다. 대한민국 전남대학교 로봇연구소에서는 줄기세포 로봇을 이용해 퇴행성관절염 환자의 무릎연골 재생 효율을 높이는 연구가 진행 중에 있다.

　일본 도호쿠 대학교(東北大學校)에서는 아메바처럼 움직이는 나노 로봇을 개발하였다. 연구자가 움직임을 자유롭게 제어할 수 있는 게 특징이다. 캐나다 몬트리올 대학교(University of Montreal) 나노 로보틱스(Nano Robotics) 연구소에서는 혈관을 오가면서 정확하게 암 종양을 공격할 수 있는 나노 로봇을 개발하였다. 이 로봇이 실용화되면 항암제로 인한 부작용은 사라지게 된다. 1억 개에 이르는 박테리아를 운반할 수 있어 몸속 종양 부분까지 항암제 같은 약물을 직접 나를 수 있다.

드론 로봇
Drone Robot

부두와 선박을 오가는 화물을 드론(Drone)이 배송한다. 피자 배송도 자동비행 드론으로 한다. 혈액, 의약품뿐 만 아니라 마스크, 호흡기 등 개인보호장비도 드론을 통해 배송한다. 주행 시 음악이 나오며 위험이 감지되면 음성으로 안내한다. 드론 택배(Drone Delivery)가 일상화된다.

드론 택배(Drone Delivery)

조종사 없이 탑승객만 태우고 비행한다. 최소한의 수직이착륙 공간을 확보하며 운용이 가능하다. 전기 동력을 사용해 탄소 배출이 없고 저소음으로 도심에서 운항 가능한 친환경 교통수단이다. 조종사가 필요 없는 자율 주행 드론 택시(Drone Taxi)가 등장한다.

촬영용 드론은 유튜브(U tube)나 드라마(Drama), 광고에서 많이 사용한다. 레이싱 드론이 있고, 산업용 드론으로 농약살포 드론이 있다. 표적드론(target drone), 정찰드론(reconnaissance drone), 감시드론(surveillance drone)으로 분류하는 군사용 드론이 있다. 소형 폭탄을 탑재한 공격용 무인기로 유탄을 장착한 공격용 유탄발사 드론이 있는데, 유탄은 탄환 속에 다져 넣은 화약의 터지는 힘과 파편을 이용하는 소형 폭탄이다. 영상카메라와 레이저 거리측정기가 장착돼 운용자가 직접 2km 이내 근거리 목표물을 조준할 수 있다.

자율주행 자동차

전 세계 자동차 기업들이 경쟁적으로 자율주행 자동차 기술을 선보이고 있다. 자동차 기업뿐만 아니라 애플(Apple)이나 구글(Google) 같은 인터넷 기업들도 이 경쟁에 뛰어들고 있다. 미래에는 자동차도 인터넷과 결합된 전자제품이 될 가능성이 높기 때문이다. 이들이 궁극적으로 지향하는 것은 사람의 제어가 필요 없는 무인자동차이다. 레이더와 같은 센서 장비가 발전하고 기술이 발전하면서 보다 현실적인 수준의 자율주행 자동차가 가능하게 되었다. 기존의 크루즈컨트롤(Cruise Control) 기능을 발전시킨 스마트 크루즈컨트롤(Smart Cruise Control) 역시 낮은 수준의 자율주행 기술이라고 할 수 있다. 이 기술은 센서로 앞차와의 거리를 계산하고 장애물로 인식해 자동적으로 속도를 조절하고 브레이크를 제어한다. 운전자는 핸들을 잡고 원하는 방향으로 조향만 바꿔주면 된다. 카메라로 차선을 인식해서 조향까지 자동으로 수행하는 기능을 탑재하기도 한다.

> 💡 **크루즈 컨트롤(Cruise Control)**
> 자동순항장치로 가속페달을 밟지 않아도 자동차의 속도가 자동으로 유지되는 기술이다.

기술이 완벽하지 않기 때문에 고속도로나 자동차 전용도로 같은 곳에서 제한적으로 사용할 수 있다. 속도나 작동시간 등에 제약을 두기도 한다. 하지만 정체구간에서 운전자의 피로를 줄여주고 안전운전에도 도움을 주기 때문에 많은 소비자들이 스마트 크루즈컨트롤이 탑재된 자동차를 점점 선호하고 있다. 자율주행 기술은 앞으로 더 많은 신뢰성, 안전성, 경제성을 확보하면서 대중화되어 간다. 그리고 사람의 개입 없이 스스로 움직이는 무인자동차의 시대가 열린다. 무인자동차는 그저 사람이 운전하지 않기 때문에 편리하다는 것으로 귀결되지 않는다. 무인자동차의 진짜 가능성은 편리함을 너머 가장 먼저 기대할 수 있는 교통사고율의 감소이다. 아직은 안전성을 100% 신뢰할 수 없지만 관련 기술이 발전하여 제대로 안전한 시스템이 갖춰진다면 교통사고의 위험은 훨씬 줄어든다. 어쩔 수 없는 상황에서 기계가 실수할 가능성도 배제할 수 없지만 적어도 사람이 제어하는 것보다는 안전 측면에서 뛰어나다.

기계는 미리 정해진 알고리즘의 원칙에 따라 움직인다. 그래서 극단적인 돌발적인 상황만 아니라면 평균적으로 더 높은 수준의 안전을 유지할 수 있다. 판단능력과 제어능력이 동일하다면 신뢰성이 떨어지는 것은 오히려 인간 쪽이다. 사람은 감정이나 상황에 따라 운전하는 태도가 달라진다. 어떤 사람들은 상습적으로 과속운전, 난폭운전, 신호위반, 음주운전 등 교통법규를 위반하기도 한다. 그리고 이런 사람들이 대부분 교통사고를 유발한다. 하지만 기계는 그러한 변수에서 자유롭다.

❖ 자율주행 자동차가 변화시킬 미래 : 자율주행 자동차가 보편화되면 교통체증이 상당부분 해소된다. 교통체증의 대부분은 특별한 사고나 취약한 도로환경이 아니라 다수의 평범한 운전자들 때문에 발생한다. 운전자들은 앞차와의 거리를 일정하게 유지하려는 노력을 하지 않는다. 앞차가 움직이면 따라서 움직인다. 이처럼 일정하지 않은 속도의 자동차가 모여서 도로의

정체를 유발시킨다. 병목지점 앞에서 지나치게 일찍 한쪽 차선으로 몰리는 현상도 정체를 일으킬 수 있다. 인간이 자동차를 운전하는 이상 어쩔 수 없는 부분이다. 하지만 자율주행 자동차처럼 무인자동차라면 통합된 네트워크 시스템으로 이런 문제를 해결할 수 있다.

미래의 무인자동차는 거대한 운송 네트워크에 포함된다. 현재는 도로라는 시스템을 개별 자동차들이 이용하는 형태로서 법, 제도, 시스템에 의해 통제되고 있지만 운전자 개인의 성향과 돌발 상황 등 통제할 수 없는 영역도 있다. 미래에는 이런 것들이 모두 하나의 시스템으로 통합되어 실시간 교통상황을 컴퓨터가 감지하고 경로를 탐색하는 것은 물론 차량의 속도를 조절하고 교차로 진입 타이밍을 결정하는 것까지 모든 것을 운전자가 아닌 시스템이 자동으로 처리하게 된다.

도로의 모습도 달라진다. 도로 자체에 태양광 패널을 이식해 무선으로 전기자동차를 충전시킨다. 도로, 자동차, 시스템이 하나로 결합된 거대한 운송 네트워크에서 인간은 탑승자의 역할만 수행하게 된다. 기술이 아무리 발전하더라도 교통사고는 언제든 발생할 가능성이 있다. 무인자동차가 보편화된다면 그 사고에 대한 법적인 책임은 누구에게 있을까? 구글(Google)의 무인자동차인 자율주행 자동차가 시험운행 중에 자신의 과실로 사고를 냈다. 인명피해는 없었지만 사건을 두고 다양한 토론이 벌어졌다. 현행 법률체계에서는 운전석에 앉은 사람이 어쨌든 책임을 져야 한다. 자동차가 자율주행시스템으로 도로를 달리더라도 법적인 운전자는 여전히 사람이기 때문이다.

보험금 처리 역시 동일한 기준으로 적용된다. 하지만 앞으로 기술 변화에 따라 제조사가 책임져야 할 가능성도 배제할 수 없다. 상황에 따라 무인자동차의 인공지능 시스템을 운전자로 해석할 수도 있기 때문이다. 물론 여기까지 도달하기 위해서는 사회적 합의가 필요하다. 인공지능 컴퓨터를 운전자로 인정하기 위해서는 다양한 상황과 위기에 대처하는 능력을 다른 운전자들이 충분히 납득할 수 있어야 한다. 어쩌면 이것이 기술 개발보다 더 어려운 과정이다.

도덕적인 부분도 논의해야 할 문제다. 예를 들어 10명을 피하기 위해 1명을 희생하도록 설정된 무인자동차를 어떻게 볼 것인가? 이런 윤리적인 문제에도 충분한 논의가 필요하다. 발전하는 무인자동차의 속도에 맞춰 윤리적, 법적, 제도적 기준에 대한 연구와 사회적 합의가 필요한 시점이다. 세탁기, 청소기 같은 도구들이 인간을 노동에서 해방시켰듯이 무인자동차도 인간을 운전의 노동에서 해방시킨다. 그리고 인간은 더 많은 자유를 누리게 된다. 하지만 자유에는 늘 책임이 따른다. 무인자동차라는 기술을 누리기 위해 인간이 책임져야 할 것도 많다.

완전 자율주행 자동차가 가져올 변화들을 보면 다양하다. 단순히 도로 환경만이 아니라 우리 삶과 연관된 많은 부분에도 큰 변화를 가져온다. 완전 자율주행 기술이 상용화되면 운전대가 사라지면서 실내공간 구성과 자동차 이용 행태가 달라지고, 생활 형태도 바뀐다. 자동차보험 업계에도 큰 변화를 가져온다. 사고가 줄어들기 시작할 땐 보험사들의 이익이 늘어나겠지만, 사고 감소가 장기화되면 자동차보험에 대한 수요 자체가 줄어들 수 있다. 자동차 사고가 감소하면 당연히 병원 진료비용도 줄어든다. 자율주행 자동차는 탑승자의 혈압이나 심장박동수와 같은 건강 체크가 가능하며 구급차 역할을 할 수도 있다. 자동차 소모품 교환이나 사고 수리가 크게 줄어들고, 선제적 수리도 가능해진다. 자율주행 자동차는 이동 중 휴식을 위해서 자동차 의자를 완전히 눕히거나 방향을 돌릴 수도 있다. 차 안에서 잠을 자고, 일도 하고, 화장도 할 수 있다.

편리한 출퇴근이 외곽 지역의 가치를 높일 수 있다. 자율주행자동차의 상용화로 인해 외곽 지역이나 대중교통이 부족한 지역의 가치가 높아진다. 아울러 도심 한복판에 자리를 잡고 있는 주유소나 주차장 등도 자율주행 전기차로 인해 용도가 변경된다. 향후 자율주행 자동차와 로봇이 결합된 배달 서비스가 생긴다. 자율주행 시대가 오면 모터스포츠가 사라질 것이라고 예측하는 사람도 있다. 스포츠의 본질은 인간이 극한의 신체와 정신력으로 실력을 겨루는 것이기 때문이다. 하지만 모터스포츠에서 사용하는 자동차는 이동이 아닌 경쟁을 위해 존재한다. 따라서 모터스포츠는 자율주행 시대에도 건재할 것이라는 의견도 있다. 자동차의 상용화로 인해 경마가 사라지지 않았기 때문이다.

자율주행 자동차

플라잉 카
Flying Car

날아다니는 자동차(Flying car 또는 SKY-CAR)는 배와 비행기를 합쳐 놓은 수상비행기를 타고 출퇴근하는 사람들이 미국 시애틀(Seattle), 캘리포니아(California), 캐나다의 뱅쿠버(Vancouver) 등에 있다. 미국의 해변에서는 교통수단으로 수상비행기를 애용한다. 일반 비행기에 플로트(float)를 장착하여 물에서 이착륙이 가능하도록 고안된 비행기로 플로트의 형식에 따라 수상전용기(seaplane)와 수륙양용기(amphibious plane)가 있다. 수상전용기는 랜딩기어(landing gear) 미포함으로 수상에서만 이착륙이 가능하고, 수륙양용기는 랜딩기어(landing gear) 포함으로 수상 및 육상에서 양쪽 모두 이착륙이 가능하다. 자동차와 비행기를 결합한 날아다니는 자동차가 미국 연방항공청의 승인을 받았다. 하늘을 날아다니는 자동차는 항공유가 아닌 일반 휘발유로 날아가며 경량항공기로 분류되어 승인되었다. 도로를 달리다 하늘로 떠오르는 날아다니는 자동차가 있는데 이 자동차를 사용하려면 필수적으로 경비행기 면허를 취득하여야만 한다. 경비행장 활주로를 사용해야 되기 때문이다. 주유소에서 셀프로 주유할 수도 있다. 비행기와 문명의 발달을 보면 문명이 발달할수록 비행기가 많이 뜬다. 지구 행성의 한 구석진 나라에서도 비행기를 타면 어디든지 움직일 수 있다. 비행기가 적었던 시대에는 상상도 못할 일이었다.

하늘을 날아다니는 자동차

자동차 문명

영국의 대법관이며, 철학자이고, 과학자였던 프란시스 베이컨(Francis Bacon)은 1250년 자동차, 비행기 기선을 예언하였고, 15세기 르네상스시대에 살았던 역사상 가장 다재다능했던 이탈리아 석학으로 화가이며, 발명가이고, 해부학자였던 레오나르도 다빈치(Leonardo da Vinci)는 1480년 태엽으로 달리는 자동차를 스케치로 남기었다. 프랑스의 니콜라 조제프 퀴뇨(Nicolas-Joseph Cugnot)는 1769년 세계 최초의 자동차를 발명한 발명가였다. 그는 2기통 증기 엔진을 탑재한 3륜 증기자동차를 세계 최초로 발명하였다. 그러나 그는 시험 도중 사고를 일으켜 감옥에 갇혀 버리는 불운을 겪었다.

독일의 기계기술자였던 니콜라우스 오토(Nikolaus August Otto)는 독일의 내연기관 제조업체인 도이츠(Deutz AG)의 설립자이자 독일의 엔지니어였다. 그는 1864년 가솔린을 이용하여 열효율이 높은 4기통 엔진을 발명한데 이어 오토의 조수인 독일의 고트리브 다임러(G. Daimler)는 1885년 자동차용 가솔린엔진을 개발하였고 이듬해인 1886년 2인승 4륜 마차의 탑재에 성공함으로써 세계 최초의 가솔린 자동차를 발명하였다.

또한 같은 해 독일의 발명가인 칼 벤츠(K. Benz)도 가솔린엔진을 탑재한 3륜 자동차를 개발하였는데, 이 두 사람은 서로 상대방의 존재를 모른 채 자동차를 발명하여 독일은 근대 자동차의 아버지로 불리는 이 두 사람을 갖게 되는 영광을 갖게 되었고, 이들이 세운 회사는 1926년 합병하여 유럽 최대의 복합기업인 다임러 벤츠그룹(Daimler Benz)과 세계적 자동차 메이커인 메르세데스 벤츠(Mercedes Benz AG)로 성장하였다.

전기자동차는 프랑스 라파엘과 영국의 포크 등에 의해 개발되어 가솔린 자동차보다 3년 먼저 실용화되었으며, 초창기인 1900년 전후까지는 내연기관 자동차를 압도하였다. 자동차 발명의 영예는 독일이 갖고 있지만 당시 독일에서는 자동차를 위험물로 취급하여 여러 가지 규제를 가함으로써 산업의 발전은 기대할 수 없게 되었고, 1889년 프랑스 파나르 르바소는 독일 다임러사로부터 제작권을 획득하여 세계 최초 자동차 메이커가 되는 기록을 갖게 되었다. 1890년 후 자동차수요는 부자들의 오락용에 불과하였다.

미국 포드사는 1909년 1500만대 생산기록을 갖는 세계 자동차 사상 초유의 단일 모델인 포드 T-Model을 개발하였다. 포드 혁명 또는 포드 생산방식으로 불리는 포드시스템은 컨베이어에 의한 대량 생산방식으로 자동차 생산의 혁명을 이루었으며, 저렴한 가격으로 대량보급하게 되어 미국은 세계최초로 자동차 대중화시대를 열게 되었다.

단순한 디자인의 포드 T-Model은 싫증을 느낀 수요자가 외면하기 시작하였고, 포드사는 다양한 수요의 욕구에 유연하게 대응하지 못했기 때문에 GM의 추격에 밀려 결국 오늘날까지 GM에 이어 세계 2위의 자리에 머무르게 되었다. 미국의 BIG3(GM, FORD, CHRYSLER)는 1920년대부터 유럽을 중심으로 세계에 진출하여 유럽시장에 막대한 영향을 끼쳤다.

미국 자동차 역사였던 초기의 포드(Ford) 자동차

일본의 자동차 산업은 1920년대 GM과 FORD의 진출로 대량생산의 기반이 다져졌으나, 1936년 외국기업을 배제하는 법규가 제정되어 독자적으로 자동차 산업을 형성하게 되었다. 그러나 군사목적과 트럭 중심의 형편없는 구조로 산업은 매우 취약하였다. 특히 일본은 새로운 산업조직과 특유의 생산방식으로 새로운 노사관계를 만들었고 도요다 생산방식으로 대표되는 간판방식과 일본 특유의 제조철학이 뿌리를 내렸다.

한국의 자동차 산업은 1996년 미국, 일본, 독일, 프랑스에 이어 세계 5위의 자동차 생산국으로 부상하였다. 1976년 현대자동차는 국내 최초의 고유모델 포니를 출시하는 한편, 연간 5만대의 종합 자동차 공장을 완성하였다. 특히 88 올림픽을 전후로 내수판매가 40%의 폭발적인 증가율을 기록함에 따라 1988년 자동차 생산대수는 사상 처음으로 100만대를 넘어섰다.

❖ 자동차 산업 : 자동차 산업은 한 나라의 경제력과 기술수준을 가늠하는 척도가 될 뿐만 아니라 경제성장에 결정적인 역할을 하는 경제의 주도적인 산업 중의 하나이다. 자동차 산업은 제품들을 제조하는 데에 관련된 모든

기업과 그러한 기업에 의해 수행되는 활동을 포함하는 광범위한 관련 산업을 가지고 있는 대표적인 종합산업이다. 즉 소재 및 부품생산과 관련해서는 철강금속공업, 전기전자공업, 석유화학공업, 섬유공업, 기계공업 등과 자동차 임대업, 주차장 사업 등 운수서비스업, 판매 유통 부분에서는 자동차 판매, 부품 및 용품의 판매, 정비업 등과도 깊은 연관성 갖고 있다. 이외에도 금융업, 보험업, 주유 산업, 광고업, 중고차 매매업 등 기타 관련된 산업과도 연계를 가지고 있다.

관련 산업의 발전이 자동차 산업 발전에 절대적인 영향을 미치며 전후방 파급효과가 큰 산업이다. 자동차 산업은 정밀기계공업을 바탕으로 약 2만 여점의 부품들을 조립, 생산하는 대표적인 조립 공업으로 특히 부품의 종류 및 소재면에서 거의 전 분야의 제조업과 관련을 갖고 있다. 그러므로 이러한 소재 및 부품산업의 뒷받침 없이는 산업의 균형 있는 발전을 기대하기 어려우며, 2차·3차 계열의 부품산업의 하부구조 구축 및 발전이 매우 중요시된다. 또한 자동차 산업의 파급효과가 큰 관계로 그 나라의 기술수준과 경제력을 측정하는 주요한 자료로 사용되기도 하는 선도적인 산업이다.

자동차 산업은 막대한 규모의 경제 효과가 큰 산업이다. 자동차 산업은 막대한 규모의 설비투자와 개발비가 소요되는 관계로 적정 수준의 생산규모를 유지하여 생산비용을 절감시켜야만 가격경쟁력이 확보되기 때문이다. 자동차 산업은 시장생산성에 기반을 둔 산업이다. 철도차량, 항공기, 선박 등 기타 운송기기의 생산이 주문방식에 기반을 두고 있는데 반해 자동차는 시장생산을 기반으로 한 대량생산방식의 특성을 지니고 있다.

자동차 산업은 승용차 중심의 선진국 주도형 산업이다. 한나라의 내구소비재를 대표하는 승용차가 산업의 중심에 있고, 선진 7개 공업국이 차지하는 생산량이 70%를 상회하는 등 선진국이 주도하는 산업이다. 또한 세계 메이커 간에 생산, 판매, 자본투자 및 기술 등에 있어서 제휴관계가 많으며 국제화의 진전으로 경쟁사 간의 인수 · 합병도 일어나는 등 선진국의 주요 메이커를 중심으로 한 국제화 수준이 매우 높은 산업이다.

보스톤 다이나믹스
Boston Dynamics

　　보스톤 다이나믹스(Boston Dynamics)는 로봇 소프트웨어 전문회사이며, 로봇기술은 세계 최고 순위이다. 주로 전투용, 구조용 등으로 사용되는 로봇을 만들고, 2미터 키에 50kg 무게를 들어 올릴 수 있고, 1미터 이상 점프 가능하며 다리 끝에는 휠이 달려있는 로봇이다. 기울어진 공간을 점프로 뛰어넘으며 좁은 평균대를 능숙하게 달린다. 로봇이 복잡한 동작을 익히는 데에는 인간과 같이 많은 실패를 거듭한 트레이닝에 있었다.

　　현대자동차는 미국 로봇전문기업인 보스턴 다이나믹스를 공식 인수했다. 보스턴 다이나믹스의 굉장한 로봇들과 이를 만난 방탄소년단의 모습을 담은 영상을 공개했다. 깊은 바다 속이나 머나먼 우주처럼, 이전에는 가지 못했던 곳들을 탐사할 수 있게 된 것은 로봇 덕분이다. 로봇 공학은 우리가 하는 모든 일을 도우며 직장과 가정, 취미생활에 이르기까지 큰 변화를 일으킬 잠재력을 가지고 있다. 보스턴 다이나믹스의 4족 보행 휴머노이드 로봇개는 스팟(Spot)이고, 보스톤 다이나믹스 휴머노이드 로봇은 아틀라스(Atlas)이다. 10년 안에 영화에서 나오던 로봇들이 택배를 배달하는 시대가 올 것이다. 화성탐사에 휴머노이드 로봇이 이용된다.

휴머노이드 로봇개 스팟(Spot)　　　　　휴머노이드 로봇 아틀라스(Atlas)

　　보스톤 다이나믹스(Boston Dynamics)와 비슷한 외양을 하고 있는 제품으로 중국 난징에 위치한 로봇 스타트업웨이란(WEILAN)이 내놓은 4족 보행 로봇 알파독(Alphadog)이 있다. 알파독이란 제품명도 원래는 보스턴 다이나믹스의 국방용 4족 보행 로봇의 이름이었다.

　　보스톤 다이나믹스의 4족 보행 로봇 스팟(Spot)은 7만 4,500달러인데, 웨이란(WEILAN)의 4족 보행 로봇 알파독(Alphadog)은 2,400달러 로봇이다. 스팟과 알파독을 단순 비교할 수는 없다. 보스턴 다이나믹스는 스팟 엔터프라이즈(Spot Enterprise), 스팟 암(Spot Arm) 등 스팟의 새로운 라인업을 발표했다. 스팟 엔터프라이즈는 자율 도킹 및 충전 기능을 갖춰 종전 제품보다 많은 시간 작업을 할 수 있으며, 스팟 암은 로봇팔을 장착해 조작성이 크게 개선됐다. 스팟 스카우트(Spot Scout)는 원격지에서 로봇을 조작하는 게 가능하다. 어떤 모델을 선택하느냐에 따라 구입 가격은 차이가 날 수밖에 없다. 그렇다고 하더라도 모델에 상관없이 아주 비싼 가격을 지불하고 구입할 수밖에 없다. 보스턴 다이나믹스의 스팟은 그동안 유튜브(U-tube) 등 각종 홍보 채널을 통해 다양한 능력을 보여주면서 유명세를 탔다. 게다가 현대자동차그룹이 보스턴 다이나믹스를 인수하면서 관심은 더욱 증폭되고 있다.

중국 로봇 기업 웨이란은 2세대 4족 로봇 알파독 E400L(AlphaDogE400L) 등 신제품을 발표했다. 이 로봇은 초당 최고 4m 속도로 보행하며, 최대 10kg 하중을 부담할 수 있다. 이전 버전인 알파독 E300보다 두 배 이상 성능이 개선됐다. 특히 배터리 용량이 늘어나면서 지속 작동시간도 5시간으로 좋아졌다.

웨이란보다 훨씬 먼저 우리에게 알려진 또 다른 중국 로봇기업인 유니트리 로보틱스(Unitree Robotics)는 매년 미국에서 열리는 국제전자제품박람회(The International Consumer Electronics Show, CES)에 4족 보행 로봇 유니트리(Unitree) A1을 발표했는데 이 제품의 가격은 1만 달러이다. 이 모델로 중국에서 상당한 주문량을 기록하고 있다. 유니트리 A1이 낼 수 있는 최고 속도는 11.8km/h이고, 보스턴 다이나믹스의 스팟보다 빠른 수치이다. 유니트리 A1의 크기는 폭 30cm, 길이 62cm로 비교적 작은 덩치이다.

💡 **국제전자제품박람회(CES)**

미국 소비자기술협회가 주관하는 세계 최대 규모의 정보통신기술(Information & Communication Technology, ICT)과 자동차 분야, 조선 분야, 화학 분야, 에너지 분야 등 타 분야의 기술과 결합한 기술박람회를 말한다. 해마다 1월이 되면 네바다 라스베이거스에서 열리는, 대중에게는 공개가 되지 않는 행사이다.

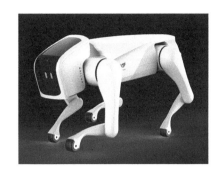

알파독(AlphaDog)

유니트리(Unitree)

4족 보행 로봇 시장은 유니트리 로보틱스와 웨이란의 사례에서 볼 수 있듯이 개화되기도 전에 가격 경쟁의 문턱에 성큼 와있는 상황이 되었다. 본격적인 경쟁을 펼쳐보기도 전에 중국 로봇기업들의 가격 공세를 염두에 두지 않을 수 없는 상황이 벌어지고 있다.

생체모방 로봇

자연의 지혜가 첨단무기로 되는 생체모방 로봇은 한 명의 특임부대원과 수백 대의 생체모방 로봇으로 구성된 인간과 기계 합동부대(Man-machine joint force)로 특임부대(Task Force)를 조직한다. 특임부대는 마치 살아있는 벌처럼 수풀과 도심지 곳곳에 위성과 내장된 3D 프린터로 생체모방 로봇의 에너지 충전과 수리, 개조를 진행할 수 있는 작전 베이스를 구축하고, 작전에 필요한 비행형, 도마뱀형, 지렁이형 등 세 종류의 생체모방 로봇을 제작한다.

새와 곤충을 닮은 비행형 생체모방 로봇은 지하시설 의심지역에 침투할 생체모방 로봇을 수송하는 역할을 담당하고, 도마뱀형 로봇은 벽과 전신주에 매달려 적의 통신 중계소에 직접 접촉하여 악성코드를 심는 역할을 수행하며, 드릴과 초음파 센서를 장착한 지렁이형 로봇은 땅속을 파고 들어가 지하 공간의 크기와 모양을 측정하는 역할을 각각 담당한다.

도마뱀형 로봇은 악성코드로 연구시설의 자료를 파괴하고, 지렁이형 로봇은 지하시설 곳곳에 작은 균열을 일으켜 연구원들에게 불안감을 심어주어 무기 개발의 속도를 늦추게 만든다. 연구 자료가 손실되고 불법행위의 증거가 밝혀진 적국은 평화 협상에 적극 나서게 되며, 육군은 큰 인명피해 없이 분쟁의 조기 종결을 달성하여, 국민의 생명과 재산을 성공적으로 보호하는데 성공한다.

로봇의 어원은 체코어로 노동을 뜻하는 단어 Robota이다. 로봇은 인간을 대신해서 힘들고 위험한 일을 맡기 위해 만들어지고 발전해왔다. 사람 팔과 다리로 하는 작업들을 대신하기 위해 로봇이 만들어졌다. 모든 로봇은 인간을 어느 정도 모방해 만든 생체모방 로봇이다. 생체모방 로봇에 관심을 갖고 처음 연구를 시작한 나라는 미국이다. 미국국방성산하의 연구조직의 주도로 만들어진 렉스(Rhex)가 생체모방 로봇의 시초이다. 1998년 처음 개발된 렉스는 바퀴벌레 움직임을 따라 기동하는 것을 목표로 만들어진 로봇이다.

> 💡 **카네기 멜런대학교(Carnegie Mellon University)**
>
> 미국에서 처음으로 로봇공학과를 신설한 대학이며(1979년), 세계 최초로 로봇 공학 박사학위를 수여한 대학이기도(1988) 하다. 이 학교의 학생들은 6족 소형 보행 로봇인 렉스(RHex)의 새로운 버전 T-렉스(T-RHex)를 개발했다.

일반 로봇과 같이 여섯 개의 모터를 사용하여 움직이지만, 모터에는 바퀴 대신 특수한 다리를 장착하여 마치 벌레가 다리로 기어가는 것과 같이 움직일 수 있는 능력을 갖추었다. 렉스는 이 다리 덕분에 기존 바퀴로는 갈 수 없었던 계단이나 험지에서도 빠르게 움직이는 것이 가능하며, 다리 구조 또한 간단해 유지 관리가 쉬운 장점을 갖고 있다.

렉스는 20년이 넘는 기간 동안 여러 대학과 기업에서 계속 업그레이드되어 발전했으며, 다리에 특수센서가 달린 버전, 바다와 땅을 오가는 아쿠아(Aqua) 버전 등 다양한 업그레이드 버전들이 개발되어 계속 발전하고 있다. 치타를 모방하여 시속 47km까지 달릴 수 있는 4족 보행 치타 로봇(Cheetah Robot), 개미의 형태뿐만 아니라 지능까지 모방하여 스스로 움직이고 스스로 충전하는 BionicANTs, 벌새의 움직임과 모습을 그대로 모방한 Nano Hummingbird, 가오리를 모방한 Aqua Ray 수중로봇 등 다양하다.

수백 종류의 생체모방 로봇이 개발되었고, 기술 발전의 여지가 무궁무진하다. 생체모방 로봇이 크게 발전할 것이라 기대되는 이유는 생체모방 로봇의 스승이라고 할 수 있는 생명체 자체가 아직 더 배울 점이 많은 미지의 영역이기 때문이다. 생명체를 모방하고 흉내 낼 생명체의 특성을 파악하는 것을 생체분석법이라고 한다. 생물학적 지식과 기술의 발전으로 그동안 우리가 몰랐던 생물들의 여러 가지 놀라운 사실을 새로운 생체분석법을 통해 알게 되었고, 새롭게 발견한 생명체의 놀라운 효율성과 능력을 생체모방 로봇에 적용하고 있다.

개코도마뱀의 벽에 붙어 다닐 수 있는 생체능력의 비밀은 나노기술의 발전으로 풀 수 있었다. 매우 세밀하고 복잡한 도마뱀의 발바닥 구조를 나노기술의 발전으로 등장한 초정밀 미세현미경을 통해 확인할 수 있게 된 것이다. 이 밖에도 항공기 설계를 위한 풍동(Wind Tunnel) 테스트, 해부 및 자기공명 촬영, 초고속 카메라와 모션 캡처 기술 등 새로운 기술의 발전에 따라 다양한 동물들의 행동과 능력의 비밀을 알게 되었다.

생체모방 기술은 단순히 뛰어난 생명체를 모방하는 것을 넘어서, 생명체의 특성을 다양하게 변화시켜 더욱 뛰어난 능력을 갖추는 방향으로 변화하고 있다. 특기할 만한 것이 복합거동 로봇의 등장이다. 복합거동은 여러 생물체의 특성을 하나의 로봇에 담아 다양한 환경에서 이동할 수 있는 능력을 뜻한다. 가령 새의 날개와 물고기의 지느러미를 결합해 하늘과 바닷속을 자유롭게 오고 가는 수중·공중 복합거동 기능이나, 수중·지상 복합거동 로봇들이 속속 등장하고 있다.

기존 복합거동 로봇의 물리적 한계를 극복하기 위한 여러 신기술, 특히 더 작게 하고 더 가볍게 하는 기술들도 많이 개발 중이다. 그중에서도 주목할 것은 4D 프린팅 기술이다. 4D 프린팅은 시간이나 환경에 따라 스스로 모양을 변경하는 신소재를 활용해 3D 프린팅을 하는 것이다. 이를 활용하면, 과거보다 훨씬 소형화되어 실제 곤충과 유사한 크기의 초소형 미세 비행 로봇을 만들거나 상황에 따라 변화무쌍하게 바뀌는 트랜스포머 로봇을 만드는 것도 가능해질 것이다.

생체모방 로봇기술의 궁극적인 목표라고 할 수 있는 생물체의 지적 능력을 분석하는 기술은 아직 많은 부분이 미지의 영역으로 남아 있다. 곤충이 자연상태에서 최적의 군집을 이루고 스스로 번식하며, 상황에 따라 적응하고 발전하는 것과 같은 능력을 흉내 내기에는 아직 많은 연구가 필요하다. 육군은 레이저 무기, 양자기술, 차세대 워리어 플랫폼 등과 함께 생체모방 로봇을 미래 육군의 게임 체인저 중 하나로 제시하고, 발표했다.

육군의 중장기 비전을 담고 있는 육군 비전 2050에도 미래 전장의 판도를 뒤바꿀 육군의 8대 게임 체인저의 한 분야로 생체모방 로봇이 포함된 지능형 전투로봇을 제시하고 있다. 국내에서는 바퀴벌레처럼 지상 이동과 점프를 수행할 수 있는 서울대학교의 JumpRoACH 로봇, 일명 견마 로봇으로 불리는 4족 보행 군수품 수송 로봇인 진풍, KAIST의 공벌레형 군사정찰 로봇인 Pillbot, LIG NEX1의 곤충형 정찰 로봇 등이 개발되었거나 개발 중이다.

민간의 우수한 연구 역량과 육군의 미래 전쟁을 향한 비전이 결합한다면, 미래 전장의 판도를 바꿀 게임 체인저로 생체모방 로봇이 등장할 날이 머지않아 다가올 것이라 기대한다.

화성 헬리콥터
Mars Helicopter

화성 헬리콥터의 공학적 문제가 1990년 미얀마 출신 미국인 미미 아웅을 제트추진연구소(Jet Propulsion Laboratory, JPL)로 이끌었다. 화성 헬리콥터는 화성에 도착, 엄청난 난이도의 비행을 하면서 탐사 사진을 촬영한다. 화성의 대기 밀도는 지구의 1% 수준이다. 때문에 화성의 고도 3~5m의 기압은 지구 해발고도 30,000m의 기압과 비슷하다. 이런 상황에서 양력을 얻으려면 로터(Roter)를 분당 2,300~2,500회전을 돌려야 한다. 지구 헬리콥터 로터 분당 회전수의 5배에 달한다. 그리고 이 헬리콥터는 화성 탐사 로봇인 퍼서비어런스(Perseverance · 인내)의 배 밑 로버(Rover) 아래에 수납되므로 로터의 직경이 1.2m를 넘어서는 안 된다.

제트 추진 연구소(Jet Propulsion Laboratory)

미국항공우주국(NASA)의 무인 탐사 우주선 등의 연구 개발 및 운용에 종사하는 연구소이다.

로터(Roter)

헬리콥터의 회전하는 부분을 말한다.

로버(Rover)

행성 표면 위를 굴러(roving)다니며 탐사하는 탐사선이다. 사실상 차량의 일종으로, 유인 탐사차와 무인 탐사차가 있다.

인류 최초의 지구 밖 동력비행기인 화성 헬리콥터 인지뉴이티(Mars Helicopter Ingenuity)는 화성 탐사 로봇인 퍼서비어런스에 탑재되어 파견되었다. 화성 헬리콥터인 인지뉴이티(Ingenuity · 독창성)는 마스 2020(Mars 2020) 프로젝트를 통해 화성으로 향해 지표 상공에서 조사하는 역할을 한다. 화성은 밤 기온이 영하 90도까지 내려가고 대기 밀도 관계로 지구로 말하면 고도 3만 480m 상공과 같은 비행 조건이다. 또 중력은 지구의 38% 수준이기 때문에 1.8kg 기체 중량이 700g이 되는 가혹한 환경이다.

무인 소형 화성 헬리콥터가 비행을 할 때 발생한 먼지 구름을 통해 화성의 대기를 연구한다. 화성 헬리콥터는 2021년 2월 18일 화성 탐사 로봇의 배 밑에 붙어 화성에 도착하였다. 무게 1.8kg, 높이 49cm에 회전 날개 두 개를 장착하고 있다. 2021년 4월 19일 화성에서 첫 시험 비행에 성공하였다. 화성 헬리콥터의 목적은 화성에서도 비행이 가능하다는 것을 기술적으로 입증하는 것이다. 화성 헬리콥터가 비행을 할 때 예상치 못한 먼지 구름이 발생하는 것을 발견했다. 화성 헬리콥터가 이착륙할 때는 지구에서처럼 먼지 구름이 발생할 것으로 예상했지만, 5m 높이까지 올라가 날아가는 중에도 회전 날개 아래에 먼지가 소용돌이치는 모습이 포착된 것이다. 화성 헬리콥터는 날개 두 개를 반대 방향으로 1분에 2,500번씩 회전할 수 있다. 이는 지구의 헬리콥터보다 5~6배나 빠른 속도이다. 화성 대기가 지구의 1%에 불과해 기체를 띄우는 양력이 충분치 않다. 대신 날개의 회전 속도를 높여 희박한 공기의 한계를 극복한 것이다. 화성에는 종종 토네이도처럼 회오리바람이 발생한다. 보통 햇빛에 지면이 달궈진 오후에 바람이 불 때 먼지폭풍이 관측된다. 먼지폭풍은 높이가 수십km에 이르기도 한다.

화성 헬리콥터 인지뉴이티(Mars Helicopter Ingenuity)

모든 과학적인 탐구와 준비들은 훗날 인류가 직접 화성에 도착할 때를 대비하기 위함이다. 유인 탐사선의 경우 무인 탐사선과 비교도 되지 않을 만큼 정교해야 한다. 지구와 너무나도 다른 환경인 화성 대기의 위험 여부부터 테라포밍(Terraforming, 지구와 비슷한 환경을 만드는 과정) 등을 통한 미래기지 건설에 도움이 될만한 정보 파악이 뒷받침 되어야 하기 때문이다.

지금까지의 로버와 대부분의 화성 착륙선들의 이름들은 인간이 계속해서 추구해야 할 기본적인 덕목들, 즉 여행자 · 지개척자(Sojourner · 지Pathfinder), 열정(Spirit), 기회(Opportunity), 호기심(Curiosity), 통찰력(Insight), 그리고 끈기(Perseverance) 등에서 유래되었다. 역사가 시작된 이후로, 인류는 항상 호기심을 지니며 주변을 여행하고 개척하였다. 또한 로버들이 인간에게 보내주었던 메시지 즉, 수많은 실패 속에서도 결국 화성 탐사에 성공한 끈기가 있었기에 통찰력과 열정을 바탕으로 항상 기회를 잡았다.

화성 헬리콥터 팀의 핵심 미얀마 출신 미국인 미미 아웅(Mimi Aung)

미미 아웅이 어린 소녀였을 때 그녀는 어떤 수업에서 얻은 교훈 때문에 미국 항공우주국에 진출하기로 결심했다. 그건 수학 수업이었다. 수학 문제를 풀 줄 몰라서 수학 박사 학위 소지자였던 어머니에게 도움을 요청했다. 그러나 어머니의 문제 풀이 설명은 너무 길어 듣기 피곤할 정도였다. 그래서 아웅은 답만 빨리 가르쳐 달라고 재촉했다. 그러자 평소에는 온화하던 어머니가 그때만큼은 정색을 하면서 "절대 답만 알려달라고 해서는 안 된다"고 꾸짖으시는 것이었다.

아웅은 그 모습을 마치 어제 일처럼 생생히 기억한다. 그렇다. 절대로 답만 알아서는 안 된다. 그것은 사상 최초로 다른 천체를 비행할 무인기 개발팀을 이끄는 전기공학자의 황금률이기도 하다. 그녀는 미얀마에서의 어린 시절부터 우주를 좋아했다. 미국에서 박사 과정 중이던 부모님 사이에서 태어났지만, 걸음마를 떼지도 못했을 무렵 부모님은 그녀를 데리고 미얀마로 귀국해 버렸다. 풍요롭지 못한 환경에서 자라면서 아웅은 밤하늘을 바라보며 우주에 지적 생명체는 인간뿐인가? 하는 의문을 품었다.

아웅은 숫자를 좋아했기 때문에 부모님의 모교인 일리노이대학교 어바나샴페인캠퍼스(University of Illinois-Urbana Champaign, UIUC)에서 전기공학을 전공했다. 그녀가 석사 학위를 따자 교수로부터 제트추진연구소에서 연구하라는 제의를 받았다. 먼 우주에서 오는 신호를 처리하는 일이었다. 아웅은 이 일이야말로 수학과 우주에 대한 열정, 공학 기술을 접목시킬 수 있는 이상적인 일이라고 생각했다. 그녀의 경력은 먼 우주 네트워크에서부터 시작되었다. 미국항공우주국이 우주선과 통신하기 위해 쓰는 도구이다. 또한 그녀는 우주선 유도, 항법, 제어 체계도 개발했다. 2013년 제트추진연구소는 그녀를 무인 체계부 차장으로 임명했다. 2015년에는 그녀에게 화성 헬리콥터 팀을 맡겼다.

로봇을 만드는 세 가지 원칙

로봇들은 세 가지 원칙을 세운 상태에서 만들어진다. 세 가지 원칙은 다음과 같다.

① 로봇은 인간을 해치거나 인간에게 해가 되는 행동을 하지 않는다.

② 1의 원칙에 위배되지 않는 범위에서 로봇은 인간에게 무조건 복종해야만 한다.

③ 1과 2의 원칙에 위배되지 않는 한 로봇은 스스로 자신을 보호할 수 있는 능력
   이 가능하다. 이 개념들은 1950년 발간된 아이작 아시모프(Isaac Asimov)의
   로봇 소설 시리즈에서 등장한 개념이다.

로봇 개발의 한계

로봇 개발의 한계를 표현하는 모라벡의 역설(Moravec's Paradox)이란 인간에게는 쉬운 일이지만 인공지능 로봇에게는 어려운 일이 있음을 뜻한다. 인간에게는 보거나 듣거나 만지거나 걷는 일이 쉬운 일인 반면에 컴퓨터나 로봇에게는 매우 어려운 일이다. 사람이 걸음을 걸을 때 왼쪽 다리에는 얼마의 힘이 들어가는지, 어떻게 지탱을 해야 하는지, 오른쪽 다리는 어떻게 움직이는지를 생각하고 계산하면서 걸음을 걷지는 않는다. 하지만, 인공지능 로봇이 움직이게 될 때 각 관절의 움직임, 각도, 속도 등 여러 가지를 고려하고 생각하고 계산해서 움직여야 한다. 로봇을 물고기가 헤엄치듯이 또는 새가 나는 듯이 하기 위해서는 동물들의 특징을 이해하고 이에 맞게 로봇을 설계하며, 각 부분의 움직임을 정확하게 계산하고 프로그래밍을 해야 원하는 대로 움직이게 할 수 있다. 인간은 걷는 일이나 보는 일을 감각적으로 잘 해내는 반면, 계산과 같은 추상적인 사고를 잘 해 내지는 못하고 힘들어 할 때가 많다. 반면 인공지능 로봇은 인간이 하는 일상적인 행위를 수행하기가 매우 어렵지만 수학적 계산, 논리 분석 등은 빠르게 해결할 수 있다. 인간에게는 상식 수준의 지식들인 것들도 인공지능 로봇에게는 모두 배워야만 하는 지식들이다. 인간에게는 너무나 당연한 지식이 인공지능 로봇에게는 해결하기 어려운 난제이다. 인간의 행동이나 지능을 모방한 인공지능 로봇은 과학 기술이 발달하면서 인간과 비슷하게 구현하는 것이 가능해지고 있다. 하지만 로봇이 인간을 모방할 수 없는 것이 있는데 그중의 하나가 '감정'이다. 인간을 100% 모방한 인공지능 로봇을 만들고자 할 때 이 부분에서 한계에 부딪히게 된다. 인간에 대한 모든 것을 이해하는 것도 불가능하고 이해를 하지 못한 상태에서 구현하는 것은 더욱 불가능하기 때문이다. 미래에는 한계를 극복하고 더 발달된 인공지능 로봇을 개발할 수도 있겠지만 한계를 극복하기 전에 인간에게 도움이 될 수 있을지 해를 가하지는 않을지 윤리적이나 사회적인 영향은 없을지 함께 생각해야 한다.

Chapter **4**

기술 분야

초전도 기술
Superconductivity Technology

앞으로 미래에 가장 큰 공헌을 할 기술 네 가지를 든다면, 컴퓨터, 인터넷을 만든 정보통신기술, 인간의 청사진을 뒤바꿀 인간게놈 정보, 그리고 초전도 기술이라고 할 수 있다. 여기에서 주목을 끄는 초전도 기술은 물질을 극저온 상태로 냉각하여 전기저항이 0에 가까워지는 초전도 현상을 이용하는 기술이다. 초전도 물질, 즉 초전도체는 높은 자기장에 놓이거나 전류를 어느 정도 이상으로 높이면 갑자기 초전도성이 없어지고 보통의 상전도(常電導, constant conductance) 상태가 되어버린다. 1911년 네덜란드의 물리학자 헤이커 카멜링 온네스(Heike K merlingh Onnes, 1853~1926)가 극저온 상태에서 쓸 수 있는 온도계를 찾는 과정에서 우연 발견한 것이 초전도 물질이었다.

> **초전도체**
>
> 물질은 기본적으로 전기적 저항에 따라 도체(Conductor)와 부도체(Insulator)로 나눌 수 있다. 도체란 열 또는 전기의 전도율이 큰 물질인 구리나 철 등의 금속과 같은 물질을 의미하고, 부도체란 열 또는 전기의 전도율이 비교적 작은 물질인 나무, 돌과 같은 세라믹 산화물들을 말한다. 초전도체(superconductor)는 이러한 여러 가지 도체 중에서 통전전류에 대한 전기저항이 전혀 없는 완전도체라 할 수 있다.

헤이커 카멜링 온네스(Heike Kámerlingh Onnes)

초전도 현상은 네델란드 Leiden 대학의 카멜링 온네스(Kamerlingh Onnes, 1853~1926) 교수에 의해 처음 발견되었다. 온네스는 저온에서의 금속의 저항을 연구하였고, 해당 공적으로 1913년에 노벨물리학상을 수상하였다.

초전도 현상

영하 269도에서 수은의 전기저항이 완전히 없어지는 현상을 발견하고 이를 초전도라 불렀다. 초전도 기술은 똑똑한 전력망 즉, 스마트그리드(smart grid)를 구축하는 데 필수적이다. 초전도 상태에서는 전기저항이 0으로 만들어짐으로 인해 전력 손실을 없애고 낮은 전압으로도 송전이 가능하다. 초전도 상태는 전기자동차나 자기부상열차가 다니기 편한 환경이며, 초전도체는 전기저항이 전혀 없어 일반 도체와는 달리 전류를 흘려보내도 손실 없고 또 많은 양의 전류를 통할 수 있다. 초전도 장치는 강력한 자기력선 그물망을 이용하여 초고온의 플라스마를 가두고 핵융합 반응이 일어나도록 유도하는 장치가 된다.

⚡ 스마트그리드(smart grid)

물질은 기본적으로 전기적 저항에 따라 도체(Conductor)와 부도체(Insulator)로 나눌 수 있다. 도체란 열 또는 전기의 전도율이 큰 물질인 구리나 철 등의 금속과 같은 물질을 의미하고, 부도체란 열 또는 전기의 전도율이 비교적 작은 물질인 나무, 돌과 같은 세라믹 산화물들을 말한다. 초전도체(superconductor)는 이러한 여러 가지 도체 중에서 통전전류에 대한 전기저항이 전혀 없는 완전도체라 할 수 있다.

❖ 마이스너 효과(Meissner Effect) : 도체 위에 간격을 유지한 상태로 자석을 두면 자석에서 발생되는 자기장이 도체에 도달하게 되고 도체 내부에 자기장이 침투한다. 어떤 특정 온도 즉, 임계온도 이하가 되어 시료에 초전도 전이가 일어나는 경우 즉, 초전도 상태인 경우가 나타난다. 보통 물질과 달리 초전도 물질은 자기장을 밖으로 밀어내는 성질이 있어서 차폐 전류가 발생한다. 자석은 초전도체와의 거리를 그대로 유지하면서 위에 떠 있게 된다. 이경우 초전도체 내부의 자속밀도를 측정하면 0이 되고 이러한 초전도체의 완전반자성을 마이스너효과라고 한다. 주위의 온도가 올라가 임계온도 이상이 되면 시료는 초전도의 성질을 잃어버리게 되고, 이를 치(Quench) 현상이라고 한다. 자석은 더 이상 떠 있지 못하게 된다.

⚡ 임계온도

임계점(臨界點, critical point)은 액체와 기체의 상이 구분될 수 있는 최대 온도이며, 압력 한계라고도 한다. 특히 온도를 가리킬 경우는 임계온도(critical temperature, Tc)라 부른다.

차폐

외부에서 입사되는 전기장, 자기장, 또는 전자기파를 차폐하여 전자 회로의 동작에 장애를 방지하는 것을 말한다.

❖ 조셉슨 효과(Josephson effect) : 조셉슨 효과란 초전도체와 초전도체 사이

에 전류가 흐르지 못하는 부도체를 끼워도 전류가 흐르는 현상이다. 한 쌍의 초전도체 사이에 대단히 얇은 나노미터 크기인 10~9nm 정도의 절연막을 끼우면 전류가 흐르지 않을 것 같지만, 실제로는 양자역학적인 터널링(tunneling) 현상에 의해 전류가 흐른다. 절연막이 있어도 이막에 터널을 뚫고 통과하는 것처럼 전자가 통과해 전류가 흐른다.

💡 터널링 (tunneling) 현상

양자 역학에서 원자핵을 구성하는 핵자가 그것을 묶어 놓은 핵력의 포텐셜(potential) 장벽보다 낮은 에너지 상태에서도 확률적으로 원자 밖으로 튀어 나가는 현상을 말한다.

❖ 초전도 기술 적용분야 : 초전도 기술은 에너지 손실이 적은 에너지 송신과 통신을 가능하도록 할 수 있고, 전기에너지의 손실이 없는 송전선을 만들거나 남아도는 전력을 대량으로 비축해 둘 수 있는 초전도 에너지 저장시스템 등에 이용된다. 초전도체는 많은 양의 전류를 흘려보낼 수 있어 강한 자장을 발생시키는 초전도 자석을 만들 수 있으며, 초전도 기술은 케이블에만 국한되는 것이 아니다. 변압기 자체를 초전도 기술로 제작하면 기존의 변압기에 비하여 부피와 무게를 현저히 줄일 수 있으며 폭발의 위험성도 없다.

초전도 기술이 상용화되면, 도시 지하에 널려 있는 무수한 전선들, 지상에서 하늘 높이 솟아오른 전봇대가 사라진다. 초전도 기술을 응용하여 의학 진단에 기술로 사용하면, 그동안 조기 진단이 불가능했던 돌연사, 허혈성 심근, 부정맥, 태아의 심장기능뿐만 아니라 간질, 노인성 치매 등 뇌기능 이상에 따른 뇌질환 등을 정확히 예측할 수 있다. 초전도 기술은 핵자기공명장치, 전자현미경에 응용하며, 자기부상 열차와 같은 새 고속열차가 각국에서 연구되고 있는데 근거는 자기부상식 리니어모터(linear motor)가 초전도 기술을 응용하기 때문이다.

🔆 리니어모터(linear motor)

일반 회전형 모터를 축방으로 잘라 놓은 형태를 지니고 있는 직선모터이다. 일반모터는 회전형의 운동력을 발생시키는 것에 비해 리니어모터는 직선 방향으로 미는 힘인 추력을 발생시키는 점이 다르나 구동원리는 근본적으로 같다. 평평하게 펼쳐진 일반 회전형 모터로 정의 가능하다.

초전도 기술은 초전도 전자 추진선 개발을 가능하게 하고, 핵융합로, 고 에너지 가속기, 전력저장장치 등에 응용되기도 한다. 정보 처리 분야에서는 조셉슨 소자(Josephson device)를 이용할 수 있다. 초전도 기술은 정밀뇌파계, 심전도, 지질탐사장치 등에도 응용할 수 있다.

🔆 조셉슨 소자(Josephson device)

절대온도 0도(-273℃)에서 전기저항이 제로가 되는 초전도 현상을 이용한 전자소자이다. 조셉슨 소자는 초고속인데다가 소비전력이 적고 열 발생으로 인한 집적도의 한계도 없어서 이 소자를 이용하여 컴퓨터를 만들면 기존 컴퓨터보다 훨씬 처리속도가 빠른 미래형 컴퓨터가 될 수 있다. 조셉슨 소자는 1962년에 영국인 물리학자 브라이언 조셉슨(Brian David Josephson)에 의해 발견되었으며, 매우 얇은 부도체 막에 의해 가로 막혀져 있는 초전도체이다. 초전도 전류는 저항이 없이 장애물을 통과하는데, 이는 양자 관통의 힘에 의해 일어난다. 양자 관통은 하나의 미립자가 전통적인 물리학에 의해 감추어진 방법 내에 있는 공간을 통해 움직일 때 일어난다. 조셉슨 소자는 기존의 기억소자보다 비트 변환 속도가 10배 이상 빨라서 미래의 기억소자로 기대되고 있다.

❖ 자기부상열차(磁氣浮上列車, Magnetic levitation train, Maglev train) : 초전도체가 응용된 가장 잘 알려진 설비이고, 기차 바닥에는 초전도체로 만든 강력한 전자석이 장치되며, 기차의 레일 부분에 초전도 자석이 아닌 재래식 전기 자석을 만들어서 초전도 자석과 극성을 같게 하면 서로 밀어내는 힘이 작용해서 기차가 공중에 뜨게 된다. 그리고 기차가 떠있는 상태에

서는 마찰이 거의 없으므로 초전도 기차에 추진력을 만들면 기차는 앞으로 나아가게 된다. 일단 초전도 기차가 공중에 뜨면 추진력은 엔진이 아닌 새로운 초전도 자석에 의해서 만들어진다. 기차 내부에 N극의 초전도 자석을 만들고 기차 앞쪽의 철로에 S극을 만들면 자기적 인력에 의해 기차는 앞으로 나아간다. 그리고 기차 앞쪽에 기존의 S극을 N극으로 변환시키면 자기적 척력에 의해 기차는 계속 앞으로 가게 된다. 이와 같은 방식으로 주기적으로 극을 바꿔주는 전자석을 설치하면 기차는 엔진이 없어도 계속 달릴 수 있는 원리이다.

☀ **자기부상열차**

> 자석(Magnet)과 공중부양(levitation)의 합성어인 마그레브(Maglev)를 사용한 용어로 Magnetic levitation train의 줄임말이며, Maglev train 즉, 자기부상열차는 독일에서 처음 개발되었다.

초전도 기차는 시간당 500~600킬로미터 속도이고, 한국고속열차(Korea Train eXpress, KTX)가 시속 300킬로미터가 한계인 것을 비교하면 얼마나 빠른지를 알 수 있다. 2002년 중국 상하이에 세계 최초 자기부상열차가 설치되었는데 중국 상하이에 설치된 것 같은 초기 단계의 자기부상열차의 속도는 시속 430킬로미터였다. 초전도 자기부상열차의 순간 최고속도가 시속 501킬로미터라는 것은 이보다 더 빠른 시속 1,000km의 하이퍼 튜브(Hyper tube)가 얼마나 빠른지에 대한 비교로도 사용될 수 있다. 현재 개발 중인 하이퍼 튜브는 자기부상열차가 진공에 가까운 튜브 터널 안에서 공기저항 없이 시속 1,000km로 달리는 미래 교통수단으로서 이것 또한 초전도 기술을 응용한 미래 기술이다. 하이퍼 튜브 기술이 실현되면 서울에서 부산까지 30분 안에 주행하게 된다. 차세대 청정 교통수단으로 기대를 모으는 자기부상열차는 초전도체가 없으면 제작이 불가능하다. 자기부상열차는 자기부상식 리니어모터(Linear motor)를 사용하기 때문에 Linear Motor Car라고도 불린다.

자기부상열차(Magnetic Levitation Train, Maglev Train)

❖ 초전도 양자 간섭 장치(Superconducting Quantum Interference Device, SQUID) : 초전도 양자 간섭 장치는 초전도 양자 간섭 소자로도 불리고 있고, 줄임말로 오징어(Squid)로 읽힌다. 초전도 양자 간섭 장치는 약한 자기장을 측정하기 위한 매우 민감한 장치이다. 초전도 기술에 의해 설계되는 양자 간섭 장치는 두뇌뿐만 아니라 지구의 깊숙한 내부까지도 볼 수 있으며, 지구 자기장의 1백억 분의 1보다 미약한 자기장 변화를 감지하는 절대 성능을 보여준다. 이 장치를 응용하면 인간이나 동물의 심장과 두뇌의 활동에서 일어나는 자기장의 변화를 몸 밖에서도 측정이 가능하다. 인간이나 동물이 생각하거나 움직일 때는 뇌와 기관들 사이에 전기신호가 왕래하는데, 이때 흐르는 전기는 너무 미약해 과거에는 측정할 수 없었다. 하지만 스퀴드(SQUID)를 이용하면 몸속의 전류를 측정할 수 있으며, 이를 분석해 여러 가지 질환을 알아낼 수 있다. 예를 들어 심장은 두뇌가 보내는 전기신

호에 따라 박동하는데, 이때 자기장의 변화가 생긴다. 이 변화를 읽어서 의사들은 부정맥이 있는지 또는 심장 돌연사가 일어날 것인지 미리 예측할 수 있다.

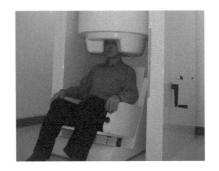

SQUID용 뇌자도

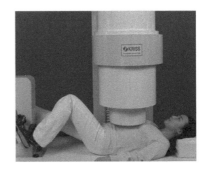

SQUID용 심자도

뇌자도

신경 세포들 사이의 전류 흐름으로 유도된 자기장을 측정하는 뇌기능영상법으로 민감한 자력계를 필요로 하며 SQUID를 사용하는 경우가 대부분이다.

심자도

생체 자기를 측정해 심장질환을 진단하는 검사 시스템으로 심장 근육이 심실과 심방 세포에서 나오는 규칙적인 전류의 자극으로 수축 이완하며 혈액을 순환시키는 점을 이용하여, 이 전류 자극으로 심장 상태를 진단하는 원리이며 방사선 및 조영제를 사용하지 않고도 주요 심장질환의 예측이 가능하다는 특징이 있다.

실험쥐를 해부하지 않고 비접촉적 방식으로 뇌와 심장의 신호를 측정하는 동물 생체자기 측정 장치는 초전도 양자 간섭 소자(SQUID)를 이용하여 개발된다. 실험쥐는 유전자나 장기 구조가 사람과 유사하여 전 세계동물실험의 97% 이상에 활용되고 있으므로 연구과정에서 수많은 실험쥐가 희생된다. 생체 기능의 변화를 보기 위하여 동일하게 처리한 여러 마리의 실험쥐들을 시간경과에 따라 해부하는 기존 방법은 생명윤리부터 효율성, 정확성 등에 대한 문제를 끊임없이 야기하였을 뿐만 아니라, 수술로 인한 뇌의 오류 반응, 체내 분비물로 전극이 산화됨에 따라 생기는 신호 잡음 등으로 정확하게 뇌파를 측정하는 데 어려움이 많았다. 특히, 뇌파를 측정하기 위해서는 수술로 실험쥐의 두개골 윗 부분을 제거한 뒤 뇌에 전극을 삽입하여야만 했었다.

초전도 양자 간섭 소자(SQUID)를 이용하여 센서로 안전하게 생체 정보를 얻을 수 있는 동물 생체자기 측정 장치를 통해 두개골을 수술하지 않고 실험쥐의 뇌자도를 측정함에 따라 희생 없이 한 개체에서의 변화를 연속적으로 관찰할 수 있게 된다. 동물 생체자기 측정 장치는 뇌는 물론 심장의 기능도 측정할 수 있다. 실험쥐의 심근이 발생시키는 자기장을 정밀 측정하면 심장질환을 신약개발의 초기단계에서 진단할 수 있다.

초전도 양자 간섭 소자 센서는 인류가 개발한 자기장 측정 장치 중 가장 감도가 높으며, 자기장은 두개골이나 피부, 뇌 등에 투명하므로 수술 없이도 정확한 신호를 얻을 수 있다.

SQUID이용 동물생체자기 측정장치

SQUID 동물생체자기 측정장치 결과

❖ 자기공명영상(Magnetic Resonance Imaging, MRI) : 1946년 미국의 물리학자들인 필릭스 블로흐(Felix Bloch)와 에드워드 퍼셀(Edward Purcell)은 강한 자기장에서 핵에 특정한 주파수의 마이크로파를 발사하면 핵이 공명을 일으킨다는 사실을 발견하였다. 자기공명영상은 강력한 외부자장을 갖는 마그넷(Magnet)내에 있는 고주파(Radio frequency) 에너지를 몸 안의 관심 영역에 가하여 관심 신체부위에 있는 수소원자핵을 공명시켜 해당 조직으로부터 나오는 신호를 측정해 컴퓨터로 재구성하여 단면 및 3차원 영상화하는 진단 장치이다.

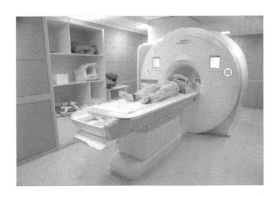

자기공명영상(Magnetic Resonance Imaging, MRI) 장치

자기공명영상 장비는 X선 장비와는 달리 방사능 위험이 전혀 없다. 자기공명영상 장치를 작동시킬 때, 가장 중요한 장치가 바로 자석인데, 질 좋은 영상을 얻기 위해서는 자기장이 강하고 균일해야 한다. 이런 이유 때문에 주로 초전도 코일을 이용해 만든다. 하지만 극저온을 유지하기 위해 액체 질소와 액체 헬륨을 주기적으로 공급해 주어야 한다. 현재 자기공명영상 장비에 들어가는 자기장은 약 2테슬라 정도이며, 최근에는 3테슬라의 자기장을 사용하는 장비도

나왔다. 이것은 지구 자기장의 세기에 비해 약 4만 배에서 6만 배 정도로 강한 것이다. 만약, 실수로 주머니에 열쇠, 가위, 또는 작은 금속을 가지고 자기공명영상 검사실에 들어가면, 순식간에 초전도 자석으로 끌려가서 몸에 심각한 상처를 입을 것이며, 신용카드, 버스카드 등 자기기록 방식을 사용하는 모든 물건을 가지고 자기공명영상 검사실에 들어간다면, 해당 데이터가 모두 지워져 못쓰게 된다. 또한, 환자가 심장페이스메이커(pacemaker)를 달고 있는 상태에서 자기공명영상 검사실에 들어가 자기공명영상을 찍으면 절대로 안되며, 자기장이 센 곳은 어디든지 가까이 가지 말아야 한다. 자석이 페이스메이커를 망가뜨릴 수 있기 때문이다. 또한 심장페이스메이커 이외에도 인간이나 동물의 몸속에 금속물질을 이식한 경우인 신경 자극기계, 기계식 심장판막, 인공 달팽이관을 설치한 사람도 검사가 제한될 수 있다.

사람이나 동물의 몸은 전류에 대해서는 위험한 반응을 보이지만, 자기장에 대해서는 덜 민감한 것 같다. 지금까지 수 테슬라 정도의 강한 자기장에 몸을 노출시켰다고 해서 생물학적 위험이 발견되진 않았다. 의학적으로 사용이 허가된 자기장의 세기는 약 2테슬라를 넘지 않는다. 하지만 임신 초기 3개월 이전에는 태아의 세포 복제와 분열이 가장 빠르게 일어나는 시기이므로 임산부는 특별한 경우를 제외하고는 자기공명영상을 촬영해서는 안 된다. 어쨌든 초전도 기술은 의료용 기기인 자기공명영상 촬영 장치에 사용되고 있으며 병원에서 사용하는 자기공명영상 촬영 장치 결과는 초전도체가 없다면 실용화하기 매우 어려웠을 것이다.

자기공명영상 검사는 인간과 동물의 몸의 횡단면, 시상면, 관상면을 자유롭게 얻을 수 있으며 사람의 소화기관, 연부조직 및 근골격계 질환 및 신경계 등 광범위한 영상진단에 이용되고 있다. 일반적으로 자기공명영상 검사는 장치 특성상 검사 시 큰 소음이 나는 것 이외에는 검사로 인한 통증이나 부작용이 없으나 검사시간이 타 검사대비 길어서 약 30분~40분 정도가 걸리고, 작은 움직임에도 매우 민감하여 검사 중 움직이지 않아야 하는 불편함이 있다. 자기공명영상 검사는 거의 모든 질환의 진단에 사용이 가능하며, 특히, 각종 암, 뇌혈관질환, 심장질환에 광범위하게 사용된다.

횡단면

수평면(transverse plane)이라고도 하며 인간과 동물의 몸을 해부학적으로 나누는 면으로 몸을 상하로 나누는 면들이다.

시상면

전후면(anteroposterior plane)이라고도 하며 인간과 동물의 몸을 해부학적으로 나누는 면으로 몸을 좌우로 나누는 면들이다.

관상면

전두면(coronal plane) 또는 좌우면(lateral plane)이라고도 하며 인간과 동물의 몸을 해부학적으로 나누는 면으로 몸을 전후로 나누는 면들이다.

자기공명영상 검사 준비사항은 다음과 같다.

- 복부 소화기계인 간, 신장, 췌장검사, 비뇨기계 및 부인과적 하복부 검사는 6시간 이상 금식이 필요하다.
- 금속물질을 이식하였거나 금속성 파편을 몸 안에 갖고 있는 사람은 검사가 제한되므로 검사 가능성 여부를 상의하여야 한다.
- 임신 중이거나 임신 가능성이 있는 사람은 검사의 장점과 상대적인 위험을 고려하여 상의 후 결정해야 한다.
- 폐쇄공포증이 있는 경우 수면 검사 방법이 있으므로 상의하여야 한다.
- 검사 당일 8시간 금식이 필요하고, 검사 시 보호자 동반이 필요하다.

- 검사 전 금속성 기기 및 소지품은 검사실 내로 반입이 불가하므로 별도의 장소에 반드시 보관해야 한다.
- 보관하여야 할 것들에는 보청기, 틀니, 머리핀, 벨트, 등산용 모래주머니, 시계, 열쇠, 지갑, 카드, 휴대전화, 검사 시 입을 옷에 붙어 있는 금속장식물 등이다.

❖ 핵융합 발전 : 초전도 자석이 핵융합의 꿈을 되살린다. 핵융합 활용시설은 물과 같은 풍부한 연료원에서 비용이 저렴하며 탄소 배출물이 없는 에너지원을 제공해야 한다. 핵심은 새로운 자석이다. 새로운 종류의 초전도 물질을 사용하여 가장 강력한 종류의 초전도 물질을 만들어내야 한다. 초전도 자석은 핵융합 반응이 일어나는 초고온 상태의 물질인 플라스마(plasma)를 가두는 데 사용될 수 있다. 자석이 강력할수록, 더 많은 원자의 충돌, 반응, 에너지를 훨씬 더 작은 공간 내에서 만들 수 있다. 토카막을 둘러싼 자석은 높아진 자기장이 열 손실을 크게 줄이면서 플라스마를 단단히 가두는 자기병(magnetic bottle)을 형성한다. 때로 두 개의 원자핵은 효과적으로 충돌할 것이다. 양성자와 중성자는 때로 결합하여 헬륨 원자핵을 형성하며 중성자를 방출하고 많은 에너지를 생산한다. 초전도체는 핵융합로의 핵심 부품을 구성한다. 초전도체 전자석 덕분에 핵융합로 안에 1억 도가 넘는 고온 플라스마를 가두어둘 수 있다. 핵융합 장치의 건설 및 운전 과정에서 확보한 기술 중의 하나가 초전도 기술이다. 그 외 핵융합 장치의 건설 및 운전 과정에서 확보한 기술들로는 초고온 기술, 극저온 기술, 초고진공 기술, 초고주파 기술, 플라스마 응용 기술 등이 있다.

☀️ **토카막**

도넛 모양의 자기 핵융합 실험장치로 핵융합 때 물질이 플라스마 상태로 변하는 연료기체를 담아두는 용기이다.

핵융합 에너지 선진국 한국에서 노벨상 수상을 가능케 할 기술이다. 초전도 기술은 우리나라 국책사업인 핵융합연구와도 면밀한 관계가 있다. 핵융합에너지를 얻기 위해 발생되는 고온의 플라스마를 가두는데 초전도 자석이 활용된다. 우리나라는 세계 최초로 신소재 초전도 자석을 이용해 핵융합연구장치(Korea Superconducting Tokamak Advanced Research, KSTAR)를 건설해 핵융합연구의 진전을 이뤄내었다. 핵융합연구장치 덕분에 우리나라 초전도 기술은 세계적으로도 인정받았다.

☀️ **플라스마**

물질은 기본적으로 고체, 액체, 기체의 상태에 있다. 낮은 온도에서는 물이 얼음이 되었다가 온도가 올라가면 액체 상태의 물이 되고 더 높은 온도에서는 기체 상태의 물 분자로 존재한다. 기체 상태의 분자에 더 많은 에너지가 가해지면 원자의 최외각에 있는 전자가 원자로부터 분리된다. 이러한 과정을 이온화(Ionization)라고 하며 이런 물질을 플라스마(plasma)라고 한다. 플라스마는 전자와 이온의 양이 거의 같은 물질 상태이다.

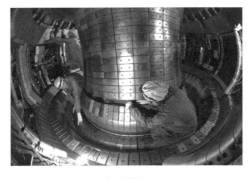

핵융합로

❖ 전자유체발전(Magneto Hydro Dynamic, MHD) : Magneto Hydro Dynamic을 직역하여 자기유체역학발전이라고도 말한다. 열에너지와 운동에너지를 전기에너지로 직접 변환하는 기술이다. 전자유체발전은 21세기에 원자력발전, 연료전지 발전과 함께 전력계통에 투입되어 이용될 것으로 전망되는 고효율의 신발전 방식 기술 중의 한 분야이다. 자장의 방향 및 유체의 운동 방향과 각각 직각이 되는 방향으로 전류가 발생하는 패러데이의 전자유도법칙을 응용한 것으로, 전기전도성 유체 즉, 이온화된 가스 또는 액체금속을 강한 자장이 걸린 유체관 속으로 고속으로 통과시켜 작동가스에 생기는 초 전력으로 전기에너지를 얻는 방식이다.

전자유체발전은 작동유체에 따라 연소 전자유체발전 즉, 작동유체가 화석연료 등의 고온 연소가스인 경우와, 액체금속 전자유체발전 즉, 작동유체가 나트륨, 칼륨 등의 금속인 경우와, 비 평형 전자유체발전 즉, 작동유체가 헬륨, 아르곤 등의 가스인 경우로 분류할 수 있다. 전자유체발전은 석탄과 같은 화석연료를 사용하며, 증기터빈발전과의 복합발전이 가능하여 발전효율 면에서나 용량 면에서 기존의 화력발전소를 대체할 수 있는 새로운 발전기술로서 전력공급의 중요한 역할을 담당할 것으로 전망하고 있다.

자장 속을 도전성 좋은 물질이 통과하면, 통과하는 방향과 수직 방향으로 전류가 발생한다. 통과하는 물질이 기체나 액체라도 상관없다. 그러나 발전을 위해서는 금속을 사용하는 것이 가장 편리하다. 연료기술의 발달로, 고속 분출하는 고온의 연소가스를 만들 수 있게 되었다. 그리고 초전도자석의 발달에 의하여, 5테슬라나 되는 강력한 자장이, 그다지 전력을 쓰지 않고도 만들 수 있게 되었다. 연소가스는 전기를 잘 통하기 때문에, 이 둘을 짝지우면 발전을 할 수가 있다.

2,500℃의 연소가스가 강력 자장을 초속 1,000m로 빠져 나간다. 연소가스는 고온 때문에 전자가 원자핵에서 떨어지기 쉽고, 일부가 전리 상태로 되어있다. 이 상태를 약 전리 플라스마(plasma)라고 한다. 연료는 석유든 석탄이든 천연가스든 무엇이든 상관없다. 문제는 발전에 필요한 자유로운 전자가 생기느냐에 있다. 이 온도로는, 연소가스만으로는 자유로운 전자가 그다지 생기지 않으므로, 탄산칼륨 등을 가해준다. 칼륨이라면, 이 온도에서도 전자가 원자핵에서 떨어진다. 이 자유전자를 지니는 연소가스를 강한 자장 속에 초속 1,000m 정도의 고속으로 통과시키면 자장의 작용으로 전자는 양극 쪽으로 휘어지며, 끌어당겨진다. 이것이 전류의 발생이다. 그래서 양극과 반대쪽에 음극을 펴고 전선으로 이으면 전류가 흐른다. 음극 쪽에는 전자를 빼앗긴 칼륨이온이 굽어지는데 전자보다도 몇 천 배나 무겁기 때문에 굽어지는 것이 적으며 뒤에서 오는 고속이 입자에 밀려나버린다.

우리에게 잘 알려진 대체 에너지의 종류와 이를 이용한 응용 분야는 태양에너지(태양전지, 태양광발전, 태양열발전, 우주태양열발전), 연료전지, 풍력에너지, 소수력, 수소에너지, 바이오매스, 전자유체발전, 해양에너지(파력발전, 해양온도차발전), 핵융합 에너지 등을 들 수 있다. 대체 에너지를 이용한 발전의 종류 가운데에서 전자 유체발전은 21세기에 원자력발전, 연료전지발전과 함께 전력계통에 투입되어 이용될 것으로 전망되는 고효율의 신 발전 방식 기술 중의 한 분야이다.

❖ 전자 추진 선박의 개발 : 전자 추진 선박이란 바닷물로 가는 초전도 전자 추진선인 배를 말한다. 대부분의 배는 엔진으로 스크루를 돌려 앞에 있는 물을 뒤로 뿜어내거나 돛을 사용해 바람의 힘을 빌려 나간다. 하지만 전자 추진 선박은 전자유체력(Magneto Hydro Dynamics, MHD)을 이용해 움직

인다. 이렇게 전자유체력을 사용하는 움직이는 배를 초전도 전자 추진선이라고 부른다. 초전도 전자 추진선의 핵심 원리는 전자유체력이다. 바닷물은 소금 즉, 염화나트륨이 녹아 이온상태로 존재하기 때문에 전류를 흘릴수 있다. 만약 바닷물에 자기장을 걸고 여기에 직각 방향으로 전극 두 개를설치해 전류를 흘려보내면 바닷물 속의 염소 이온과 나트륨 이온은 힘을받아 움직인다. 초전도 전자 추진선은 이들이 내는 힘으로 전진하게 된다.

💡 스크루

동력선에 이용되는 추진기로서 회전축 끝에 달려 있는 금속 날개가 나선면을 이루어 그 회전에 의해 배를 전진시킨다.

기존 방식을 대신해 초전도 전자 추진선을 만드는 이유는 뭔가 기존 선박에없는 장점이 있기 때문일 것이다. 우선 초전도 전자 추진선은 스크루와 같은 기계 회전 장치가 없어서 진동과 소음이 거의 없다. 진동과 소음이 없으면 승객들을 안락하게 운송할 수 있다. 하지만 더 중요한 점은 현재의 탐지기술을 무용지물로 만들 수 있다는 사실이다. 이 때문에 이 기술이 상용화되면 군용 잠수함에가장 먼저 적용될 것이다. 잠수함의 위치를 탐지하는 음파탐지기는 잠수함의스크루가 돌아갈 때 생기는 소음을 추적한다. 그런데 만약 초전도 전자 추진 잠수함이 나오면 스크루 소음이 사라지기 때문에 추적이 어려워진다. 마치 공중에서 레이더에 걸리지 않고 작전을 수행하는 스텔스기처럼 탐지당하지 않고 바다를 마음대로 누빌 수 있다.

💡 **스텔스**

스텔스기는 스텔스 기술을 적용하여 제작된 비행기를 말하는데 스텔스 기술(Stealth technology)은 레이더 상에서 적을 속여 생존성을 높일 수 있도록 하는 기술이다. 스텔스는 적의 레이더로부터 아군의 무기 체계를 완전히 숨겨주는 것은 아니지만 레이더 상에서 실제보다 훨씬 축소시켜 나타난다.

또 기계 장치를 움직이는 것보다 전류를 조절하는 것이 훨씬 쉽기 때문에 순발력 있게 선박을 조종할 수 있다. 전류의 방향만 반대로 바꾸면 앞으로 가던 배가 갑자기 뒤로 가게 할 수도 있다. 전류와 전기장의 세기에 따라 출력이 미세하게 조정되기 때문에 센티미터 단위의 정교한 조정도 가능해진다. 이런 장점 때문에 적 함정의 포탄을 피해 기민하게 움직여야 하는 군용선이나 정밀하게 위치를 조정해야 하는 쇄빙선, 석유시추선에 매우 유용하다.

게다가 스크루는 무한정 크게 한다고 추진 효율이 같은 비율로 올라가지 않지만, 초전도 전자 추진선은 전자기력을 높이기만 하면 그에 비례해서 추진력을 높일 수 있다. 즉 기존 방식보다 더 빠른 배를 만들 수 있다. 물론 속도를 높이기 위해 배의 설계를 고려해야 한다. 스크루 같은 선체 외부에 돌출된 부위가 없어서 기존 배보다 훨씬 매끈한 디자인으로 만들 수도 있다.

그러나 초전도 전자 추진선을 실용화하기 위해서는 추진력을 더욱 높여야 한다. 추진력은 전류와 자기장의 크기에 비례하는데, 이중 전류를 높이는 데는 한계가 있다. 바닷물에 들어있는 이온의 숫자가 제한돼 있기 때문이다. 결국 강한 자기장을 만드는 것이 해결책이다.

따라서 현재 개발된 것보다 수배 더 큰 자기장을 실용화해야 한다. 강력한 자기장을 만들기 위해서 과학자들은 초전도 전자석 개발에 박차를 가하고 있다. 초전도 전자석은 아주 낮은 온도 즉 -270℃에서 전기 저항이 0이 되는 초전도체를 이용해 만든 전자석이다. 아주 낮은 온도에서만 전기 저항이 0이 되기 때문에 이 온도를 높이기 위한 노력이 계속되고 있다. 이것이 가능해지면 이론적으로는 전류의 세기에 따라 자기장도 무한정 높일 수 있게 된다.

초전도 전자석이 가능해졌어도 고려할 점은 더 있다. 강력한 자기장이 선박 내부 기계를 못 쓰게 만들거나 해양 생태계에 악영향을 미칠 수 있기 때문에, 완벽한 자기차폐 기술이 필요하다. 바닷물이 전기분해 되며 생기는 염소 가스가 해양을 오염시키지 않도록 하는 기술도 필요하다. 부식이 적고 내구성이 큰 전극판도 개발해야 한다. 해결해야 할 과제는 많지만 초전도 전자 추진선은 그만한 가치가 있다. 때문에 미국, 영국, 독일에서 전자유체력 추진기와 초전도를 이용한 모터 개발이 한창이고, 우리나라도 포항공대에서 전자유체력 추진에 대한 기초 연구를 하고 있다. 초전도체 기술은 빠른 속도로 발전 중이라 머지않은 미래에 초전도 전자 추진선을 보게 될 것이다. 우리나라가 현재 세계 제1의 조선강국의 지위를 계속 유지하려면 초전도 전자 추진선 같은 첨단 선박에 대한 투자가 더 많아져야 할 것이다.

전자 추진 선박

❖ 레일건(Rail Gun) : 미국 로널드 윌슨 레이건(Ronald Wilson Reagan) 대통령 시기에 전략방위구상(Strategic Defense Initiative, SDI)의 하나로 추진

되었던 것이 레일건이었다. 레일건(Rail gun)은 금속 단자 즉 탄을 전자기력으로 가속시켜 발사하는 방식으로 작동한다. 선형(Linear) 궤도(rail)를 사용하기 때문에 리니어건이라고 불리는데 흔히들 레일건이라고 불리고 있고 전자포라고도 불린다.

레일건(Rail gun)은 전자기를 이용해 탄환을 빠르게 쏘는 무기이다. 전자기장 덕분에 포탄이 빠르게 날아가는 것이다. 일반적인 총포류는 화약을 폭발시키는 힘으로 총알을 발사하는데, 이렇게 물리적인 구조로 만들어진 총으로 탄환을 쐈을 때 탄환의 속도와 사거리는 한정적일 수밖에 없다. 전기를 이용해서 더욱 커다란 힘을 발생시켜 탄환을 쏜다면 기존 총보다 훨씬 더 높은 파괴력으로 더 멀리, 더 빠르게 타격할 수 있다. 전기를 활용하는 레일건의 탄환 속도는 무려 3km/s, 즉 음속보다 7배나 빠르다. 레일 건은 미래의 무기인 셈이다.

레일건이 작동하는 원리를 살펴보면, 전기와 자기장을 이용한 전자기 유도 원리라고 할 수 있다. 전류를 세게 흘릴수록 그리고 레일의 길이가 길수록 위력은 무시무시하게 증가하며, 무한정에 가깝게 가속을 시킬 수도 있다. 강력한 힘뿐만 아니라 일반적인 포에 비해 발사 시에 발생하는 화염이 적어서 적이 탐지하기도 어렵다. 또한 발사 비용이 기존 미사일보다 적은 것도 레일건의 매력적인 요소이다.

현재 가장 유명한 레일건으로는 초대형으로 제작된 함포 형 레일건을 꼽을 수 있다. 미군의 신형 스텔스 구축함에 장착되고 있는 레일건은 포신 레일의 길이가 무려 10m가 넘고 11kg가 넘는 탄환을 발사할 수 있다. 탄환의 규모마저 대단한데, 보통의 구축함에 100발의 미사일이 있다고 한다면 전자포인 레일건의 경우는 무려 1,000발 이상을 실을 수 있다. 레일건으로 빠르게 비행하는 전투기나 탄도 미사일과 같은 것들을 격추할 수 있다.

레일건(Rail Gun)

❖ 초전도체 슈퍼컴퓨터 : 전력사용을 획기적으로 줄이고 연산속도를 크게 높일 수 있는 초전도체 컴퓨터가 개발된다. 초전도체는 매우 낮은 온도에서 전기저항이 0에 가까워지는 초전도 현상이 나타나는 도체로, 나이오븀(Nb), 바나듐(V) 등이 있다. 초전도체로 이뤄진 초 냉각 회로에 전류를 흘려보내는 초전도체 컴퓨터는 전기저항이 거의 없어, 전력 소모가 기존 컴퓨터의 40분의 1, 더 작게는 1천분의 1에 불과할 것이라는 관측이 나온다.

💡 나이오븀(Nb)

원자번호가 41번인 나이오븀(Niobium, Nb)은 광택이 있는 회백색 금속으로 공기 중에 장시간 노출되면 산화되어 푸른색을 띤다. 순수한 나이오븀은 무르고 잡아 늘이기 쉬운 성질인 연성이 있으나 불순물이 들어가면 단단해진다. 이런 특징 때문에 나이오븀은 강철 생산의 합금제로 쓰인다. 나이오븀은 고온에서도 잘 산화되지 않고 특정 온도 이하에서 초전도성을 나타내는 원소이다. 나이오븀은 산화수에 따라 노란색, 갈색, 푸른색, 보라색 등 다양한 색상의 녹이 나타나는데 독성도 거의 없어 장신구, 기념주화 등을 제작하는 데 사용된다. 나이오븀을 소량 함유한 강철은 강하고 내마모성이 좋아 구조물에 주로 사용되고, 더 많은 나이오븀을 강철에 첨가하면 제트엔진, 로켓엔진의 노즐, 단열재와 같은 특별한 용도로 사용되는 슈퍼 합금이 된다. 아폴로 달 탐사선의 주 노즐은 89%가 가볍지만, 열저항이 아주 큰 나이오븀을 이용해 만들었다. 이처럼 나이오븀은 철도, 자동차, 항공기 등 수많은 첨단 산업에 활용되고 있다. 낮은 온도에서의 전기저항이 0인 초전도체가 되는 나이오븀은 나이오븀-주석 합금이나 나이오븀-티타늄 합금과 같은 나이오븀 합금이 되어도 같은 성질을 가진다. 이런 합금으로 만든 도선은 의료용 스캐너 등 입자가속기의 핵심 부품인 초전도 자석에 사용된다.

바나듐(V)

원자번호가 23번인 바나듐(Vanadium, V)은 전이금속 화합물 중 가장 아름다운 색을 띠는 원소이다. 바나듐은 그 자체로 존재하기보다 이온화되어 다른 원소와 화합하는 점화물을 잘 생성하는 전이금속이다. 순수한 상태에서는 은회색으로 부드럽고 유연한 금속이며, 전이금속으로 존재할 때는 산화 상태에 따라 화려하고 아름다운 색을 띤다. 독버섯이나 멍게류, 가재 등이 가진 아름다운 빛깔도 바로 바나듐 화합물 때문이다. 바나듐은 단단하지만, 연성과 전성이 있다. 여기서 연성은 잡아 늘이기 쉬운 성질이고, 전성은 펴서 늘일 수 있는 성질을 말한다. 소량의 불순물을 첨가하면 단단하고 깨지지 않는 성질을 지니는 바나듐은 다른 금속을 강하게 만드는 아주 헌신적인 원소라고 할 수 있다. 산화물의 보호 피막을 만들기 때문에 공기 중 실온에서는 잘 산화되지 않으나 가열하면 산화된다. 바나듐은 주로 합금재로 사용되지만 열에도 잘 견뎌 미사일 같은 무기와 엔진을 제작하는 데 쓰인다. 바나듐이 소량 첨가된 강철을 바나듐강이라 하는데 바나듐강은 자동차의 축, 크랭크 축, 자전거 골격, 기어, 미사일, 고속 절삭 공구, 수술용 칼 등에 많이 쓰인다. 바나듐은 강도나 탄성을 높이는 성질이 있어 철과 혼합해 지진에 대비하는 건축용 특수강 재료를 만들 때도 활용된다. 바나듐의 타이타늄과의 합금은 강도와 열 안정성, 색이 매우 아름다워 제트엔진의 항공기 동체 등에 쓰인다.

컴퓨터에서 나는 웅웅 소리가 귀에 거슬릴 때가 있는데 그 소리는 냉각팬의 프로펠러가 돌아가면서 나는 소리다. 냉각팬은 컴퓨터 본체에서 발생하는 소음의 주범이기도 하지만, 없어서는 안 될 존재이다. 컴퓨터의 중앙처리장치(Central Processing Unit, CPU) 사용량이 많아지면 내부에서 엄청난 열이 방출돼 모니터 화면이 떨리거나 시스템이 정지하는 등 예기치 않은 문제가 생길 수 있는데, 냉각팬이 이런 열을 효과적으로 냉각함으로써 문제 발생을 차단하는 역할을 하기 때문이다. 컴퓨터에서 열이 발생한다는 것은 전기에너지가 열에너지로 바뀌면서 일정 부분 에너지 손실을 겪고 있다는 뜻이며, 이 때문에 효율과 성능이 떨어진다는 의미이기도 하다. 그렇다면 냉각팬 없이도 아무런 문제가 생기지 않고, 훨씬 더 우수한 성능을 발휘하는 컴퓨터를 만들 수 있는 방법은 없을까? 에너지 손실 없이 전류를 흘려보낼 수 있는 물체인 초전도체에서 그 해답을 찾을 수 있다. 초전도 물질은 개인용 슈퍼컴퓨터의 가능성을 예견한다. 전압을 걸지 않아도 스스로 전류가 흐르는 현상을 이용한 초전도 디지털 소자 덕분이다.

❖ **초전도 기술이 상용화되는 미래사회** : 초전도 기술이 상용화되는 미래사회의 한 단면을 보면 다음과 같다. 집 앞에 주차된 전기자동차를 타고 내비게이션에 목적지를 입력한다. 전기자동차는 콘센트에 플러그를 꽂지 않았지만 밤새 초전도 스마트그리드 즉, 지능형 전력망으로 충전이 되어 있다. 회사에 가는 도중 자동차에 설치된 양자 컴퓨터로 주식 거래를 한다. 양자 컴퓨터를 이용하면 공인인증서 같은 복잡한 보안 절차가 필요 없다. 사무실에서는 초전도 소자로 만든 반도체 논리회로를 이용한 컴퓨터로 초고속 인터넷을 사용한다. 도로마다 초전도 모터를 장착한 전기자동차가 달리니, 도시에는 소음이나 매연이 없다. 머리 위의 모노레일에는 자기부상열차가 소리 없이 움직이고 있다. 초전도 핵융합 발전소에서 전력을 생산하는 동시에 전기저항이 없는 고온 초전도체 전력케이블을 사용하여 대도시에 전력을 공급하고 있다.

❖ **영화(Movie) 속에 나오는 초전도 물질** : 중력의 지배를 받는 지구와 달리 산과 섬들이 허공에 떠 있는 행성이 있다. 산, 계속, 바다, 강, 초원 등 지구상과 비슷한 조건을 갖고 있으면서도 신선의 세상에나 가능할 것 같던 천공의 세상이다. 이를 가능케 하는 이유 자체가 바로 특수한 광물자원에 있다. 커다란 산을 두둥실 떠올리고, 인류의 자원 난을 일거에 해소시켜 줄 수 있으며, 때문에 전쟁까지 불사하려 드는 그 광물자원은 언옵타늄(Unobtanium)이다. 실제로는 있을 수 없다는 뜻의 광물 언옵타늄은 다름 아닌 초전도 물질이다. 전류에 대한 저항이 제로인 물질, 그것도 일상생활의 온도에서 가능한 상온초전도 물질이다. 과학자들에겐 꿈만 같은 물질로 실제 일상생활의 온도에서 가능한 상온초전도 물질이 가능하다면 에너지

의 혁명을 가져올 것이다. 전기 손실 제로에다가 열차도 하늘에 띄우고, 세상도 하늘로 띄우는 초강력자석이다. 상온초전도 물질은 전기의 순수한 힘을 어떤 손실도 없이 그대로 전달한다. 초전도 물질이 상용화되면 어떤 에너지 손실도 생기지 않는다. 초전도 전력저장 장치는 일정 온도 아래에서 전기 저항이 완전히 사라져, 전류가 흘러도 손실이 발생하지 않는 초전도 현상을 이용하여 전기를 저장하는 장치이다. 저장할 전력 용량도 어마어마하게 커지기 때문에 기술력 발전과 에너지 증대 모두 잡을 수 있다. 초전도 물질은 강력한 자석으로도 활용이 가능해 영화처럼 거대한 산이나 마을을 공중에 띄울 수 있다. 자기부상열차가 바로 현실 속에서 연구되는 가장 대표 사례이다.

🔆 언옵타늄(Unobtanium)

unobtainable과 -ium의 합성어로 얻기 어려운 물질이라는 뜻으로 공상과학소설이나 영화에 나오는 상상의 물질이다. 어원 때문에 unobtainium이라고 표기하기도 한다. 1950년대에 항공기술자들이 사용하기 시작했고 실제로 90년대에는 항공우주분야에 사용될 수 있는 가장 이상적인 물질로 언급되기도 하였다. 고강도, 초경량, 초고온 내열성으로 정의할 수 있는 물질이다. 코어(The Core)라는 영화에서는 신종 합금으로 내핵으로 뚫고 들어갈 때 생기는 고열·고압을 견디는 물질로 등장한다. 아바타(Avatar)라는 영화에서는 공중에 뜨는 반 중력 물질로 표현된다.

영화 아바타(Avatar)

❖ **초전도 기술이 상용화 되어 있는 도시** : 초전도 기술이 상용화되어 있는 도시에는 전력손실도 없고 감전사고도 없다. 초전도 물질의 특성은 전력망에 정보기술을 접목한 고효율의 스마트그리드를 구축하는 데 제격이며, 낮은 전압으로도 전기를 손실 없이 전달할 수 있기 때문이다. 지금은 먼 거리에 전기를 보낼 때 전압이 수만 볼트(Volts)에 이르는 고압선 철탑을 이용한다. 이 전기를 사용할 때는 전압을 낮춰야 하기 때문에 초고압 변전소도 필요하다. 둘 다 가까이 접근하면 위험하기 때문에 설비를 따로 만들어야 한다. 전압이 낮은 초전도 케이블을 사용하면 강한 자기장이 생기지 않아 건강에 해롭지 않다. 주차장 바닥에 스마트그리드 전력망을 깔아두면 전기자동차를 자동으로 충전할 수 있다. 초전도 자석은 높은 자기장을 낼 수 있어 물체를 공중에 띄우는 것도 가능하다. 이를 거꾸로 이용하면 몸속 미세한 자기장을 측정해 진단하는 장비로 응용할 수도 있다. 초전도 전력저장 장치를 사용하면 전기차도 빠르게 충전할 수 있다. 전기저항이 없어 손실 없이 고속 충전이 가능하기 때문이다. 이 장치는 갑자기 번개가 쳐도 전기에너지를 순간적으로 흡수해 스마트그리드가 정전되는 사태를 막는다. 초전도 현상을 응용하면 소음공해가 없고 시간낭비도 없다. 초전도 물질은 초전도 모터가 돼 전기자동차의 연료소비효율을 올리는 데도 기여한다. 전기절약이 가능하고 무공해가 된다. 초전도 모터는 기존 모터의 철심과 구리선 대신 초전도 코일을 사용한다. 기존 모터와 같은 힘을 내더라도 크기와 무게는 3분의 1 이하로 줄이고 효율은 2% 이상 높일 수 있다. 자동차의 연비는 무게가 가벼울수록 높아지기 때문에 동력장치 대부분을 차지하는 모터 무게만 줄여도 큰 효과를 얻을 수 있다. 초전도 모터의 핵심기술은 1분에 3,600번 이상 빠른 속도로 회전하는 모터 속으로 냉매를 넣는 것이다.

나노 기술
Nano Technology

나노(nano)는 난쟁이를 뜻하는 그리스어 나노스(nanos)에서 유래하였는데 그만큼 작은 크기에 대한 기술이라고 해서 나노 기술(Nanotechnology)이라고 한다고 이해할 수도 있으나 실제 나노 기술은 1m의 1조 분의 1(pico, 10^{-12})보다는 크고 1m의 1백만 분의 1(micro, 10^{-6})보다는 작은 크기인 1~100nm의 물질을 다루는 기술이어서 10억 분의 1 수준의 정밀도를 요구하는 극미세 가공 과학기술이다. Nanometer는 1m의 10의 9승 분의 1(nano, 10^{-9})을 뜻하며, 사람 머리카락 굵기의 10만 분의 1이고, 대략 원자 3~4개의 크기에 해당한다.

나노 기술은 지금까지 알 수 없었던 극미세 세계에 대한 탐구를 가능하게 하고, DNA 구조를 이용한 동식물의 복제나 강철 섬유 등 새로운 물질 제조를 가능하게 한다. 전자공학 분야에서는 나노미터의 정밀도가 요망되며, 이것이 실현된다면 대규모 집적회로(Large-Scale Integration, LSI) 등의 제조기술은 비약적으로 향상될 것이다. 입자를 나노미터 크기로 만들어 아주 적은 양의 은을 사용하면서도 은의 표면적을 크게 하여 살균 효과를 증대시키는 기술이 세탁기, 양말, 화장품 등 다양한 분야에 응용되고 있다. 또한 나노물질들은 표면적이 크게 증가하여 촉매 효과를 높이는데, 자동차 배기가스를 정화하거나 발전소 폐가스에 활용되기도 한다.

전자공학분야에서 개별회로(Discrete Circuit)는 모든 부품들이 제각각 분리, 삽입, 연결됨으로써 하나의 완전한 회로를 구성하고, 집적회로(Integrated Circuit, IC)는 하나의 반도체 기판 위에, 여러 트랜지스터와 회로 구현에 필요한 수동소자인 저항, 커패시터 등으로 구성되어 있다. 즉, 모든 부품들을 동시에 집적화시킨 회로로서 견고성이 있고, 소형화, 저전력이며, 저가의 대량 생산이 가능하다. 집적회로는 집적된 게이트 수에 따라 소규모 집적회로(Small-Scale Integration, SSI), 중규모 집적회로(Medium-Scale Integration, MSI), 대규모 집적회로(Large-Scale Integration, LSI), 초대규모 집적회로(Very-Large-Scale Integration, VLSI), 극대규모 집적회로(Ultra-Scale Integration, ULSI) 등이 있다. 소규모 집적회로는 1~10개 정도의 게이트를, 중규모 집적회로는 10~100개 정도의 게이트를, 대규모 집적회로는 100~수천 개 이상의 소자를, 초대규모 집적회로는 일만 개~일백만 개 정도의 소자를, 극대규모 집적회로는 일백만 개 이상의 소자를 각각 포함한다.

나노 기술이 획기적으로 발전하기 위해서는 최소한 10만 배의 배율로 관찰이 가능한 현미경이 필요하다. 1930년 중반 독일의 에른스트 루스카는 전자가 비록 입자지만 빛과 같은 파동성을 가진다는 점에 착안하여 전자현미경을 발명했다. 전자현미경 기술은 계속 발전하여 2000년대에 이르러서는 0.1나노미터의 해상도를 가지고 물체를 관찰할 수 있게 되었다. 이로써 우리는 원자를 직접 볼 수 있게 되었다. 하지만 전자현미경으로 물질을 관찰하는 것은 진공 내에서만 가능했고, 시험용 조각을 아주 얇게 처리해야만 하는 단점이 있었다.

생체는 수분을 함유하고 있어 진공에서 직접 관찰하는 것이 불가능하다. 즉 생체를 살아있는 상태로 관찰하려면 전자를 사용하지 않는 다른 관찰법이 필요하다. 1981년 국제사무기 회사(International Business Machines Corporation, IBM) 연구소에서 근무하는 스위스 물리학자인 하인리히 로러(Heinrich Rohrer)와 독일의 물리학자인 게르트 비니히(Gerd K. Binnig)는 주사형 터널링 현미경(Scanning Tunneling Microscope : STM)을 개발한 공로로 노벨물리학상을 수상했는데 주사형 터널링 현미경은 아주 예리한 바늘이 물질의 표면 위를 움직이면서 전류 변화를 측정해 표면의 구조를 나노미터 수준에서 관찰하거나 변형시킬 수 있는 장치이다. 이는 나노 기술이 발전하는 결정적인 계기가 됐다. 이 전자현미경의 원리는 원자들 사이에 터널링(Tunneling) 전류를 측정하여 원자간 거리를 측정하는 것이다.

> ### 💡 국제사무기기회사(IBM)
>
> 미국의 정보기술(information technology, IT) 기업이다. IBM은 International Business Machines Corporation의 약자로서, 국제사무기기회사라는 뜻이다.
>
> ### 터널링(Tunneling)
>
> 인터넷을 사적이고 안전하게 사용하는 네트워크의 일부이며, 한 네트워크에서 다른 네트워크로의 접속을 거쳐 데이터를 보낼 수 있도록 하는 기술을 말하고, 전자현미경에서 터널링(tunneling)이란 전자에 의한 물질파의 일부가 퍼텐셜 장벽을 통과하는 양자역학적 현상을 말한다.

터널링(Tunneling) 전류란 원자 사이에 전자가 교환되면서 흐르는 전류를 말하는데, 이 전류는 원자 사이의 거리에 따라 민감하게 변하므로 전류를 측정하면 원자 사이의 거리를 정확하게 측정할 수 있다. 원자 크기의 바늘로 표면을 스치듯 더듬어서 원자의 배치는 물론, 원자 주위의 전자분포까지 영상화할 수 있게 되었다.

1986년 노벨물리학상을 수상한 이 발명으로 0.01나노미터의 해상도로 특별한 처리 없이도 물체를 관찰할 수 있게 되었다. 원자힘현미경(Atomic Force Microscopy, AFM)도 발명되었는데, 이것은 원자 사이에 밀치는 힘을 측정한다. 원자힘현미경은 표면의 원자를 관찰하는 것 외에도 원자를 조작할 수도 있다. 탐침을 시험용 조각 즉, 시편 표면의 원자에 근접시키고 일정한 전류를 가해 주면, 원자를 탐침 끝에 부착시키거나 떨어뜨릴 수도 있어 원자를 이용하여 쓰는 글씨도 가능해졌다.

❖ 나노 기술 응용 사례 : 나노 기술을 도입한 손상모발 치료제가 있고, 비타민 C, 감잎, 자스민 차 추출물 등을 피부세포 간격인 75nm보다도 작은 극미세 나노좀 화장품에 넣을 수도 있다. 나노좀 화장품은 약 40nm의 크기이다. 그리고 나노 기술은 메모리 반도체 기술에서 90나노 D램 양산기술과 연계되어 있고, 나노미터 크기 입자의 은 입자의 항균력을 이용한 나노 젖병 생산도 있다. 물에 잘 녹지 않아 가라앉는 물질을 20~50nm 크기의 생분해성 고분자 집합체로 감싼 뒤 물속에 골고루 퍼지도록 만들 수도 있다.

❖ 나노좀 화장품 : 화장품에 가장 일반적으로 사용되는 나노물질 중 하나는 티타늄다이옥사이드(Titanium Dioxide)이다. 티타늄디옥사이드는 자연환경에 존재하는 광물로서 땅에서 캐낸 다음 추가 공정을 거쳐서 정제함으로 도료, 식품, 의약품, 화장품에 이르기까지 많은 제품에서 사용된다. 티타늄다이옥사이드는 분쇄되거나 합성될 수 있어서, 마이크로 크기로 입자를 생성하거나, 보다 더 작은 나노물질로 입자를 생성할 수 있다. 티타늄다이옥사이드는 자외선을 반사시키거나 산란시키기 위해 자외선 차단제에 사용된다. 티타늄다이옥사이드는 자외선으로부터 피부를 보호할 뿐만 아니라, 나노 형태의 경우에는 발림성이 좋고 백탁 현상을 감소시켜 피부를 투명하게 만드는 제품 처방에 있어서 장점도 제공한다. 티타늄디옥사이드는 피부, 손톱, 입술, 눈 주위에 색을 입히기 위한 화장품 제품에서 착색제로 사용된다.

🔅 **나노좀**

작은 포켓과 같은 구조물로서 피부세포 간격(75nm)보다도 작은 극미세 사이즈인 40nm 크기의 간격을 말한다.

티타늄다이옥사이드(Titanium Dioxide)

무기 자외선 차단제로 자외선 A(UVB)와 자외선 B(UVA)의 일부를 물리적으로 반사하여 차단한다.

티타늄디옥사이드는 제품에 첨가하면 제품의 색상에 백색을 부여하는 백색 분말이다. 그러나 입자가 더욱 더 미세하게 고운 가루로 만들어지면 더 이상 제품 색상에 영향을 주지 않는다. 이렇게 미세한 가루 물질을 나노 티타늄디옥사이드라고 부르며, 수많은 자외선 차단제에 사용된다. 안료로서 티타늄디옥사이드는 유제품 및 사탕과 같은 특정 식품의 백색을 부여하고 치약이나 일부 약물의 색상을 밝게 하는데 사용되는 식품첨가물이다. 또한 건조야채, 견과류, 씨앗, 수프, 겨자, 맥주 및 와인과 같은 백색이 아닌 다양한 식품의 화학조미료로 사용된다. 티타늄디옥사이드는 식품, 의약품, 의료기기용으로 쓰는 착색제이다. 식품 포장 물질의 착색제로 티타늄디옥사이드를 사용할 수도 있다.

화장품 착색제인 카본 블랙(Carbon Black)도 나노 형태로 사용될 수 있다. 여러 미네랄 물질의 나노입자도 화장품에 사용할 수 있다. 화장품의 나노 에멀전은 보습제처럼 피부에 영양을 주는 오일 함량을 높일 수 있는 매우 작은 방울이다. 우유도 지방 입자의 작은 물방울이 물에 부유하는 나노 에멀전(nano emulsion)의 하나이다. 나노 에멀전과 나노좀은 손상되기 쉬운 성분이 분해되는 것을 막기 위해 작은 포켓과 같은 구조를 사용하는 셈이어서 피부에 도포 시 분해되어 내용물을 표피층으로 방출한다.

카본 블랙(Carbon Black)

그을음이나 재를 모아서 만든 것과 같은 것으로 숯이나 다이아몬드(Diamond), 그래핀(Graphene), 탄소 나노튜브(Carbon nanotube, CNT), 탄소 섬유(carbon fibers) 등과 같은 탄소 동위원소이다.

❖ 나노 수영복 : 수영복 원단에 공기가 통할 수 있는 통기성을 부여한 나노 기술은 친환경적인 섬유제조 공법이다. 나노미터 크기의 보이지 않는 얇은 그물막을 각 섬유조직의 주위에 입혀서 나노입자가 직접 수영복의 섬유 분자를 엮게 된다. 이렇게 피막조직이 형성되면 영구적으로 물 입자를 배제시키면서도 섬유의 직조 구조에 손상을 주지 않은 방수 격리 표면을 갖게 되는 원리다. 방수 격리 효과는 섬유를 깨끗하게 하면서 바람이 잘 통하게 해 방수성을 띠면서 옷감의 표면을 보호한다. 물이 수영복에 흡착할 수 없게 됨에 따라 물에 젖지 않고 평소처럼 마른 상태를 유지하거나 금세 마르게 된다. 물에서 나오면 수분이 금세 이슬 모양으로 맺혀 바로 굴러 떨어져 배출된다. 나노 기술을 적용해 섬유구조가 안정적이어서 구김이 없고 자외선 차단과 무독성으로 인체에 무해해 환경 친화적이다.

수영복을 입고 물어 들어가면 물 입자가 옷감의 각 섬유조직에 스며들어 물에 젖게 된다. 마찬가지로 수영복 세탁 역시 차거나 미지근한 물에 손세탁을 해서 그늘에 널어 말리게 된다. 탈탈 털어서 널면 건조가 끝난다. 단 일반 수영복과 마찬가지로 햇빛에 말리거나 다림질, 드라이클리닝, 세탁기에 넣으면 안 된다. 편안한 착용감에 변식이 되지 않고 첨단 형상기억 섬유로 착용감이 좋다. 수영장 소독에 쓰이는 염소에 의한 손상도 적다.

❖ 나노 배터리 : 충전에 오랜 시간이 걸리던 리튬 이온 배터리의 충전을 단 1분에 80%까지 충전할 수 있으며 기본보다 더 많은 에너지를 보유한 배터리 기술이다. 배터리의 음전극에 나노입자를 이용하면, 나노입자는 전극의 파괴 없이 다량의 리튬 이온을 빠르게 흡수하고 저장할 수 있도록 해준다. 배터리는 오랜 수명을 지녀 1,000번의 충, 방전 순환 후에도 단지 1%의 능력 손실을 보이고, 영하 40도에서도 배터리 능력의 80%를 방전한다.

저절로 충전되는 나노미터 크기의 다이아몬드 배터리가 있다. 이는 표준 상용 다이아몬드 배터리의 전력 효율 15%에 비해 크게 개선된 것이다. 일반적으로 다이아몬드 배터리는 방사성 폐기물을 원료로 해 자가 충전이 가능하지만 수명이 긴 반면 전력 효율이 낮은 것이 문제로 지적됐다. 다이아몬드에서 전하를 보다 효율적으로 추출할 수 있는 새로운 나노미터 크기의 다이아몬드 배터리가 있다. 인공 다이아몬드로 둘러싸인 탄소-14 핵폐기물로 구성된 배터리를 개발해 최대 수명 2만 8,000년까지 자체 충전할 수 있는 배터리를 상용화하는 것이 미래과학의 일부이다. 이 배터리는 작동 중에 탄소를 배출하지 않으며, 기술적으로는 배터리지만 내부에 꾸준히 전기 흐름을 만들어내기 때문에 오랜 기간 사용할 수 있는 자가 충전이 가능한 배터리가 된다.

🔅 탄소-14

약 5,730년의 반감기를 지닌 방사성 원소이며, 방사성 탄소(radiocarbon)라고 부른다. 이 방사성 탄소는 핵무기 실험으로 인해 인공적으로 어마어마한 양이 대기권에 생성되었다. 탄소-14는 질소 14의 원자에 있는 중성자의 영향으로 상층 대기에서 지속적으로 만들어진다.

나노미터 크기의 다이아몬드 배터리(Nuclear Diamond Battery)

❖ 나노 D램 메모리 반도체 : 나노 기술(Nano Technology ; NT)은 반도체 소자인 트랜지스터(Transistor)의 크기를 나노미터 단위 즉, 10억분의 1미터로 미세하게 만드는 공정을 말한다. 트랜지스터의 크기를 줄이면 줄일수록 반도체 원가를 절감할 수 있어 메모리 반도체를 만드는 기업들의 관심도 이 경쟁에 쏠리고 있다. 반도체의 기반이 되는 반도체 칩의 원판인 웨이퍼(Wafer)는 8~12인치 정도 크기를 가진다. 하나의 메모리 칩은 웨이퍼 안에 트랜지스터를 꽂을 수 있을 만큼 꽂고, 규격에 맞게 잘라내는 방식으로 생산된다. 트랜지스터의 크기가 미세해지면 더 많은 트랜지스터를 같은 크기의 웨이퍼에 꽂을 수 있다. 같은 크기의 종이에 그림을 그릴 때, 미세한 붓으로 그리면 더 많은 그림을 그릴 수 있는 것과 같은 맥락이다.

💡 D램

메모리 장치의 일종이다. 메모리란 말 그대로 기억을 담당하는 컴퓨터 부품으로, 컴퓨터나 스마트 폰에서 데이터를 기억하기 위하여 저장하는 역할을 한다. 메모리는 크게 비휘발성 메모리, 휘발성 메모리로 구분되는데 컴퓨터가 꺼지면 데이터가 날아가는 것이 휘발성, 컴퓨터를 껐다 켜도 데이터가 그대로 남아있는 것이 비 휘발성 메모리이다. 대표적인 휘발성 메모리로는 D램과 S램(Static Random Access Memory)이 있다. S램은 데이터에 빠르게 접근할 수 있지만, 기억소자 구조가 복잡하다. D램은 접근 속도가 S램에 비해 느리지만, 구조가 매우 단순하다. S램은 여러 개의 트랜지스터가 하나의 셀을 구성한다. 이 때문에 데이터를 저장하는 셀의 크기가 크다. 동일 면적에 대한 집적도가 낮고 회로구조가 복잡하여 대용량으로 만들기 어렵다. 이 때문에 메인 메모리로는 D램이 주로 사용된다. 데이터를 많이 저장하기 위해서는 기억소자를 많이 만들어 놓아야 한다. D램은 문서나 파일을 보관하는 USB나 디스크와 같은 용도보다는, CPU로부터 전송된 데이터를 임시 보관하는 주 기억장치 역할을 한다.

트랜지스터(Transistor)

회로 내에서 주로 전류를 제어하거나 신호를 증폭하는 용도로 사용되는 단자(Terminal)가 3개인 전자소자이며, 전송한다는 뜻의 Transfer와 저항 소자라는 뜻의 Varistor의 합성어이다.

웨이퍼(Wafer)

반도체 칩을 만드는 토대가 되는 얇은 원판이며, 모래에서 추출한 규소, 즉 실리콘의 단
결정 기둥을 적당한 두께로 얇게 썬 원판이다.

이 때문에, 나노 공정을 도입하면 하나의 웨이퍼에서 더 많은 반도체를 한 번
에 생산할 수 있다. 웨이퍼 사용량을 줄이는 것이 반도체 기업 입장에서는 원가
를 절감할 수 있는 좋은 방법이다. 메모리 시장 미세한 D램을 생산하기 위해 14
나노미터 D램, 10나노미터 D램을 생산하고 있다.

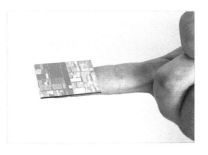

IBM의 7 Nanometer 반도체

삼성전자의 5 Nanometer 반도체

❖ 나노 젖병 : 은이 함유된 소재로 만든 나노 실버(nano silver) 젖병이 있다.
은을 나노미터 크기 입자로 나눈 뒤 젖병 소재와 섞어 만든 것으로 은이 가
진 항균 특성을 활용한다. 나노미터 크기 입자로 나눈 은을 고분자로 코팅
한 뒤 젖병 소재와 섞는 것이다. 일반적으로 나노미터 크기 금속입자는 수
용액 상태에서 건조과정을 거쳐 분말로 만들면서 얻어내는데 문제는 나노
미터 크기 금속 입자는 자성을 갖고 있어 최종적으로 얻는 산물은 당초 크
기보다 더 큰 입자로 나온다는 점이다. 이 때문에 수용액 상태에서 10나노
미터 크기를 갖더라도 건조하는 과정에서 입자들이 서로 달라붙어 최종적

으로 얻어진 산물은 100나노미터를 넘어서는 문제를 안고 있다. 이를 막기 위해 나노미터 크기 입자를 고분자로 감싸는 방법을 사용한다. 즉 모든 입자에 고분자를 입혀 입자들이 서로 달라붙는 성질을 억제한다.

은 입자 크기를 최소화함으로써 표면적을 극대화해 은 입자의 항균력을 높인다. 체내 저항력이 약한 아기에게 사용하는 식품이나 용기는 가장 깨끗하고 안전해야 한다. 특히 젖병은 아이 입에 직접 닿는 것이기 때문에 더욱 신경을 써야한다. 나노 실버 젖병에 대해 궁금해 하는 엄마들이 많다. 은이 들어간 나노 실버 젖병은 은이 가지고 있는 여러 특성 중 항균력, 탈취력, 식품의 보존시간 연장 등의 뛰어난 효능을 활용해 제작된 신개념 젖병이다.

나노 실버 젖병

나노 실버 젖병

❖ 나노 바이오 : 다양한 분야의 학문들이 절묘하게 만나고 있는 장소가 나노 바이오(nano bio) 분야이다. 입자의 크기와 모양이 나노 수준으로 작아졌을 때 달라지는 특성과 기술을 이용하여 생명과학 분야에서 질병진단 및 신약개발을 포함한 광범위한 응용연구가 진행되고 있다.

❖ 나노입자 : 나노입자에는 금 나노입자, 반도체 나노입자, 자성 나노입자 등

이 있다. 다양한 나노입자 중에서 바이오 진단에 가장 널리 사용되고 있는 선두 주자는 금속 나노입자로서 금 나노입자(gold nanoparticle, AuNP)가 이에 속한다. 동일한 크기의 금 나노입자들을 생체물질 간의 결합 등을 통해 응집시킬 경우 눈에 보이는 색깔이 적갈색에서 보라빛으로 바뀌게 된다. 이와 같이 눈으로 쉽게 관찰될 수 있는 비색법(colorimetry)의 원리를 이용하여 다양한 생체물질 분석이 가능하다.

금 나노입자 이외에 반도체 나노입자(semiconductor nanoparticle)로 구성된 양자점 (quantum dot, Qdot)은 일반 형광체에 비해 10배에서 50배 정도의 높은 신호세기를 보여준다. 나노 기술은 단지 물리적 크기의 축소에만 국한된 것이 아니라 물질의 광범위한 특성인 표면화학적, 분광학적, 전기적, 전자기적 특성 등이 나노 수준에서 크게 변화하기 때문에 생명과학 분야에서는 나노 기술을 다양한 진단 및 분석에 활용하고 있다.

자성 나노입자의 경우는 세포의 분리, 유전자 클로닝, 바이오센서, MRI 등의 의과학 분야에 널리 적용되고 있는 물질로서 큰 주목을 받고 있다. 전통적으로 자성 나노입자는 자성을 갖는 마이크로입자와 함께 DNA, 단백질 및 펩타이드를 분리하거나 정제하는 데 효과적으로 이용되어 왔다. 자성 나노입자는 DNA · RNA, 단백질, 박테리아, 바이러스, 암세포 등을 간단한 자석만으로 효과적으로 분리할 수 있는 장점이 있다.

플라스마(Plasma) 기술

물질은 기본적으로 고체, 액체, 기체의 상태에 있다. 낮은 온도에서는 물이 얼음이 되었다가 온도가 올라가면 액체 상태의 물이 되고 더 높은 온도에서는 기체 상태의 물 분자로 존재한다. 기체 상태의 분자에 더 많은 에너지가 가해지면 원자의 최외각에 있는 전자가 원자로부터 분리된다. 이러한 과정을 이온화(Ionization)라고 하며 이런 물질을 플라스마(plasma)라고 한다. 플라스마는 전자와 이온의 양이 거의 같은 물질 상태이다.

좀 더 자세히 설명하면, 기체 상태의 물질에 계속 열을 가하여 온도를 올려주면, 이온핵과 자유전자로 이루어진 입자들의 집합체가 만들어진다. 기체 상태에 높은 에너지를 가하면 수만 ℃에서 기체는 전자와 원자핵으로 분리되어 플라스마 상태가 된다. 기체 상태를 이루고 있던 기체 분자들이 하나둘씩 쪼개지고 물질을 이루고 있는 단위들인 이온, 전자, 중성입자 등으로 나누어져 자유롭게 움직이는 상태가 된다. 기체의 온도가 2,000도쯤 올라가면 가스 분자가 쪼개져 원자 상태가 되고, 약 3,000도에서는 원자에서 전자가 떨어져 나가 이온화가 된다. 이런 상태의 가스를 플라스마라 한다. 이때는 전하 분리도가 상당히 높으면서도 전체적으로 음과 양의 전하수가 같아서 중성을 띠게 된다.

물질의 세 가지 형태인 고체, 액체, 기체와 더불어 제4의 물질상태로 불리는 플라스마에 대해 알아보았다. 과학사에서 화학적 원리로서의 4원소 이론은 이미 폐기되었지만 이 이론은 물질의 상태를 정확하게 반영하고 있다. 과학사에서 화학적 원리로서의 4원소 이론이란 모든 물질은 흙, 물, 공기, 불로 이루어져 있다고 하는 것인데 오늘날 과학의 이론으로 비추어 보면 흙은 고체, 물은 액체, 공기는 기체, 불은 플라스마이니 틀리다고 할 수도 없다. 그러니까 이렇게 대응시켜 보면 4원소 가운데 불이 바로 제4의 상태인 플라스마에 대응한다.

💡 4원소 이론

사원소설(四元素說)은 모든 물질이 물, 불, 공기, 흙이라는 기본 원소들로 이루어졌다는 주장이다. 기원전 5세기, 엠페도클레스라는 그리스의 철학자는 세상의 모든 만물이 바람, 불, 물, 흙의 4개의 원소로 이루어졌다고 주장하였다. 사원소설은 아리스토텔레스에 의하여 체계적인 발전하였는데, 아리스토텔레스는 엠페도클레스의 사원소설을 이어받아 좀 더 체계적으로 발전시켰다. 즉, 만물이 물, 불, 흙, 공기로 이루어져 있다는 사원소설의 기본 개념에 따뜻함, 차가움, 건조함, 축축함이라는 4가지 성질을 부여하여 원소들끼리 성질이 교환되고, 섞이는 비율이 달라지면 원소가 변화할 수 있다고 생각했다. 이에 따르면 네 가지 원소는 각각 온·냉과 건·습의 조합으로 표현할 수 있었다. 뜨거우면서 건조한 것은 불, 뜨거우면서 습한 것은 공기, 차가우면서 건조한 것은 흙, 차가우면서 습한 것은 물이다. 또한 각각의 원소는 불과 공기는 위로 올라가려는 성질이, 흙과 물은 땅으로 떨어지려는 성질이 가장 강하다고 주장했다. 아리스토텔레스의 사원소설은 실제 일어나는 현상을 직관적으로 설명이 가능했기 때문에 무려 2,000년 가까이 이어지며 중세 연금술의 기초적인 이론이 되기도 했다.

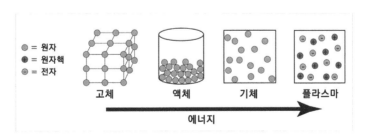

물질의 4가지 상태

물질은 원자로 구성되어 있다. 원자는 전자와 원자핵으로 구성되어 있으며 서로 잡아당기는 힘에 의해 전자가 원자핵에 붙어 있는 형태이다. 이때 온도를 높이면 물질은 고체에서 액체, 기체, 플라스마의 순으로 변화하며, 이 과정에서 전자와 원자핵은 떨어지게 된다. 온도가 1억℃에 이르면 전자와 원자핵이 모두 떨어져 자유롭게 움직이는 플라스마 상태가 된다.

고체 상태의 물질을 가열하면 액체가 되고, 계속 가열하면 기체가 된다. 기체를 계속해 가열하면 주변으로부터 너무 많은 에너지를 흡수한 전자가 원자로부터 떨어져 나오고, 전자를 잃은 원자는 양이온 상태가 된다. 이경우 물에 녹은 수용액 상태가 아닌데도 물질이 이온 상태로 존재할 수 있다. 이처럼 고온에서 이온과 전자가 뒤섞여 존재하는 것을 플라스마라 한다.

양이온과 음이온의 총 전하수는 거의 같아진다. 이러한 상태가 전기적으로 중성을 띄는 플라스마 상태이다. 물질은 내부 온도가 높아짐에 따라 고체, 액체, 기체, 플라스마로 변하는데, 고체는 분자의 위치가 고정됨이고, 액체는 분자가 모여 이동함이며, 기체는 분자가 독립적으로 운동함이고, 플라스마는 분자가 이온과 전자로 분리됨으로 설명이 가능하다. 이렇게 분자가 나누어지는 현상을 해리 현상이라고 한다. 즉, 하전입자 및 중성입자의 집단이 바로 플라스마이며 전기적으로는 중성을 띤다.

❖ 플라스마의 사용 사례 : 플라스마는 핵융합장치에서 볼 수 있는데 핵융합장치에서만 볼 수 있는 현상은 아니다. 지구상에서는 흔하지 않은 현상이지만 우주에서는 거의 모든 물질의 정상 상태가 플라스마 상태이며 태양의 대기 또한 플라스마로 채워져 있다. 우리 주변에서 관찰할 수 있는 플라스마 상태로는 조명등으로 사용하고 있는 형광등, 길거리에서 흔하게 볼 수 있는 네온사인, 자연현상으로는 소나기가 쏟아지면서 자주 발생하는 번갯

불과 같은 것들이 있는데 번개는 자연에서 볼 수 있는 대표적인 플라스마 현상이 된다.

번개

오로라

번개는 대기 중에서 발생하는 방전 현상의 일종이다. 공기 중에는 우주선(宇宙線)의 전리 작용에 의해 원자로부터 전자가 튀어나온 하전입자들이 포함되어 있다. 강한 전압이 걸리면 전자들이 양극으로 이동하면서 공기 중의 기체를 이온화시킨다. 이때 전자들이 급격하게 만들어지면서 실처럼 가느다란 형태를 띠게 되는데, 이 부분이 전자와 이온이 혼합되어 있는 플라스마 상태이다. 북극 지방 밤하늘에 발생하는 오로라(Aurora)도 플라스마가 나타내는 빛이 된다. 오로라는 플라스마 상태의 입자가 지구 자기장에 이끌려 대기 속으로 흘러들어가는 과정에서 대기의 원소와 충돌했을 때 발생하는 에너지가 빛으로 전환되는 현상이다. 지구 자기장의 영향으로 발생하는 현상이므로 1년 내내 관측할 수 있지만 낮에는 태양, 밤에는 구름 때문에 사람 눈으로 볼 수 있는 시간은 한정되어 있다. 오로라는 태양에서 날아온 하전입자가 지구 자기장과 상호작용하여 일어나는 방전 현상으로, 주로 극지방 상층 대기에서 일어난다.

우주에서는 대부분이 플라스마 상태로 존재하고, 지구에서도 플라스마를 관측 할 수 있으며, 지구 에너지의 원천인 태양, 지구를 둘러싼 전리층 등도 플라스마 현상이다. 대기의 상층에는 기체가 이온과 전자로 나누어져 플라스마 상태로 된 곳이 있는데, 이 층을 전리층이라고 한다. 전리층은 태양으로부터 오는 자외선에 의하여 상층 대기의 분자나 원자가 이온화되어 형성된다. 대기 밖으로 나가면 지구 자기장 속에 이온들이 잡혀서 이루어진 밴앨런대가 플라스마이고, 태양으로부터 쏟아져 나오는 태양풍 속에도 플라스마가 있다. 별 사이의 공간을 메우고 있는 수소 기체도 플라스마 상태이고, 각 가정에 있는 제품에서도 인공적인 플라스마를 찾을 수 있고, 고압 전류를 흘릴 때 플라스마 상태에서 나오는 오존은 나쁜 냄새를 없애는 능력이 뛰어나 탈취제나 공기 청정기 등에 쓰인다.

만일 쓰레기 소각장에 플라스마를 이용한 장치를 설치한다면 굴뚝에서 나오는 해로운 가스를 없앨 수도 있다. 그러나 플라스마는 폭발력이 너무 강해서 쉽게 이용하기 어려운데 그런 플라스마를 효과적으로 이용하는 기술이 점점 개발되면서 첨단 기술로 통하는 중요한 구실을 하는 것이다. 기존의 물질 합성이나 가공 방법으로는 만들지 못했던 새로운 물질을 만들 수도 있다. 플라스마는 핵융합을 통해 석유나 석탄과 같은 화석연료를 대체하여 사용할 수 있으며, 세계의 주요 선진국들은 플라스마를 이용한 대체에너지원 개발을 위해 활발한 연구를 진행하고 있다. 앞으로 플라스마를 사용하거나 응용할 수 있는 분야는 무궁무진하다. 핵융합 에너지를 만들어 내는 인공 태양도 따지고 보면 우주의 플라스마를 인공적으로 만들어 내려는 것이다. 플라스마를 이용하면 인공 다이아몬드를 합성할 수 있고, 고대 유적지에서 발굴된 금속유물에 플라스마로 표면 코팅처리를 하면 마모나 부식을 방지할 수 있으며, 유물의 상태를 개선하는 효과를 낼 수도 있다. 플라스마가 내는 빛을 이용한 플라스마 표시 장치(Plasma Display Panel, PDP)는 산업전반에 폭넓게 사용되고 있다. 대표적인 것이 PDP

TV이다.

❖ PDP(Plasma Display Panel) TV : 진공상태에서 양 전극과 음 전극에 강한 전압을 걸면, 그 안에 있는 가스가 활성화되었다가 시간의 경과에 따라 다시 안정된 본래의 상태로 돌아가면서 마치 오로라 같은 강하고 아름다운 빛을 발하게 된다. 그때 이 플라스마 현상을 이용한 것이 PDP(Plasma Display Panel)이다.

플라스마 디스플레이는 기체 방전 현상을 이용한 표시 소자이므로 한때는 기체 방전소자(Gas Discharge Display)라는 명칭으로 불렸다. PDP는 플라스마를 이용한 미세한 형광등의 집합체를 말하는 것으로 기체방전을 이용한 표시장치로 정의할 수 있다. 특히 PDP는 TV와 PC 기능을 동시에 구현할 수 있는 강점을 가지고 있다. 50인치 이상의 대형화면도 설계할 수 있으며 자연색 재현이 가능하다는 장점 때문에 미래형 디스플레이로 불리고 있다.

플라스마는 고정 화소 장치로써 개별의 픽셀(Pixel)이 허니콤(Honey Comb)에 근접한 유리구조에 형성되어 있다. 픽셀의 후면에는 빛의 삼원색인 빨간색(Red), 초록색(Green), 파란색(Blue)로 코팅되어 있으며, 내장된 픽셀은 크세논과 네온 가스의 혼합체로 압축되어 있다. 연결되는 전압은 가스가 플라스마 상태로 변하여 자외선을 방출하도록 한다. 자외선은 형광체의 한색을 때려서 그 색상의 빛을 재분사한다. 분사강도를 변화시키면서 빨간색(Red), 초록색(Green), 파란색(Blue)인 RGB 삼원색을 조화시키면, 플라스마 패널에서는 다양한 범위의 색상을 발생시킬 수 있다. 각 컬러의 농도는 각 화면의 프레임 동안 서브 픽셀에 적용되는 전압 펄스 횟수와 폭의 변화에 의해서 조정된다. 방대 극성의 전하는 가스가 환원되도록 하고 그 픽셀은 꺼버린다. 이렇게 충전과 방전을 반복하는 사이클론(Cyclone)을 1초에 85회 발생함으로써 전체적인 화면으로 조화된다.

> ☀ **허니콤(Honey Comb)**
>
> 벌집의 모양 구조를 말한다. 벌집의 육각형의 구조는 최소한의 재료를 가지고 최대한의 공간을 확보할 수 있는 가장 경제적인 구조이다. 그리고 가장 균형 있게 힘을 배분하는 안정적인 구조이기 때문에 외부 충격에도 가장 강하다. 육각형으로 이루어진 벌집 모양의 구조는 공간을 활용하는 데에 있어서 가장 효율적이라고 한다. 최소의 둘레로 같은 면적의 영역을 분할하는 가장 좋은 방법이 육각형이라는 것이 수학적으로 증명되었다. 압력을 많이 받게 되는 비행기나 인공위성을 만들 때, 장시간 깔고 앉아있어야 하는 방석을 만들 때, KTX의 경우 매우 빠른 속도로 달리기 때문에 충돌 사고를 대비해서 뾰족한 기차의 앞머리 부분을 만들 때, PDP TV의 판넬을 만들 때 허니콤 구조를 사용한다.

> **크세논**
>
> 제논(Xenon, 영어발음) 또는 크세논(Xenon, 독일어발음)은 화학 원소 기호는 Xe이고, 원자 번호는 54인 원소이다.

PDP는 현재 활발히 연구되고 있는 LCD(Liquid Crystal Display), FED(Field Emission Display), ELD(Electroluminescence Display)와 같은 여러 분야의 평판형 디스플레이 중에서도, 가장 대형화에 유리한 점을 많이 가지고 있다. PDP가 평판으로서 대형화가 가능한 이유는 두께가 각각 3mm 정도 되는 유리 기판을 2장 사용하여 각각의 기판 위에 적당한 전극과 형광체를 도포하고 약 0.1~0.2mm 정도의 간격을 유지하여 그 사이의 공간에 Plasma를 형성하는 방법을 채택하기 때문이다.

PDP는 궁극적으로 HDTV(High Definition TeleVision, 고선명 TV) 용으로 적합한 표시장치이다. PDP는 각 픽셀에서 생성되는 플라스마가 격벽이나 전극의 온도가 -100℃~100℃ 정도의 범위에서는 거의 영향을 받지 않는 특성을 갖고 있다. 따라서 PDP의 작동 온도 범위는 구동회로에 이용되는 반도체 소자에 의해 결정된다.

플라스마 패널의 사용시간은 약 3만 시간 정도이며, 하루에 반나절 가량인 12시간을 시청한다면 8년까지는 초기의 화질 40퍼센트의 손실이 발생된다. PDP는 공항, 기차역, 터미널, 각종 공연장소에서 공연 소개나 관광지 홍보는 물론 매표 현황이나 시각표 등의 필요 정보를 PDP는 정확하게 어떠한 각도에서도 화면을 보여줄 수 있으며, 각지에서 수없이 벌어지는 각종 이벤트에서는 물론, 아파트 모델 하우스 등을 비롯한 전시장에서 PDP는 한층 더 돋보이는 디스플레이를 연출할 수 있다. 얼마 전까지만 해도 PDP 텔레비전이 부의 상징이었고, PDP 텔레비전의 핵심 기술은 플라스마이다. 화면이 크고 두께가 얇아 벽에 걸 수도 있는 텔레비전이며, 플라스마 현상을 이용해 만든 여러 색깔의 빛이 화면에 풍부한 색감을 나타내고 있고, 유리 두 장을 포갠 틈새에 있는 작은 방에 네온과 아르곤 같은 가스를 채우고 전극에 전압을 가해 기체를 플라스마 상태로 만든 것이다. 플라스마 상태에서 형광체가 원하는 색깔의 빛을 만들고 있다.

❖ 인공 플라스마의 발생원리 : 플라스마를 만들려면 흔히 직류, 초고주파, 전자빔 등 전기적 방법을 가해 플라스마를 생성한 다음, 자기장 등을 사용해 이런 상태를 유지하도록 해야 한다. 인공적으로 만들기는 쉽지 않지만 우주 전체의 99퍼센트가 플라스마 상태의 물질이다.

❖ 우주 성분인 플라스마 : 우주 전체를 보면 플라스마가 가장 흔한 상태라고 할 수 있다. 우주 전체의 99%가 플라스마 상태이다. 플라스마 상태는 지구상에서는 흔하지 않은 현상이다. 하지만 우주에서는 거의 모든 물질이 플라스마 상태이며 태양의 대기 또한 플라스마로 이루어져 있다. 우주 공간에서 볼 수 있는 플라스마로는 하전입자들의 흐름인 태양풍과, 수소 분자가 해리되어 플라스마로 이루어진 성간물질 등이 있다. 플라스마로 첨단을 열고 우주까지 가게 된다. 시대가 바뀌면서 예전에는 관심을 두지 않았던

물질이 새롭게 주목을 끌기도 한다. 때로는 위험한 것으로만 여겨지던 물질이 미래를 약속하는 기술의 씨앗이 되는 경우도 있다. 우주의 높은 온도나 압력 상태에서 만들어진 플라스마는 거대한 폭발력을 지녀 위험한 물질의 대명사였다. 하지만, 플라스마 엔진을 실은 우주선이 이전의 우주선보다 10배나 빠른 속도로 화성에 도착하기도 했다. 기존에 있던 제품이라도 플라스마가 들어가면 마술을 부린 듯 첨단 기기로 바뀌는 양상이다.

✤ 플라스마 엔진 : 태양에너지보다 1,000배 강한 플라스마 로켓은 지구에서 화성으로 가는 길을 일 년에서 한 달로 줄여준다. 지금까지 개발된 유인 우주선 중 가장 빠른 우주선은 미국의 아폴로 10호인데 우주인들을 태우고 달까지 한 시간에 3만 9,895km를 날았다. 이 속도라면 유인 우주선으로 화성까지 편도로 235일 걸린다. 지구와 화성을 왕복하려면 꼬박 일 년 반이 걸린다. 이런 이유로 기존 우주선의 느린 속도는 유인 화성 탐사를 가로막는 가장 큰 벽으로 꼽힌다. 시간도 오래 걸리는 데다 화성까지 물자를 싣고 가려면 막대한 연료 소비가 불가피해서다. 과학자들은 대안으로 이온 엔진, 플라스마 엔진, 우주 돛단배 등 다양한 추진 기술을 연구 중인데 이 가운데 플라스마 엔진은 가장 주목받는 기술로 손꼽힌다. 로켓 엔진은 화학연료 연소를 통해 추진력을 얻는다. 이 방식의 우주선은 연료 대부분을 지구대기권을 이탈할 때 사용하기 때문에 우주를 날아가는 동안은 주로 관성을 이용해 항해한다. 이온 엔진은 전기장으로 원자나 이온에 전기적 반발력을 발생시켜 우주선의 추력으로 사용한다. 핵융합 엔진으로도 불리는 플라스마 엔진은 태양 내부처럼 이온을 가열시켜 더 큰 추진력을 얻는 기술이다.

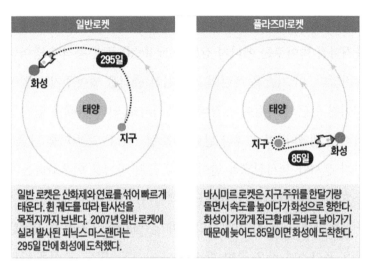

일반로켓	플라즈마로켓
일반 로켓은 산화제와 연료를 섞어 빠르게 태운다. 휜 궤도를 따라 탐사선을 목적지까지 보낸다. 2007년 일반 로켓에 실려 발사된 피닉스마스랜더는 295일 만에 화성에 도착했다.	바시미르 로켓은 지구 주위를 한달가량 돌면서 속도를 높이다가 화성으로 향한다. 화성이 가깝게 접근할 때 곧바로 날아가기 때문에 늦어도 85일이면 화성에 도착한다.

일반로켓과 플라스마로켓의 비교

화성까지 39일 만에 날아가는 엔진을 개발하고 있다. 지금까지 화성 탐사를 위해 제안된 어떤 엔진보다 빠르다. 이 엔진은 연료인 수소를 활용해 만든 100만도의 플라스마를 자기장으로 압축한 뒤 팽창시켜 엄청난 힘을 분출하는 방식이다. 이 엔진은 최고 속도가 시속 20만 1,600km이고 초속으로는 56km에 이른다. 미국 뉴욕에서 로스앤젤레스까지 일분이 걸리는 속도이다. 플라스마 엔진에는 태양에너지 1,000배에 해당하는 에너지를 공급할 수 있는 소형 원자로나 태양광 발전기를 장착해야 한다. 플라스마 엔진의 경우 최소 100시간 이상 지속적으로 작동하는 시험에 통과되면 향후 화성 탐사 로켓으로 채택될 가능성이 높다. 플라스마의 놀라운 폭발력은 우주로 가는 길을 열 것으로 기대된다. 현재의 우주 왕복선은 엄청난 양의 화학 연료를 싣고 가야 하는 탓에 오랜 시간이 걸리는 행성 사이의 여행에는 사용할 수가 없다. 플라스마 엔진을 우주선에 싣는다면, 훨씬 적은 양의 연료로 기존 우주선보다 10배나 빠른 속도를 낼 수 있다.

❖ 플라스마에 대한 대책 : 미국항공기, 군수물자 공급업체인 미국 보잉사가 폭발 충격파를 막아주는 에너지 장(power field) 폭발 충격파 방어막 기술 특허를 받았다. 이 기술은 폭탄의 직접적인 충격을 막아주지는 않지만, 포탄이 떨어진 인근의 사람이나 장비가 충격파로 인해 피해를 입지 않도록 막기 위해 설계됐다. 이 충격파 완화 시스템 기술은 충격파를 만들어내는 폭발 감지 센서와 센서신호를 받아 타깃 근처 공기를 이온화하는 아크 발생기 등으로 구성됐다. 아크발생기는 레이저, 전기, 마이크로파를 사용해 타깃과 폭발발생 지점 사이에 플라스마 장(plasma field) 방어막을 만든다. 이 작은 플라스마 장은 주변 환경과 다른 온도, 밀도, 조성을 나타낸다. 이 방어막은 타깃인 사람이나 차량과 폭발발생 지점 사이에 버퍼를 제공, 타깃에 도달하는 충격파 피해를 방지한다. 이 같은 에너지 방어막은 기술적으로 이미 가능하다.

미국 보잉사(Boeing Company)에서 특허출원한 플라스마 방어막

04

핵폭탄(Nuclear Weapon) 기술

극동의 미군은 1942년 과달카날 섬 상륙을 시작으로 일본의 열도를 공략해 나가고 일본군은 자살 공격기인 kamikaze로 종전까지 전쟁을 벌이나 오키나와 함락 후 1945년 8월 6일 핵폭탄으로 두 도시를 공격당한 후 무조건 항복으로 2차대전의 종전을 맞게 된다. 독일에서 핵분열이 최초로 관찰된 뒤 페르미를 비롯하여 미국에 망명한 유럽의 물리학자들은 루스벨트 대통령을 설득하여 원자폭탄 개발을 위해 비밀리에 맨해튼 계획을 수립하게 된다. 당시 페르미는 연쇄반응을 지속적으로 유지시키는 방법을 개발하는 일의 책임자였다. 1945년 7월 16일 뉴멕시코 주 앨러머고도 근처 사막 트리니티에서 시험 폭파를 거쳐, 같은 해 8월 6일 일본의 히로시마에 우라늄 235 폭탄을, 3일 뒤 나가사키에 플루토늄 239 폭탄을 투하하였다. 이 폭탄 투하로 히로시마에서는 34만 3,000명의 인구 중에서 사망 약 7만 명, 부상 약 13만 명, 완전히 연소·파괴된 가옥 약 6만 2,000호, 반소 또는 반파가옥 약 1만 호, 이재민 약 10만 명의 피해가 발생했고, 나가사키에서도 사망 약 2만 명, 부상 약 5만 명, 완전연소 또는 파괴가옥 약 2만 호, 반소 또는 반파가옥 약 2만 5,000호, 이재민 약 10만 명의 피해가 발생했다.

1949년 9월 24일 소련에서도 원자폭탄을 보유하고 있음이 발표되었고,

1952년 10월 3일에는 영국이 몬터벨로 군도에서 원폭 실험에 성공하였다. 1960년 2월 13일에는 프랑스가 사하라사막에서 실험에 성공하였으며, 뒤이어 중국 · 인도 · 남아프리카공화국 등에서도 원자폭탄을 보유하게 되었다. 농축 우라늄 235나 플루토늄 239를 임계질량 이상으로 하고 핵분열의 연쇄반응을 고속으로 진행하여 막대한 에너지를 한 순간에 방출시킨 것이다. 이탈리아의 물리학자 엔리코 페르미는 원자핵이 느린 중성자를 포획하여 새로운 원소를 만들 수 있다는 제안을 한 공로로 1938년 노벨물리학상을 수상하였으며 이후 핵분열의 연쇄반응의 속도를 조절하여 원자폭탄의 개발과 원자력 발전에 기여 하였다.

페르미는 맨해튼 계획의 일환으로 시카고대학에서 연쇄반응의 빠르기를 조절하는데 중성자를 흡수하는 물질인 카드뮴(Cd) 막대를 원자로에 넣거나 빼는 방법을 이용하여 연쇄반응의 속도를 조절하였고 이 실험은 1942년 12월 시카고대학의 스쿼시 경기장에서 성공하였다. 이후 1943년 테네시 주의 오크리지 서쪽 20마일 지점에 원자폭탄 제조용 우라늄 생산 공장을 건설하고 뉴멕시코 주의 로스앨러모스 과학연구소에서 폭탄 개발 및 설계를 진행하였다. 원자폭탄은 사용되는 핵분열물질의 종류에 따라 우라늄폭탄과 플루토늄폭탄으로 나뉘며, 큰 것에는 TNT 폭약 수백 톤에 해당하는 폭발력을 내는 것부터 kt급의 위력을 내는 것에 이르기까지 여러 가지 크기의 것이 있다.

폭탄의 원료로 사용되는 우라늄 235는 천연우라늄 광석 속에 약 0.7%가 함유되어 있으며, 나머지 99.3%는 비분열성인 우라늄 238로 되어있고, 우라늄 238에서 우라늄 235를 추출해 내며, 순도 90% 이상으로 농축한 것이 원자폭탄의 에너지원이 된다. 플루토늄 239는 원자로 속의 반응을 끝낸 폐기물 중에서 화학적인 처리에 의해 추출되고, 순도 높게 농축된 우라늄 235 · 플루토늄

239 등 핵분열물질의 원자핵에 중성자를 충돌시키면 원자핵에 분열반응이 일어나며, 핵분열을 일으킨 원자핵으로부터는 다시 2개 이상의 중성자가 튀어나와서 다른 원자핵에 충돌하여 새로운 핵분열을 일으킨다. 이러한 핵분열반응은 연속해서 확대되어 나가며, 연쇄반응을 일으켜서 방대한 에너지를 방출하게 되는 것이다. 연쇄반응을 일으키는 상태를 임계상태라 하고, 이러한 상태가 될 핵분열물질의 양을 임계량이라고 하는데, 임계량은 분열물질의 종류와 순도 및 기타의 조건에 따라서 달라지게 되어서, 우라늄 235와 플루토늄 239에서는 5~20kg 정도이며, 원자폭탄은 우라늄 235과 플루토늄 239를 용기에 넣고, 그것을 임계상태가 되도록 한 장치, 기폭장치를 갖춘 것이다. 원자폭탄은 보통 때는 임계질량보다 작은 덩어리로 나누어서 저장하다가 필요할 때 한 덩어리로 모이게 하여 임계질량 이상이 되면 순간적으로 폭발한다. 우라늄 원자폭탄의 임계질량은 우라늄 235가 93.5%인 경우 약 52kg이고, 크기는 투포환 정도의 크기이다. 제2차 세계대전을 상징하는 기술로는 원자탄을 들 수 있다. 원자탄 개발의 가능성은 1938년 12월에 핵분열반응이 발견되고 1939년 3월에 연쇄반응의 존재가 확인되면서 수면 위로 부상했다. 미국에서는 1939년 10월 우라늄위원회가 발족되었고, 1942년 8월 미국 정부는 맨해튼 계획을 출범시켰으며, 1945년 7월 원자탄 투하 실험이 실시되었고, 원자탄의 투하로 인해 1945년에만 히로시마에서 14만 명, 나가사키에서 7만 명의 인명이 목숨을 잃었다.

원자탄(atomic bomb)은 제2차 세계대전을 상징하는 기술에 해당하며, 원자탄을 보다 구체적으로 표현하면 핵폭탄이며, 더욱 엄밀하게 표현하면 핵분열폭탄이다. 원자탄은 원자 전체가 아니라 원자핵과 관련돼 있고, 원자핵의 반응 중에서도 핵분열반응을 기초로 하기 때문이다. 원자탄의 개발과 투하는 과학기술의 역사에서 중대한 전환점으로 평가되고 있다. 거대과학(big science)의 출현을 알리는 신호탄이 되었고, 정부가 과학연구를 지속적으로 지원하는 계기로 작용했으며, 과학자의 사회적 책임을 중요한 화두로 만들었던 것이다.

❖ 꼬맹이, 리틀보이(Little boy) : 1945년 8월 6일, 살상용으로 사용된 최초의 핵무기 리틀보이가 일본 히로시마에 투하된다. 길이 3m, 지름 71cm, 무게가 4톤이며, TNT 2만 톤의 파괴력을 가지고 있다. 건 타입 폭탄(Gun-Type Bomb)으로 간단한 내부구조이다. 폭탄이 목표물에 맞게 되면, 뇌관이 터지고 마치 총알이 발사되듯 우라늄이 발사되고, 탄두에 있던 우라늄과 만나게 된다. 합쳐서 한 덩어리가 된 우라늄은 임계질량을 초과해 급격한 연쇄반응을 통해 폭발하게 된다.

❖ 뚱보, 팻맨(Fat man) : 리틀보이 투하 3일 후인, 8월 9일 Fat man이라고 불리는 또 하나의 원자폭탄이 나가사키에 투하된다. 팻맨의 경우, 리틀보이에 사용했던 우라늄-235가 아닌 플루토늄-239과 우라늄-238이 사용되었다. 폭탄이 작동하게 되면 먼저 TNT가 터지게 되고, 이 폭발에 의한 압력으로 플루토늄 합금이 수축하여 플루토늄의 임계밀도를 넘어서게 된다. 완벽한 연쇄반응과 폭발력을 높이기 위해 우라늄 238이 이 플루토늄을 감싸고 있는데, 중심에 있는 중성자기폭기의 중성자 방출로 중성자수는 매우 증가하게 된다. 히로시마에 투하된 원자탄 꼬마와 나가사키에 투하된 원자탄 뚱보에 대한 모형은 미국 국립원자력박물관에 소장돼 있다.

핵폭탄 개발

기적의 해로 불리는 1905년에 아인슈타인은 5편의 논문을 썼는데, 그 중 하나가 <물체의 관성은 에너지 함량에 의존 하는가> 이였다. 아인슈타인은 질량-

에너지 등가원리인 $E=mc^2$를 제안했다. 질량과 에너지가 서로 변환될 수 있으며, 둘 사이의 관계는 광속의 제곱이라는 엄청난 숫자에 의해 매개된다는 것이었다. 아주 작은 질량을 가진 물체라도 이를 변환한다면 대단히 큰 에너지를 방출할 수 있게 된다. 당시 $E=mc^2$은 순전히 이론적인 영역에 머물러 있었다. 1934년에 이탈리아의 페르미(Enrico Fermi)는 당시에 가장 무거운 원소로 알려진 우라늄 원자에 중성자를 쏘는 일련의 실험을 했다. 페르미는 중성자를 흡수한 우라늄 원자핵이 불안정해져서 크게 흔들리다가 붕괴하는 현상을 목격했다. 흥미로운 사실은 페르미가 핵분열 현상을 인지하지 못했다는 점이다. 자신의 실험 결과를 우라늄보다 더 무거운 초우라늄 원소가 생성된 것으로 해석하고 말았다. 1938년 12월에 독일의 화학자 한(Otto Hahn)과 슈트라스만(Fritz Strassmann)은 우라늄을 중성자로 포격할 때 생성되는 물질에 대해 정밀한 화학분석을 실시했다. 그들은 우라늄의 중성자 포격에서 바륨과 크립톤이 생성된다는 믿을 수 없는 사실을 알아냈다. 한(Otto Hahn)은 실험 결과를 스웨덴으로 망명해 있던 동료 물리학자인 마이트너(Lise Meitner)에게 알리면서 이론적인 설명을 요청했다. 마이트너(Lise Meitner)는 조카인 프리슈(Otto Frisch)와 함께 문제를 곰곰이 생각한 후 우라늄 원자핵이 분열될 때 생기는 질량결손으로 막대한 에너지가 생성된다는 결론을 얻었다. 마이트너(Lise Meitner)는 이 반응에 핵분열(nuclear fission)이라는 용어를 붙였다. 과학자들의 관심은 2차 중성자에 의한 연쇄반응(chain reaction)으로 쏠렸다. 핵분열반응에서 복수의 중성자가 나온다면 추가적인 중성자를 투입하지 않고도 핵분열반응이 기하급수적으로 진행될 것이었다. 1939년 3월에 마리 퀴리의 사위인 프레데리크 졸리오퀴리(Fr d ric Joliot-Curie)와 헝가리 출신의 물리학자인 실라르드(Le Szil rd)는 각기 독립적으로 핵분열 연쇄반응의 존재를 확인했다. 실라르드(Le Szil rd)가 이미 1933년 9월에 연쇄반응에 대한 최초의 아이디어를 떠올린 후

1934년 3월에 연쇄반응의 개념에 대한 특허를 출원했다는 것도 흥미로운 사실이다. 1939년 4월 독일에서는 핵분열 연구를 위한 우라늄 클럽(Uranverein)이 조직되었고, 같은 해 7월에는 이에 대한 소문이 나돌기 시작했다. 실라르드(Le Szil rd)는 원자탄이 히틀러의 수중에 들어간다면 돌이킬 수 없는 재앙이 빚어질 것으로 걱정했다. 그는 헝가리 출신의 동료인 위그너(Eugene Wigner)와 이 문제에 대해 상의한 후 아인슈타인을 움직여 루스벨트 대통령에게 편지를 보내기로 결심했다. 1939년 8월에는 실라르드(Le Szil rd)가 준비하고 아인슈타인이 일부 보완한 편지가 미국 정부에게 전해졌으며, 같은 해 10월에 미국 정부는 우라늄위원회(Uranium Committee)를 발족했다. 한편, 영국에서 활동하던 프리슈와 파이얼스(Rudolf Peierls)는 1940년 3월에 우라늄 235의 임계질량이 5킬로그램 정도임을 밝혀냈고 우라늄 235를 분리하는 방법을 고안하는 데 성공했다. 영국 정부는 같은 해 4월에 모드 위원회(MAUD Committee)를 설치했는데, 모드는 우라늄 폭발의 군사적 응용(Military Application of Uranium Detonation)을 의미했다. 대부분의 과학자들은 원자탄의 제조가 당분간 어려울 것이라고 생각했다. 천연 우라늄 중에서 우라늄 235와 우라늄 238의 비율이 1:140 정도였기 때문이었다. 한계는 1941년 3월에 미국의 젊은 화학자인 시보그(Glenn Seaborg)가 플루토늄을 추출하면서 극복되기 시작했다. 그는 버클리 대학에서 로렌스(Ernst Lawrence)가 만들었던 60인치 사이클로트론(cyclotron)으로 우라늄을 가속시키는 실험을 하고 있었다. 시보그(Glenn Seaborg)는 가속된 우라늄 238이 플루토늄으로 변환되며 플루토늄이 우라늄 235와 같은 연쇄반응을 일으킨다는 점을 발견했다. 이 실험에 원자탄의 아버지로 불리는 오펜하이머(Robert Oppenheimer)도 관여하고 있었다. 1941년 여름에 로렌스는 부시(Vannevar Bush), 코넌트(James Conant) 등과 상의하여 원자탄 제조에 관한 연구의 필요성과 가능성을 이끌어냈다. 그들은 당시에 미국 사회를 이끌었던 엘리트 과학자들이었다. 당시에 과학연구개발국(Office of Scientific Research and Development)의 책임자였던 부시는 미국이 원자탄 개발을 서둘러야 한다고 루스벨트 대통령을 설득했다. 결국 미국 정부는 진주만 습격이 있기 하루 전인 1941년 12월 6일에 원자탄 개발을 추진하기로 결정했다.

맨해튼 계획의 전개

1942년 6월에 루스벨트는 부시에 의해 준비된 사업계획서를 승인하였고, 원자탄 개발 사업을 위한 추진체로 S-1 집행위원회(S-1 Executive Committee)가 발족되었다.

같은 해 8월 미육군에 의해 원자탄 개발을 목적으로 한 맨해튼 계획(Manhattan Project)이 시작되었다. 맨해튼 계획의 총책임자는 그로브스(Leslie Groves) 장군이 맡았으며 과학기술에 관한 문제는 로렌스가 추천했던 오펜하이머가 담당하였다. 오펜하이머는 맨해튼 계획의 물자와 인력을 배치하는 데 깊이 관여하였고, 1942년 11월에 준공된 로스앨러모스 연구소의 소장으로 임명되었다. 맨해튼 계획을 매개로 오크리지, 핸퍼드, 로스앨러모스 등지에서는 우라늄 235와 플루토늄을 추출하고 폭탄을 설계, 제작하는 일이 진행되었다. 맨해튼 계획에는 미국의 대학, 연구소, 산업체, 군대 등이 총동원되었는데, 소요된 인원은 12만 5천 명이었고 자금은 20억 달러였다.

맨해튼 계획은 군산학복합체에 의해 추진된 거대과학의 본보기로 평가되고 있다. 맨해튼 계획은 거의 완벽한 비밀유지, 막대한 예산지원, 유능한 과학자의 참여를 통해 원자탄 개발과 관련된 많은 세부적인 문제들을 하나씩 해결해 나갔다. 1943년에는 영국이 모드위원회의 자료 전부를 미국에 넘겨줌으로써 원자탄 개발은 더욱 가속화되었다. 가장 어려운 과학적 문제 중의 하나는 폭탄 물질을 결합하는 방법이었는데, 그것은 1944년 4월에 네더마이어(Seth Neddermeyrer)가 내파에 의한 방법을 제안함으로써 해결될 수 있었다. 1944년 여름에 미국은 원자탄을 제조할 수 있는 준비를 모두 갖추었다. 그러나 당시에 독일은 원자탄을 만들지 않고 있었을 뿐만 아니라 원자탄을 제조할 능력도 보유하지 못했다. 몇몇 과학자들이 원자탄을 반대하는 움직임을 보이기 시작했다. 맨해튼 계획의 자문역을 맡았던 보어(Niels Bohr)는 원자탄 문제로 1944년 10월에 처칠 수상과 회담을 가졌으며 11월에는 루스벨트 대통령과 면담했다. 초기에 원자탄 개발을 적극 주장했던 실라르드도 이제는 원자탄 반대자가 되어 1945년 봄에 트루먼 행정부와 접촉했다. 그러나 이러한 시도들은 모두 실패로 돌아갔다. 실라르드와 프랑크(James Franck)를 비롯한 시카고 대학의 과학자들은 1945년 6월에 프랑크 위원회를 만들고 전후(戰後)의 핵 통제를 주제로 한 보고서를 제출했다. 프랑크 보고서는 원자탄을 일본에 투하하지 말고 일본 대표가 참관하는 사막이나 섬에서 폭파시킴으로써 일본의 항복을 받아내자는 주장을 담고 있었다. 이와 함께 그 보고서는 원자탄의 투하가 부추길 군비경쟁을 우려하면서 전후 원자탄에 대한 국제적 통제방안을 마련하자는 제안도 내놓았다. 프랑크 보고서가 워싱턴에 도착하기 전인 7월 16일에 뉴멕시코 주 앨라모고도의 사막에서는 트리니티(Trinity)라는 암호명으로 원자탄 투하 실험이 실시되었다. 플루토늄으로 만들어진 원자탄은 TNT 2만 톤 수준의 폭발을 일으켰고, 이를 목격한 과학자들은 원자탄의 가공할 만한 위력에 깜짝 놀랐다.

당시에 오펜하이머는 힌두교 경전 바가바드 기타를 인용하여 "나는 죽음의 신이요, 세상의 파괴자가 되었도다"라고 중얼거렸으며, 베인브리지(Kenneth

Bainbridge)는 "음, 이제 우리는 모두 개자식들이야"하고 자책했던 것으로 전해진다. 히로시마와 나가사키는 죽음의 도시가 된다. 트리니티 실험 후에 열린 대책 회의에서 국방부 장관은 대통령에게 일본에 원자탄을 즉각적으로 투하할 것을 종용했다. 그 회의에서 원자탄 투하 여부는 토론의 대상도 되지 않았으며, 투하 장소, 투하 일정, 추후 관리 등이 주로 논의되었다.

❖ 원자탄의 투하가 기정사실로 굳혀진 이유 : 원자탄을 사용하지 않는다면 맨해튼 계획에 지출된 엄청난 예산의 효과를 검증할 수 없기 때문이었을 것이다. 투하 장소로는 교토, 히로시마, 고쿠라, 니가타, 나가사키 등이 후보로 올랐으며, 최종적으로는 히로시마와 나가사키가 선정되었다. 1945년 8월 6일에는 농축우라늄으로 제조한 원폭 꼬마(Little Boy)가 히로시마에 투하되었고, 8월 9일에는 플루토늄 원폭 뚱보(Fat Man)가 나가사키에 투하되었다. 그 결과 8월 15일에 일본은 무조건 항복을 선언했고, 이로써 제2차 세계대전은 끝이 났다. 원자탄의 투하로 인해 1945년에만 히로시마에서 14만 명, 나가사키에서 7만 명의 인명이 목숨을 잃었는데 그 중에는 4만 명의 한국인도 포함되어 있었다. 수많은 인명을 앗아간 맨해튼 계획은 인류 역사상 최악의 과학기술 드라마로 평가되고 있다. 당시에 히로시마에 살던 목격자는 다음과 같이 증언했다. "거기엔 마치 죽은 개와 고양이처럼 시체들이 둥둥 떠가고 있었다. 옷 조각들이 넝마처럼 그들 몸에 간댕거리고 있었다. 둑 근처 모래톱에서 얼굴을 위로 하고 떠내려가는 사람을 보았다. 세상에 어떻게 이런 끔찍한 모습이 있을 수 있는 걸까?"

엑스선(X-ray)

1895년 11월 독일 물리학자 빌헬름 콘라드 뢴트겐(Wilhelm Conrad Rntgen)이 뷔르츠부르크(W rzburg) 대학 연구실에서 음극관으로 감광판에 실험하던 중 연구실에 빛을 차단하고 음극관을 검은 종이로 싸서 전원 연결함으로 빛이 새 나오지 않는데도 1m 떨어진 감광판은 반응하고 전원을 끊자 감광은 멈추었다. 음극관의 빛을 차단하는 재료를 고무, 나무, 두꺼운 종이, 얇은 금속 등으로 바꾸어도 감광판은 반응했다. 인체를 투과하여 감광판 위에 뼈의 골격까지 투영하였다. 뢴트겐은 이 현상을 일으키는 것이 눈에 보이지 않는 어떠한 방사선이라 결론짓고 미지의 현상에 붙이는 과학기호인 X선이라 명했다.

형광물질이 X선을 방출할지 모른다는 가설을 세우고 1896년 1월 여러 종류의 광물에 햇빛을 쪼이고, 두꺼운 재료로 싸서 감광판 위에 올려놓는 실험을 하였다. 여러 종류의 광석으로 시도하던 어느 날 저녁 우라닐황산칼륨(potassium uranyl sulfate) 표본이 햇빛을 쪼인 적이 없는데도 서랍 속에서 감광판을 감광시켰다. 우라늄 혼합물들로 같은 실험을 한 결과 역시 같은 방사선을 방출하였다. 우라늄은 의료용으로 수술과 진찰에 사용하고, 세관원들이 짐을 검사하는데 사용한다. 같은 해 5월 순수한 우라늄이 혼합물보다 더 많은 방사능을 방출한다는 것 알았고 그 방사선은 오랫동안 줄지 않고 녹이거나 분해해도 없어지지 않았다.

폴란드 태생 파리의 솔본느대학(Sorbonne Universite de Paris) 대학원생 마리 스클로도프스카 퀴리(Maria Sklodowska Curie)는 안토니 앙리 베끄렐(Antoine Henri Becquerel)의 연구를 더욱 연장하여 알려져 있던 모든 원소와 혼합물을 대상으로 방사선이 있는지 실험한 결과 1898년 봄 산화우라늄을 함유한 역청우란광이 순수 우라늄보다 훨씬 센 방사능 즉, 방사선을 방출할 수 있는 능력이 있음 발견하였다. 순수 우라늄이 우라늄 혼합물 보다 더욱 센 방사선을 방출해야 한다는 베끄렐의 이론이 틀렸음을 알았다.

퀴리는 우라늄보다 강한 방사능이 있는 또 다른 원소가 역청우라늄광 안에 있을 것이라 결론짓고 1898년 한 컵의 표본을 갈고, 산에 녹이고, 끓이고, 얼리고 침전시켜 각 단계마다 방사능 측정을 한 결과 6월에 흑색의 분말을 분리하였고, 우라늄보다 150배의 방사능을 방출했고 마리는 남편 피에르(Pierre)와 발견한 새 원소에 조국 폴란드의 이름을 따 폴로늄(Polonium)이라 명명하였다.

폴로늄을 분리하고 난 찌꺼기가 여전히 방사능을 방출하였다. 퀴리 부부는 몇 개월의 실험을 거쳐 우라늄의 900배 방사능을 방출하는 두 번째 원소를 분리해 라듐(Radium)이라 이름 지었다. 최소 단위라 알고 있었던 우라늄이란 원소 안에 폴로늄과 라듐을 발견한 것이다. 더 이상 쪼갤 수 없는 원자(atom)라는 단위는 사실이 아님도 밝혀낸 것이며 이는 원자가 물질의 기본 단위가 아니었음을 증명하게 된 것이었다.

1902년 방사선에 노출돼 부상을 입고, 현기증과 구토증세가 치명적이 되리란 사실을 모르고 연구에만 몰두했다. 그해 3월 용융점, 비등점, 원자량 기타 화학적 성질에 관한 데이터를 제시하자 앙리 베끄렐과 퀴리 부부는 1903년 노벨 리학상을 수상하였다. 6월에 박사학위를 받은 마리는 1906년 남편 삐에르가

사고로 사망하자 슬픔을 딛고 삐에르의 강좌를 이어받았으며 소르본대학교 최초의 여성교수가 되었다. 1910년 방사능의 지식을 총 망라한 1,000페이지에 달하는 불멸의 저작 방사능론(treatise on radioactivity)을 발표하였다. 1911년 마리 퀴리는 새로이 발견한 원소들에 화학적 성질을 밝혀내어 두 번째 노벨상인 화학상을 수상하였다. 1913년 폴란드의 바르샤바에서는 마리의 업적을 기념하려 방사선치료연구소가, 프랑스 파리에서는 퀴리라듐연구소가 각각 건립된다. 1차 대전 중 라듐과 X선은 전상자들의 진찰과 치료에 쓰여지게 되고 종양, 상처난 조직, 관절염, 신경염 등에 효과를 보였다. 하지만, 일부 모르는 이들에 의해 라듐과 방사선에 막연한 치료효과가 있음으로 오해되었고, 라듐을 사용한 위험한 약품도 나돌았다.

라듐(Ra 88)이 붕괴되면 라돈(Rn 86)으로 되고, 라돈(Rn 86)이 붕괴되면 폴로늄(Po 84)으로 바뀌며, 폴로늄(Po 84)은 결국 안정된 물질인 납(Pb 82)으로 바뀌게 되면서 비 방사성 물질로 변한다. 1934년 7월 4일 마리는 방사선에 많이 노출된 결과 골수가 허약해져 기관지염과 빈혈 합병증으로 사망하였는데 연구업적인 논문 방사능론(treatise on radioactivity)이 이듬해 1935년 출판되었다. 마리의 끝없는 탐구욕과 연구에 대한 열정을 불러 일으켰던 방사능의 현상을 요약한 것이었다.

06

적정 기술
Appropriate Technology

적정 기술(Appropriate Technology)의 개념은 1960년대 경제학자 슈마허(E. F. Schumacher, 1911~1977)가 만들어낸 중간기술(intermediate technology)이라는 용어에서 시작되었다. 슈마허는 선진국과 제3세계의 빈부 양극화 문제에 대해 고민하던 중 간디의 자립경제운동과 불교 철학에서 영감을 받아, 올바른 개발이 달성되기 위해서는 중간 규모의 기술이 필요하다고 주장하였다. 슈마허의 저작인 작은 것이 아름답다를 통해 이 개념은 더욱 유명해진다. 중간(intermediate)이라는 용어가 자칫 기술적으로 미완성의 단계를 의미하거나 첨단 기술보다 열등하다는 느낌을 줄 수 있다고 생각해서 적정 기술이라는 용어를 선호하였다.

중간기술보다는 적정 기술이라는 용어가 더 많이 쓰인다. 적정 기술을 사용하는 궁극적인 목표는 기술의 수준을 인간의 발전에 맞추자는 것이다. 좋은 기술보다는 인간에게 필요한 기술이 중요하다. 좋은 기술이 있어도 그것이 공해를 유발한다면 그것은 좋은 기술이 아니다. 진짜 좋은 기술은 너무 뛰어나지 않더라도 현재 인류에게 충분한 편의를 제공하면서 지속적인 개발을 가능케 하는 기술이다.

첨단기술을 개발하려는 경쟁이 치열한 상황에서 충분히 훌륭한 기술이 완벽한 최첨단 기술보다 앞선다. 이것이 바로 적정 기술이 추구하는 목표이자 인류에게 적정 기술이 필요한 이유이다. 적정 기술 분야는 저비용 집짓기와 같은 건축 기술, 물 펌프와 같은 수자원 기술, 뎅기열 예방용 모기장, 교육을 위한 저가형 노트북 등이며, 더 구체적으로는 태양광을 활용하여 전기에너지를 생산하는 것, 안경 양쪽의 나사를 돌려 렌즈 속의 액체 양을 조절함으로써 렌즈 도수를 조절하는 시력교정 안경 등과 같은 것이다.

적정 기술의 사례 중에서도 가장 유명한 사례 두 가지는 라이프 스트로우(Life Straw)와 큐 드럼(Q drum)이다. 라이프 스트로우는 어떠한 정수과정도 거치지 않고 물을 마시는 빨대이다. 라이프스트로의 종류로는 개인용과 가족용이 있다. 물 때문에 세계 인구의 10억 명 이상이 수인성 질병으로 고통 받고 있는데 이 빨대를 이용할 경우 오염된 물의 미생물을 걸러내는 작업을 자동으로 해주기 때문에 수인성질병의 위험이 사라질 것이다.

라이프 스트로우(Life Straw)

💡 **라이프 스트로우(Life Straw)**

라이프 스트로우(Life Straw)라는 휴대용 정수기는 글로벌 사회적 기업인 베스터가드 프란센(Vestergaard Frandsen) 그룹에서 개발한 것으로 베스터가드 프란센 그룹은 1957년 덴마크 기업가에 의해 설립되었다. 원래 원단 및 섬유를 파는 자재 회사였다. 그룹의 핵심 경영 슬로건은 목적이 있는 이윤으로 정부의 지원을 받지 않고 자립할 수 있는 구조를 만들기 위해 끊임없는 품질 혁신을 하는 것이다. 스위스에 본사를 둔 이 그룹은 수십 년간 수십 개국에서 발생한 각종 재난피해 복구 지원에 앞장서온 모범적인 사회적 기업으로 평가받고 있다.

큐 드럼은 안전한 물을 마시기 위해 매일 무거운 물동이를 지고 수 킬로미터를 걸어 다니는 여성들과 아이들을 돕기 위해 개발된 제품으로 동그란 도넛모양의 드럼통이다. 드럼통의 가운데 구멍에 줄을 연결하면 어린 아이들도 손쉽게 끌 수 있는 물통이기에 더욱 유용하다. 이 드럼통에는 약 50L의 물을 저장할 수 있고, 15년 이상 쓸 수 있을 만큼 견고하게 제작되었다. 큐 드럼은 현장에 적합한 기술로서 내구성이 좋다는 평가여서 현재 적정 기술의 대표적인 성공사례이다.

큐 드럼(Q Drum)

적정 기술은 그것을 생산하고 사용하는 과정에서 최소한의 자원을 소비하는 생태적인 기술이기도 하다. 적정 기술은 제3세계와 선진국 사이의 기술적, 경제적 격차를 가장 바람직한 방식으로 해결할 수 있는 도구이다. 적정 기술은 인간의 발전에 맞춰진 기술이다. 이것은 기술과 인류문명이 맺은 관계를 평가하고 점검하는 기회가 된다.

개발도상국들은 자원 경쟁 면에서 훨씬 뒤처져 있고 기술 부분은 아직 시작도 못했다. 한 명의 어린이당 하나의 랩탑(One Laptop Per Child, OLPC)은 이 문제 해결이 목적이다. 제3세계 어린이들에게 튼튼하고, 값싸며, 적은 에너지를 소모하는 인터넷이 연결된 컴퓨터를 만드는 것이다. 이 랩탑은 작은 교과서 크기로, 무선 인터넷 카드가 내장되어 있으며, 야외에서 수업하는 어린이들을 위해 직사광선에서도 볼 수 있는 스크린을 가지고 있다. 매우 튼튼하며, 에너지 효율이 높고, 회색 시장에서 거래되는 것을 막기 위해 어린이다운 디자인을 하고 있다. 성인이 회의 시간에 이 랩탑을 꺼내들면 사람들이 다 알아챌 것이다. 아프리카의 어린이들에게 전달됐으며 팔레스타인 지역에도 추가로 배달되었다.

실제로 얼마 만큼인지는 정확히 몰라도 세계 상당부분은 아직 어둠에 갇혀 있는 상태이다. 태양전지 전구(Solar Powered Light bulb)는 이 현실을 바꿀 수 있다. 일용품이 부족한 인도의 시골, 아프리카, 그리고 대부분의 제3세계에서 풍족하게 얻을 수 있는 햇빛을 이용해 충전한다. 개발도상국을 위해 특별히 디자인된 전구는 완충된 상태에서 최대 4시간 동안 빛을 밝힐 수 있다. 전구로 불을 밝히는 동안 나무를 태우지 않아도 된다.

☀ 태양전지 전구(Solar Powered Light bulb)

내충격성 플라스틱 케이스에 4개의 태양전지 패널을 갖고 있고, 5개의 LED와 2년 동안 쓸 수 있는 니켈망간 전지를 포함한다.

영국 기업 가운데 한 기업은 난민에게 제공되는 임시텐트도시가 자연 환경으로부터 난민들을 제대로 보호할 수 없기 때문에 현지 자재를 활용한 보다 튼튼한 해결책이 필요하다는 사실을 너무나 잘 알고 있었다. 해결책으로 고안된 것이 콘크리트 캔버스 쉼터(Concrete Canvas Shelters)이다. 신속한 설치가 가능하고 해당 지역에서 활용할 수 있는 자재로 만든 제품으로 물과 공기만 있으면 건축이 가능하다. 공기주머니에 공기를 불어넣어 임시 가림막을 세우고, 공기주머니를 덮은 후 캔버스 위에 담수나 바닷물을 붓는다. 24시간 동안 건조시킨 후 공기주머니를 제거하면 최대 10년까지 버틸 수 있는 튼튼한 쉼터를 지을 수 있다. 24 또는 54 제곱미터이며, 방수 및 방화 기능까지 있고, 초심자라 하더라도 24시간이면 소형 쉼터를 만들 수 있다.

> 💡 **콘크리트 캔버스 쉼터(Concrete Canvas Shelters)**
>
> 영국 기업 가운데 한 기업인 콘크리트 캔버스(Concrete Canvas)는 콘크리트 캔버스 쉼터(Concrete Canvas Shelters)를 고안하였다.

만능 땅콩 까기(Universal Nut Sheller)가 나오기 전까지만 해도 아프리카에서의 땅콩 재배와 수확은 아동 및 여성의 집약노동을 필요로 하는 작업이었다. 시간당 최대 50kg의 태양 건조 땅콩을 깔 수 있는 단순한 수동식 기구 덕분에 아프리카의 땅콩 농사는 타당성을 갖게 되었다. 재료비용은 50달러 미만이고 수명은 25년 이상이며 기계 한대로 2천 명의 노동력을 대신할 수 있다. 기계를 통해 농가 수입이 네 배 증가하고 땅콩재배를 촉진한다. 땅콩 농사를 짓게 되면 토양 침식을 방지하고 질소를 공급할 수 있다.

> 💡 **만능 땅콩 까기(Universal Nut Sheller)**
>
> 존 브랜디스(Jock Brandis)가 발명하였다.

항아리 속 항아리 냉장고(Pot-In-Pot Refrigerator)는 전기가 없는 시골에서 음식을 저장할 수 있는 간단한 증발 냉각 개념을 이용한 냉각 시스템이다. 이 시스템은 큰 항아리 속에 작은 항아리를 넣고, 그 사이를 계속 젖은 모래로 분리 하는 것이다. 가지는 27일 동안이나 신선하게 유지되는데 이는 그냥 밖에 두었을 때보다 9배나 긴 기간이다. 토마토와 피망은 21일까지 유지된다.

> ☀ **항아리 속 항아리 냉장고(Pot-In-Pot Refrigerator)**
>
> 2001년 나이지리아의 교사 모하메드 바 아바(Mohammed Bah Abba)는 항아리 속 항아리 냉장고를 고안하였다.

항아리 속 항아리 냉장고(Pot-In-Pot Refrigerator)

자전거 동력을 이용한 급수 펌프(Bike Powered Water Pump)는 일반 자전거의 뒷바퀴를 전기 펌프의 마찰 장치에 꽂으면 작동한다. 타이어와 모터의 전극이 접촉한 상태에서 뒷바퀴를 다리 근육의 힘으로 움직인다. 우물물을 분당 40리터씩 끌어올릴 수 있으며, 물을 퍼올린 다음에는 펌프를 접어서 뒷바퀴 위에 얹은 후에 다음 우물로 이동하면 된다.

> **자전거 동력을 이용한 급수 펌프(Bike Powered Water Pump)**
>
> 영국의 공학생이었던 존 리어리(John Leary)는 폐품만을 이용한 제품 디자인에 도전하여 과테말라의 관개 및 물 공급을 위해 자전거 동력을 이용한 급수 펌프를 만들어냈다. 비정부기구(NGO) 단체인 마야 페달(Maya Pedal)은 이 급수 펌프를 이용하면 다루기 까다롭고 비싼 화석 연료 펌프 없이도 각 지역의 삶의 질을 향상시킬 수 있음을 깨닫고 보급을 원조해주었다. 이 기계는 과테말라에서 정식으로 생산되고 있다.

히포 롤러 워터 프로젝트(Hippo Roller Water Project)는 어떤 아프리카의 마을에서 식수를 옮겨 오는데 하루의 대부분이 걸릴 수 있는데 멀리 떨어진 식수원부터 집까지 물을 운반하는 간단한 도구이다. 마을에서 식수를 옮기는 일은 대부분 여자들이나 아이들의 몫이다. 머리에 얹고 나르는 5갤론(gallon) 물통의 대안으로 물통과 비슷하며 롤러같이 앞에서 미는 핸들이 달려있는 도구이다. 히포 롤러는 90리터 즉, 24갤론의 물을 운반할 수 있는데 이는 생산성 면에서 거의 5배 증가한 것이다. 히포 롤러 워터 프로젝트는 30,000개 이상의 롤러를 보급했으며 200,000명 이상의 사람들이 직접 혜택을 얻었다.

히포 롤러 워터 프로젝트(Hippo Roller Water Project)

로켓 스토브(Rocket Stove)는 초 에너지 절약형 히터이다. 로켓 스토브는 연소실 끝에 있는 구멍 안에 공기흡입구와 연료 투입구가 결합되어 있고, 연소실은 굴뚝과 열교환기에 차례대로 연결되어 있다. 스토브들은 그 지역에서 찾을 수 있는 재료들로 쉽게 만들 수 있다. 나무의 가지와 잔가지들처럼 지름이 작은 것들도 연료로 사용할 수 있고 생긴 열은 매우 작은 면적으로 보내진다. 물을 끓이고 요리하기 위해 필요한 나무 연료의 양을 크게 줄여준다.

로켓 스토브(Rocket Stove)

개발도상국들 안에 바이오매스 연료에 대한 수요들을 줄이기 위해 아프로베쵸 연구센타(Aprovecho Research Center)에서 발명하였다. 로켓 스토브는 레소토, 말라위, 우간다, 모잠비크, 탄자니아 그리고 잠비아에서 흔히 사용되고 있다. 아프로베쵸 연구센타는 로켓 스토브 기술로 인해 2009년 애시턴(Ashden) 국제에너지 챔피온 상을 받았다.

위의 모든 것보다도 단연 가장 최고의 적정 기술은 라이프 스토로우(Life straw)이다. 수많은 사람들이 오염된 식수로 사망하고 있다. 라이프 스토로우는 저가의 일인용 정수기이며 한 개당 약 700리터를 정수한다. 700리터의 물은 한 사람이 1년 동안 소비하는 물의 양이다. 다른 정수기와 달리, 라이프 스토로우는 사용법이 직관적이고, 목에 걸고 다닐 수 있으며, 조작하는데 특별한 훈련이나 전기나 별도의 도구를 필요로 하지 않는다. 빨대로 물을 빨아들이면 필터를 통해 약 99.999%의 살모넬라, 시겔라, 엔테로코커스, 스타필로코커스와 같은 박테리아와 98.7%의 바이러스를 거를 수 있다.

라이프 스토로우(Life straw)

타임지의 최고의 발명품(Best Invention), 리더스 다이제스트의 유럽의 최고 발명품(Europe's Best Innovation), 에스콰이어 지의 올해의 혁신(Innovation of the Year)을 포함하여 수많은 상을 수상하였다.

라이프 스토로우(Life Straw)

개발도상국을 위한 제품을 디자인 하는 것은 발명하는 사람이 경험해 본적이 거의 없거나 아예 경험이 전혀 없는 문화에 필요한 기술을 만들어야 하기 때문에 독특한 문제를 안고 있다. 개발도상국의 일상생활과 가치에 대한 무지는 사람들이 어떻게 발명품을 사용하게 될지, 혹은 그들의 필요를 어떻게 채워줄 수 있는지 내다보는데 어려움을 야기한다.

옥수수 까는 기계를 안 쓰는 이유

콤페터블 테크널러지 인터네셔날(Compatible Technology International)사는 과테말라를 방문하고 여성들이 옥수수를 손으로 떼는 것을 발견했다. 손으로 옥수수를 떼는 것이 얼마나 노동 집약적인지를 보았고, 문제를 발견한 엔지니어는, 금세 나무 조각 가운데 구멍을 뚫어 옥수수 까는 기계를 만들어 주었다. 여성들은 옥수수를 그 구멍으로 밀어 넣어 옥수수 알을 훨씬 빨리 얻어낼 수 있었다. 하지만, 몇 달 후 그들이 다시 돌아왔을 때 여성들은 아직도 손으로 옥수수를 까고 있었다. 한 여성이 그들에게 말해 주었다. 옥수수 까는 기계 감사하지만 옥수수 까는 시간 동안 남자 이야기, 학교 이야기, 그리고 아이들 이야기를 하는데 그 기계는 그러한 이야기들을 나눌 시간을 주지 않고 일을 너무 빨리 끝나게 한다고 말했다. 에디슨도 미 국회에 투표 계산기를 팔려고 했을 당시 비슷한 경험을 했다. 물론 개표 요원들은 남자 이야기, 학교 이야기, 아이들 이야기 대신 뇌물 이야기와 전쟁 이야기를 한다.

식수를 만들어주는 필터 비닐 팩인 하이드로 팩(Hydro Pack)은 비닐팩 내부의 특수 용액에 의한 삼투압 현상으로 깨끗한 물이 내부로 흡입되어 사람들이 쉽게 마실 수 있다. 저수지나 연못 등의 물 위에 띄어놓기만 하면 깨끗한 물이 만들어진다. 10시간 정도 물에 담가 놓으면 200mL의 식수를 생산할 수 있다.

🔆 하이드로 팩(Hydro Pack)

물과 관련된 적정 기술인 미국 하이드레이션 테크놀로지(Hydration Technologies)사가 개발한 하이드로 팩(Hydro Pack)은 2011년 케냐 서부의 엔조이아(Nzoia)강 홍수 피해 지역에 응급 지원책으로 개발됐으나 반응이 좋아 지속적으로 보급되고 있는 제품이다.

물을 깨끗하게 만들어주는 필터 북(Drinkable Book)은 식수가 부족한 개발도상국을 위해 적정 기술이 적용된 디자인 제품이다. 오염된 물을 마실 수 있게 해주는 기능을 가진 책이다. 단순히 물속의 더러운 찌꺼기만을 거르는 필터가 아니라, 물속에 존재하며 인체에 유해한 콜레라나 장티푸스 같은 질병을 유발하는 박테리아까지 제거할 수 있도록 하기 위해 은 나노(nano) 입자 기술을 적용했다. 은 나노 입자가 스며들어 있어 유해 박테리아를 99% 이상 제거하기 때문에 마셔도 안전한 식수를 제공하게 된다. 필터 북은 각 페이지 당 100L의 물을 정수할 수 있고, 책 한 권으로 30일 이상 사용할 수 있다. 한 사람이 4년 동안 마실 수 있는 양의 식수로 정화가 가능하다. 사용방법 또한 간단한 데, 커피 필터처럼 책을 한 장씩 떼어서 전용 케이스에 끼워 물을 붓기만 하면 된다. 총 24페이지로 구성되어 있으며, 각 페이지에는 안전하지 않은 물에 대한 정보와 깨끗한 물을 마실 수 있는 방법을 제공하고 있다.

🔆 필터 북(Drinkable Book)

미국 버지니아대학교 테레사 단코비치(Theresa Dankovich) 화학 박사와 컨설팅 기업인 디디비 월드와이드(DDB Worldwide), 그리고 비영리 기관 워터이즈라이프(WATERisLIFE)가 공동으로 개발하였다.

물을 깨끗하게 만들어주는 필터 북(Drinkable Book)

식수를 만들어주는 옥외광고판(Potable Water Generator)은 제습기와 같은 원리로 빗물이 아닌 오직 공기 중의 물을 모아 식수를 제공한다. 매일 96L씩 3달 동안 9천 450L의 식수를 생산해 인근 수백가구에 제공할 수 있다.

🔆 식수를 만들어주는 옥외광고판(Potable Water Generator)

페루 유텍(UTEC)대학교가 개발하고 공학 기술로 세상을 바꾸자는 학교의 신입생 모집 캠페인의 일환으로 탄생되었다. 유텍대학교는 식수를 만들어주는 옥외광고판을 개발해 신입생 지원율을 38%나 끌어올렸다.

태양열로 식수를 만드는 가마솥(Eliodomestico)은 정수필터 없이 오직 태양열을 이용해 식수를 생산한다. 강물, 빗물, 바닷물을 솥에 넣고 8시간만 두면 약 8L의 식수를 얻을 수 있다.

☀ **태양열로 식수를 만드는 가마솥(Eliodomestico)**

이탈리아 디자이너 가브리엘 다이아몬드(Gabriele Diamanti)가 제3세계 해안지역 사람들을 위해 개발하였다.

달리면 물이 만들어지는 정수 자전거(Aquaduct)는 뒤쪽 물탱크 안에 있는 물이 페달의 동력으로 필터를 거쳐 앞쪽 물탱크로 저장되는 원리이다.

☀ **달리면 물이 만들어지는 정수 자전거(Aquaduct)**

혁신 디자인 컨설팅 기업 아이디오(IDEO)가 2008년 개발한 제품이다. 저개발 국가에 무상으로 정수 자전거 제조 기술을 공유하였다.

페트병을 전구로 만드는 라이티(Lightie)는 물이 가득 담긴 투명 페트병 안에 넣고 햇빛에 8시간을 두면 40시간 동안 불을 밝힐 수 있다. 내부에는 태양광 패널, 리튬이온 배터리, LED 램프가 내장되어 있다.

☀ **라이티(Lightie)**

남아프리카공화국의 한 디자이너와 사업가 마이클 슈트너(Michael Suttner)에 의해 개발되었다. 저개발국뿐만 아니라 선진국에도 지속적으로 공급되고 있다. 온라인 쇼핑몰 등에서 약 10달러에 판매되고 있다.

중력으로 불을 밝히는 그래비티 전구(Gravity Light)는 무거운 물체가 아래로 내려가는 중력의 힘을 운동에너지로 바꿔 이를 다시 전기 에너지로 만드는 기술을 적용했다. 무거운 물건을 딱 3초만 들어 올렸다 내리면 30초 동안 밝은 빛을 낼 수 있다.

그래비티 전구(Gravity Light)

영국의 제품으로 디자인 전문회사 데어포어(Therefore)가 출시한 제품이다. 캠페인을
통해 40만 달러 즉 약 4억 원의 자금을 모아 제품 개발에 성공하였다. 아프리카와 인도
의 빈민가에 설치되고 있다.

태양광으로 불을 밝히는 풍선조명(LuminAILD)은 풍선의 형태로 휴대하기
쉬워서 캠핑용이나 생활 속에서 편리하게 적용되고 있다.

태양광으로 불을 밝히는 풍선조명(LuminAILD)

디자이너 Anna Stork와 Andrea Sreshta가 개발하고 아이티 대지진 사고 지역에서 꼭
필요한 물품을 생각한 끝에 지진 사고 지역 지원을 위해 개발됐다. 하나 사면 하나를 저
개발 지역에 보내주는 캠페인(Give Light, Get Light) 실시로 전 세계 각 지역에 보급되
고 있다.

소금물로 전기를 만드는 소금물 랜턴(Salt-Water Lantern)은 전기배터리나
태양열 판넬 등을 사용하지 않고 오직 소금물만을 이용해서 전기를 발전시킨
다. 3~5%의 농도를 가진 350cc의 소금물로 55루멘 정도의 불빛을 8시간 정도
밝힐 수 있다. 마그네슘과 카본의 전기적 융합이 물속에서 끊임없이 진행되는
원리가 적용됐다.

소금물 랜턴(Salt-Water Lantern)

일본 친환경 조명 기업인 그린 하우스(Green House)에 의해 탄생됐다.

축구공과 비슷하게 생긴 모양으로 내부에 탑재된 회전추의 회전력을 이용
해 전기를 생산하고 배터리에 자동 저장하는 놀면서 전기를 만드는 소켓 볼
(Soccket Ball)은 30분 정도 가지고 놀면 30분 정도 불을 밝힐 수 있는 전기를
생산하고 저장한다. USB 충전 케이블을 연결할 수 있는 소켓이 있어 전구와 스

마트 폰을 연결하는 것도 가능하다.

💡 **소켓 볼(Soccket Ball)**

> 하버드대학 재학생이었던 제시카(Jessica O. Mathews)와 쥬리아(Julia Silverman)에 의
> 해 개발되었다.

놀면서 전기를 만드는 소켓 볼(Soccket Ball)

흔들면 전기가 만들어지는 타악기(Spark)는 마라카스(maracas)나 셰이커(shaker)와 같이 흔들어 소리를 내는 악기에서 모티브를 얻었다. 구리선 코일로 만들어진 솔레노이드(Solenoide) 사이로 자석이 앞뒤로 움직이면 전기가 생성되는 원리이다.

💡 **흔들면 전기가 만들어지는 타악기(Spark)**

> 로얄예술대학교(Royal College of Art) 출신의 디자이너 다이아나(Diana Simpson
> Hernandez)에 의해 개발된 제품이며 케냐에 대량 보급되었다.

하늘 높이 띄우는 전기발전 풍선 배트(BAT, Buoyant Airborne Turbine)는 약 1천 피트 즉 305m 상공에 신속하게 띄워 전기를 생산하는 방식이고, 기존

풍력발전기 대비 매우 저렴한 비용으로 전기를 생산하며, 비상 전기를 신속하게 만들 수 있어, 저개발 국가는 물론, 재해지역, 군사시설, 방송시설 등 다양한 곳에서 사용 가능하다.

> ### 배트(BAT, Buoyant Airborne Turbine)
>
> MIT 출신의 엔지니어들이 만든 신생 벤처기업 알타에로스 에너지(Altaeros Energies)에 의해 탄생되었다.

전기를 생산하는 수도 파이프(Pipe Waterwheel)는 우리나라의 산업디자이너가 개발한 제품으로서 수도관에서 나오는 물의 흐름 즉, 물의 운동에너지를 전기에너지로 바꾸는 새로운 아이디어가 적용되었다. 전구 자체에 충전 배터리가 내장되어 있다. 낮에 물을 사용함으로 전기가 자동으로 충전되고, 밤에는 이 전구를 분리하여 불이 필요한 곳에서 사용할 수 있다. 프로토타입(prototype) 제품 출시 후 저개발 국가에 보급되었다.

> ### 프로토타입(prototype)
>
> 원래의 형태이다. 시제품이 나오기 전의 제품의 원형으로 개발 검증과 양산 검증을 거쳐야 시제품이 될 수 있다.

페달을 밟으면 내부의 빨래통이 회전할 수 있도록 제작된 페달을 밟으면 빨래가 되는 수동 세탁기 지라도라(GiraDora)는 한 개당 40달러에 제작해서 판매된다.

> ### 지라도라(GiraDora)
>
> 미국 델(DELL)사의 사회 혁신 도전(Social Innovation Challenge)의 지원 프로그램에 의해 탄생되었고, 페루와 칠레의 빈민가 지역에서 시제품이 공급되어 사용한다.

태양열로 음식을 요리하는 솔라 그릴(Wilson solar Grills)은 직사광 태양열을 이용한 친환경 그릴로 나무, 석탄, 석유, 가스 등의 연료를 완벽하게 대체 가능하다. 450도의 열에너지로 최대 25시간 동안 요리가 가능하다. 저개발 국가뿐만 아니라 선진국에서도 캠핑, 파티용으로 사용한다.

솔라 그릴(Wilson solar Grills)

엠아이티(MIT) 교수 데이빗 윌슨(David Wilson)에 의해 개발된 제품이다.

비료로 사용되는 변기주머니(PeePoo)는 위생상태가 안 좋은 지역에서 대변을 주머니에 담아 버리면 자동으로 생분해되어 토양에 영양분을 공급하는 비료가 되도록 만들어졌다.

변기주머니(PeePoo)

스웨덴의 피블레라에 의해 발명된 제품으로 2012년 북한 평양에서 유행했던 변기주머니와 같은 개념으로 최근 케냐, 콩고, 필리핀 등의 저개발 국가에 지속적으로 보급되었다.

비료로 사용되는 변기주머니(PeePoo)

누구나 이용할 수 있는 무료 택시 멜로 캡스(Mellow cabs)는 삼륜 전기 오토바이를 개조했는데 하루 최대 120㎞를 달릴 수 있고 배터리가 방전되면 페달을 밟아 주행할 수 있다. 이 택시는 긍정적인 환경 효과뿐만 아니라 기업의 후원과 광고로 수익을 창출하고 있다. 남아프리카공화국에서 운행 중으로 누구나 무료로 이용 가능하다.

> 💡 **멜로 캡스(Mellow cabs)**
>
> 네덜란드의 호퍼(Hopper)에 의해 만들어진 제품이다.

골판지로 만든 헬프 데스크(Help Desk)는 책상이 책가방으로 변신할 수 있는 조립 방식의 아이디어가 적용됐다. 한 개당 단가가 200원 정도로 저렴하며, 인도 마하라슈트라(Maharashtra) 지역 학교에 보급되었다.

> 💡 **헬프 데스크(Help Desk)**
>
> 인도의 비영리 사회적 단체 아람브(Aarambh)가 재활용센터 등과 제휴하여 버려진 각종 포장 박스를 수거해 제작된 제품이다.

적정 기술의 성공 사례들처럼 전 세계 인구의 10%만을 위한 첨단 기술보다 소외된 90%의 사람들을 위한 비즈니스가 더욱 필요한 시점이다. 눈을 돌려 개발도상국들에 가보면 할 수 있는 사업 아이템이 무수히 많다. 사회 공동체의 정치적, 문화적, 환경적 조건을 고려해 해당 지역에서 지속적인 생산과 소비가 가능하도록 만들어진 적정 기술 모델들을 개발하여 인간의 삶의 질을 향상시키고 당면한 문제를 해결하기 위해 노력해야 한다. 꾸준한 투자와 지속적인 연구를 통해 세계 곳곳에서 기본적인 욕구조차도 충족하지 못하며 많은 어려움을 겪는 사람들에게 일시적인 원조로 인한 도움이 아닌 지속가능한 방법을 제공해야 하는데 그 방법들 가운데 적정 기술이 있다.

07

힉스 입자
Higgs Boson

세상에는 네 가지 힘이 있는데 질량을 지닌 물질이 서로 끌어당기는 힘인 중력과 전하에 의해 생기는 전자기력, 원자핵을 만드는 강한 핵력, 그리고 방사성 붕괴를 지배하는 약한 핵력이다. 미소 우주에서 작동하는 강한 핵력과 약한 핵력, 전자기력을 하나의 방정식으로 표현한 것이 바로 입자물리학의 가장 성공적인 이론인 표준 모형이다. 쿼크, 렙톤 등과 같은 새로운 입자들이 있어야 하는데, 단 하나의 입자를 제외한 모든 입자는 약 40년 전에 모두 발견되었다. 끝까지 발견되지 않아 입자물리학자들의 속을 태운 그 입자는 바로 신의 입자로 유명한 힉스 입자(Higgs boson)이다.

빅뱅 직후 모든 입자에 질량을 부여한 힉스 입자의 존재를 처음 예견한 것은 1964년에 발표된 두 편의 논문이다. 힉스 입자를 예견한 논문을 발표하고 49년 만에 노벨상을 수상한 사람은 영국 에든버러대학교(University of Edinburgh)의 피터 힉스(Peter Ware Higgs)이다. 피터 힉스는 미국 물리학회의 학술지(Physical Review Letters)에 논문을 발표하였다. 우주상에 존재할 것으로 예견된 입자이고, 우주 만물을 생성하고 있는 모든 물질에 질량을 갖도록 매개하는 입자이며, 지금까지 관측할 수 없었고 태초의 순간에만 잠깐 존재했던 것으로 추정되는 입자이다.

뉴턴(Isaac Newton)의 만유인력으로 잘 알려진 중력(gravity)이 있고, 원자핵과 전자 사이에 전자가 떨어져 나가거나 찰싹 달라붙지 않게 해주는 전자기력이 있다. 1925년 이태리의 천재 물리학자 페르미(Enrico Fermi)가 존재를 예견했고 결국 존재를 발견해 낸 입자로서 중성자가 양성자로 변할 때 발생하는 힘인 약력(weak force)이 있다. 원자핵 내부에 있는 양성자와 중성자와 같은 핵자를 서로 단단하게 연결해 주는 강력(Strong force)이 있는데 1935년 일본의 유카와 히데키(Hideki Yukawa)가 예상했고 12년 후 그 존재가 밝혀져 유가와는 일본 최초의 노벨 물리학상 수상자가 됐다.

지구 중력의 힘을 1이라고 했을 때, 원자핵과 전자 사이에서 밀어내고 당겨주는 힘인 전자기력은 그 100배의 힘이고, 방사성 원자가 붕괴하면서 그 원자의 중성자가 양성자로 될 때의 힘인 약력은 중력의 1천만 배의 힘이며, 원자핵 내부의 중성자와 양성자를 서로 밀고 당기는 힘인 강력은 중력의 10의 38승배의 힘을 가지고 있다.

가장 강한 힘의 결합으로 구성된 것은 다른 입자보다 무거운(重) 입자인 양성자, 중성자 등으로서 강력 매개입자인 파이온 입자에 의해 1억분의 1초 동안 쉴 새 없이 생성됐다 소멸됐다 하면서 이 무거운 입자들을 결합시켜 핵을 형성한다. 강력에 의해 결합된 입자라는 의미에서 이들 무거운 입자를 중입자라고도 하고 강입자라고도 한다.

영국의 톰슨(Joseph John Thomson)이 전자를 발견한 1897년 어떻게 우리 삶에 적용될지 몰랐지만 진공관을 거쳐 오늘날 우리 주변 어디에서나 발견되는 반도체의 원리는 전자의 원리를 기반으로 한 것이다. 유럽핵물리학연구소(Conseil Europ en pour la Recherche Nucl aire, CERN)는 영국의 물리학자 피터 힉스가 예상한 이른 바 힉스 입자를 99.999994%의 확률로 발견한 것 같다고 에둘러 발표하였다. 지름 27km, 지하 100m에 판 터널에 설치된 거대한 입자충돌용 가속기 강관 내부에 설치된 지름 5cm의 입자가속기용 관을 지난 2008년 완성하였다. 원자핵의 최소 구성입자, 즉 수소 핵인 양성자 덩어리를 충돌시키는 실험을 시작하였다. 힉스 입자 발견을 위한 실험의 시작이었다. 거대 강입자 가속기(Large Hadron Collider, LHC)는 지구상에서 가장 큰 초전도자석으로 둘러싸인 입자 검출을 위한 여러 장치를 말한다. 이 장치 내부는 극히 높은 수준의 초고진공 상태를 유지해야 한다. 거대 강입자 가속기에 사용되는 첨단 기술에는 초고진공 기술, 초저온, 초고속전산처리 기술이다. 초고속 전산처리 기술은 데이터양이 워낙 많아 보통 컴퓨터와 시스템만으로는 감당할 수 없기 때문이다. 지구 최대의 초저온 냉장고이자 지구상에서 가장 큰 기계이다. 지구 최대의 냉장고가 될 수밖에 없는 이유는 입자가속에 필요한 엄청난 에너지를 손실 없이, 기계손상 없이 만들어 내기 위해서이다.

기술과 과학의 차이

과학은 이론, 원칙 및 법칙을 다루는 반면 기술은 제품, 프로세스 및 디자인에 관한 것이다. 과학은 지식을 얻는 체계적인 방법인데 비해 기술은 목적을 위한 과학 지식의 실제 적용을 암시한다. 과학은 새로운 지식을 탐구하는 과정이고, 기술은 새로운 제품을 창조하는 과학 법칙의 사용이다. 과학은 늘 쓸모 있으나 기술은 유용하거나 해로울 수도 있다. 과학은 쉽게 변경되지 않으나 기술은 지속적으로 변화된다. 과학은 발견하는 것이고 기술은 발명하는 것이다. 과학은 자연과 물리적 세계의 구조와 행동을 연구하여 전제를 만들고 기술은 그 전제를 실천한다. 과학의 용도는 예측을 위해 사용되지만, 기술의 용도는 작업을 간소화하고 사람들의 요구를 충족시킨다.

Chapter 5

미래 문명

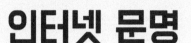

인터넷 문명

인터넷(Internet)이란 여러 통신망을 하나로 연결한다는 의미의 인터네트워크(inter-network)라는 말에서 시작되었으며, 이제는 전 세계 컴퓨터들을 하나로 연결하는 거대한 컴퓨터 통신망을 의미한다. 인터넷은 클라이언트와 서버로 구성되며, 여러 컴퓨터가 각각 클라이언트와 서버로써 서로 연결되어 구성된 망을 컴퓨터 네트워크(computer network)라고 한다. 인터넷은 이러한 컴퓨터 네트워크가 전 세계적인 규모로 수없이 많이 모여서 이루어진 일종의 컴퓨터 네트워크 시스템이다. 즉, 인터넷이란 수많은 클라이언트 컴퓨터와 서버 컴퓨터, 그리고 이들로 구성된 네트워크들의 집합체이다.

인터넷은 서로 동시에 참여할 수 있는 쌍방향 통신을 제공한다. 컴퓨터는 저장이 가능하므로 메시지를 보내는 사람과 받는 사람 모두 시간에 제약을 받지 않고 컴퓨터가 네트워크에 연결만 되어있다면 언제든지 메시지를 주고받을 수 있다. 초기 인터넷에서는 텍스트(Text)로만 통신이 가능했지만 현재에는 이미지, 음성, 동영상 등 다양한 포맷으로 통신이 가능하다.

인터넷은 직업이나 사회적 지위, 직책, 인종, 나이 등을 서로 알 수 없는 익명성을 제공한다. 인터넷은 1960년대 미국국방성에서 군사적인 목적으로 구축한 알파넷(ARPANET)으로부터 시작되었다. 이후 데이터의 전송 속도가 빠르고 안정적인 TCP/IP 프로토콜을 사용함에 따라 더욱 빠르게 발전하게 되었다. 이러한 소규모 네트워크들이 더욱 발전하고 서로 접속함에 따라 전 세계적인 거대한 컴퓨터 네트워크의 집합체로 없어서는 안 될 역할을 하고 있다.

알파넷(ARPANET)

1969년 인터넷의 전신인 알파넷(ARPANET)이 탄생했다. 탄생 배경에는 미국과 소년 간 냉전이라는 존재가 있었다. 1957년 소련이 세계에서 처음으로 인공위성 스푸트니크 1호 발사에 성공하자 미국은 과학 기술에서 소련에 뒤처지고 있다는 충격에 빠진다. 이를 스푸트니크 쇼크라고 한다. 1958년 미국은 소련의 약진에 대비해 첨단 과학 기술을 단기간에 군사 기술로 전용하기 위한 조직인 고등연구계획국(Advanced Research Projects Agency, ARPA)을 설립한다. ARPA는 1996년 미국 방위 고등연구계획국(Defense Advanced Research Project Agency, DARPA)으로 개칭되었다.

TCP/IP

데이터가 의도된 목적지에 닿을 수 있도록 보장해주는 통신 규약으로 두 가지 프로토콜로 이루어져 있다. 프로토콜이란 컴퓨터와 네트워크 기기가 상호간에 통신하기 위한 규칙이다. IP는 Internet Protocol의 줄임말로, 인터넷에서 컴퓨터의 위치를 찾아서 데이터를 전송하기 위해 지켜야 할 규약으로 전 세계 수억대의 컴퓨터가 인터넷을 하기 위해서는 서로의 정체를 알 수 있도록 특별한 주소를 부여했는데 이 주소를 IP 주소라고 한다.

인터넷의 보급과 보편화는 정보화사회로 들어가는 문을 열어주며 무한한 가능성과 장점을 보여주었다. 거대한 권력이나 집단에 대한 개인의 고발이 익명성 아래 보호될 수 있었으며 누구에게도 쉽게 말하지 못한 비밀을 털어놓을 수 있는 공간을 마련해 주었다. 그러나 인터넷의 편리와 효율성이라는 빛에는 보편화와 함께 어두운 그림자가 따를 수밖에 없었다. 약자를 보호하던 익명성의 빛은 무고한 사람에게 악성 댓글을 남겼고 보편성이 가져온 편리함은 이에 대한 심각한 중독을 야기하였다.

장시간의 온라인 게임 중 사망, 게임에서 강제 퇴출된 후 자살, 아기를 집에 두고 개인용 컴퓨터 공간에서 게임을 즐기던 부부의 아기가 질식사한 사건, 인터넷 게임을 흉내 내어 동생을 살해한 중학생, 온라인 폭력게임에 빠져 있던 중학생이 자신을 꾸짖는 할머니를 때려 숨지게 한 사건 등 인터넷 중독은 이제 심각한 사회문제가 되었다.

인터넷에 대한 내성은 동일한 만족감을 얻기 위해 더 많은 시간을 투자하도록 만들기 때문에 접속시간이 점차 길어지고 접속을 끊기가 어려워진다. 접속을 중단하거나 사용시간이 감소하면 불안하고 초조해지며 심하게는 환상까지 동반되는 금단 현상이 일어난다. 접속시간을 줄이거나 조절하고자 하지만 실패하는 경우가 많고 이로 인해 가정생활 또는 사회생활에 심각한 지장을 초래할 수 있다. 다수에게 나타나거나 피해가 큰 것이 채팅 중독, 커뮤니티 중독, 정보검색 중독, 사이버 거래 중독, 게임 중독, 음란물 중독 등이다. 인터넷이 보급되면서 가장 먼저 나타난 유형이 채팅 중독이며 따라서 가장 오래된 중독이기도 하다. 컴퓨터 중독에는 온라인 채팅 중독, 커뮤니티 중독, 정보검색 중독, 사이버거래 중독, 게임 중독, 음란물 중독 등이 있다.

인터넷에서는 채팅방이나 게시판의 익명성을 통해 혹은 온라인 게임을 통해 평소에 표출할 수 없었던 공격성을 자유롭게 표출할 수 있으며 이를 통해 대리만족을 느낀다. 인터넷 중독의 또 다른 원인은 사용자가 자신의 가족, 친구 동료들에게서 얼마만큼의 사회적, 정서적 지지를 받는가 하는 것이다. 현실에서 타인의 관심과 배려를 덜 받을수록 가상공간에서의 지지를 추구하며 쉽게 빠져드는 경향이 있다.

심각한 경우에는 부모와 아이가 한 집에 살면서도 아래층과 위층에서 컴퓨터로 대화를 주고받기도 한다. 분명히 바람직한 현상이 아니다. 인터넷이 발달한 정보사회에서 편리성과 신속성이라고 하는 인터넷으로 인한 밝은 부분과 감상적 대화의 단절이라는 인터넷으로 인한 어두운 부분이 동시에 존재하는 양면성이 존재한다. 기계의 사용이 인간적인 삶의 방식을 과도하게 침해하는 것을 경계해야만 한다. 디지털 중독(digital addiction)이란 일상생활 수행이 곤란할 정도로 컴퓨터, 인터넷, 스마트 폰(smart phone), 소셜 네트워크 서비스(Social Network Service, SNS) 등을 과도하게 사용하는 병리 현상을 말하고, 인포데믹스(infordemics)는 근거 없는 각종 루머들이 인터넷 기기나 미디어를 통해 확산되면서 사회, 정치, 경제, 안보에 치명적 위기를 초래하는 것을 말하며, 사이버불링(cyberbullying)은 사이버 공간에서 이메일이나 휴대폰, 소셜 네트워크 서비스 등을 활용해 특정 대상을 지속적이고 반복적으로 괴롭히는 행위를 말하고, 디지털 치매(Digital Dementia)는 스마트 폰이나 컴퓨터 등 다양한 디지털 기기를 크게 의존하여 기억력이나 계산 능력이 퇴화되는 현상이며, 고립 공포감은 소셜 미디어 이용자들이 다른 사람들과 네트워킹을 하지 못하는 경우에 심리적으로 불안해하는 증상이고, 사이버콘드리아 증후군(Cyberchondria Syndrome)은 인터넷의 잘못된 의학 및 건강 정보만 믿고 부정확한 자가진단을 하는 사람 또는 행태를 각각 말한다. 즉, 사이버콘드리아(Cyberchondria)는 인터넷 공간을 의미하는 사이버(cyber)와 건강염려증을 뜻하는 하이포콘드리아(hypochondria)의 합성어이다.

인포데믹스(infordemics)

디지털시대의 새로운 흑사병이라고도 하는 정보전염병이다. 인포데믹스(infordemics)는 정보(information)와 전염병(epidemic)의 합성어이다.

고립공포감

포모(Fear Of Missing Out, FOMO) 증후군이란 자신만 흐름이나 기회를 놓치고 있는 것 같은 심각한 두려움을 나타내는 고립 공포감을 의미한다. 원래 한정 판매 등 공급량을 줄여 소비자를 조급하게 만드는 것을 나타내는 마케팅 용어였다.

스마트 정보격차는 일부 사람들에게서 스마트 기기나 인터넷에 대한 접근성과 이용 및 활용 능력이 현저히 떨어지는 현상으로 계층 간 정보의 부익부 빈익빈 현상이 나타남을 뜻하고, 인터넷 트롤(Internet troll)은 인터넷 공간에서 공격적이고 반사회적인 반응을 유발하는 행위를 말한다.

❖ 전자공학 장래성 : 엔지니어는 전문직으로 통한다. 사회적 통념이 좋은 만큼이나 근무 여건은 물론 보수 또한 훌륭하다. 엔지니어로 활동하는 분야는 IT(Information Technology), 건설, 기계, 화학, 항공, 우주, 환경, 에너지, 농업, 바이오, 의료, 신소재 등 그 범위가 실로 다양하다. 많이 진출하는 엔지니어링 분야 중 대표적인 것이 컴퓨터공학 및 IT 분야이다. 실리콘밸리를 중심으로 수많은 엔지니어들이 다양한 전문기술 분야에서 활동하고 있다. 최근 인공지능 및 빅 데이터 분야에 대한 수요가 증가함에 따라 컴퓨터 프로그래머, 시스템 분석, 각종 소프트웨어 및 애플리케이션 개발 등에 필요한 인력 수요가 나날이 증가하고 있다.

앞으로도 미래의 4차 산업혁명 시대를 주도해 나갈 분야는 두말할 것도 없이 컴퓨터 관련 IT 분야다. 컴퓨터 공학 및 IT 분야는 그야말로 미래 사회가 요구하는 대표적인 전공 분야로서, 취업하기에 유망한 직종이다. 전기 · 전자공학(Electrical & Electronics Engineering)은 전기공학과 전자공학이 합쳐진 개념으로 통상 더블이(EE)로 불린다. 전기공학은 큰 의미에서 전자공학을 포함하는 용어이다. 컴퓨터공학과 더불어 현대 디지털 문명사회의 핵심을 이루는 전공이라 할 수 있다.

메타버스(Metaverse) 세계

메타버스(Metaverse)는 현실을 모방한 온라인 공간에서 사람들이 아바타(Avatar)를 이용하여 상호작용하는 방식을 의미한다. 다른 사람의 아바타와 소통하고 공동작업까지 수행할 수 있기 때문에 다양한 형태로 발전할 가능성이 크다. 이에 대비하여 안전하고 신뢰할 수 있는 메타버스 공간을 만들기 위한 법·제도 모색, 누구나 차별 없이 이용할 수 있는 환경 조성, 현실사회 규범과의 조화 등이 필요하다.

메타버스(Metaverse)

초월 또는 그 이상을 뜻하는 메타(meta)와 세상을 뜻하는 유니버스(universe)가 합쳐진 메타버스(metaverse)는 초월적 세상으로 번역할 수 있으며, 온라인 공간을 이용하는 새로운 방식을 나타내는 표현이다.

아바타(Avatar)

사용자가 자신의 역할을 대신하는 존재로 내세우는 캐릭터이고, 분신(分身)을 의미하는 그리스어이다.

인터넷 등장 초기에는 텍스트(text) 기반의 채팅·게시판이 중심이었고, 시간이 지나면서 정보·이미지(image) 기반의 홈페이지(homepage)와 블로그(blog), 친구 맺기 기반의 사회연결망서비스(social network service, SNS) 등으로 변화했다. 이러한 방식들은 대부분 사실 생각 · 감정 등의 정보를 전달하는 기능을 한다. 이와 달리 메타버스는 현실 세계를 동일하게 또는 변형해서 구현하는 목적으로 온라인(online) 공간을 활용한다. 학교 · 회사 · 공연장 · 공원 등 여러 사람이 모이는 공간을 온라인에 입체적으로 만들고, 사람들이 자신의 디지털 캐릭터(digital character)인 아바타를 이용하여 입장해서 사회적 활동을 할 수 있도록 한 것이 메타버스다.

사람들은 자신의 아바타를 조정하여 다른 사람의 아바타와 함께 입학식 · 졸업식 · 회의 같은 공동 활동을 하고, 공연을 관람하고, 휴식을 취하기도 한다. 공간 자체는 가상적이지만 경험의 효과는 실제적이다. 메타버스는 여전히 생소한 현상이며, 법 · 제도적으로 무엇을 어떻게 대응해야 할지도 모호한 측면이 있다.

메타버스는 1992년 미국 소설가 닐 스티븐슨(Neal Stephenson)의 소설인 스노우 크래시(Snow Crash)에서 아바타가 활동하는 인터넷(internet) 기반의 가상세계를 표현하는 말로 처음 등장했다. 가상과 현실이 상호작용하며 공진화하고 그 속에서 사회 · 경제 · 문화 활동이 이루어지면서 가치를 창출하는 세상으로 정의되기도 하고, 가상현실(假想現實, Virtual Reality, VR), 증강현실(增強現實, Augmented Reality, AR)과 같은 가상융합기술의 활용을 강조하여 확장 가상세계(eXtended Reality, XR)로 정의되기도 한다.

사람이 자신의 아바타를 조정한다는 점에서 메타버스는 게임(game)과 비슷하다. 그러나 앞으로의 상황과 해야할 일이 사전에 프로그래밍(programing)된 것이 아니라 본인과 다른 사람의 결정에 따라 달라질 수 있는 개방형 구조라는 점, 본인이 참여하지 않더라도 가상세계는 종료되지 않고 지속된다는 점, 구성원의 합의나 서비스 제공자의 불가피한 사정이 존재하지 않는 한 가상세계는 처음으로 리셋(Reset)되지 않는다는 점 등이 게임과 메타버스의 차이점이다.

초기에 MZ 세대들을 중심으로 이용되던 메타버스가 대중의 관심을 끌게 된 계기는 코로나19(corona-19) 이후 제한·금지되었던 대규모 공연·행사를 메타버스 공간에서 할 수 있게 되면서부터이다. 마케팅(marketing)·홍보, 부동산 건설, 정치, 행정, 기업 운영 등 다양한 분야로 메타버스가 확대되고 있다.

> ☀️ **MZ 세대들**
>
> 1980년대 초반~2000년대 초반 출생한 밀레니엄(M) 세대와 1990년대 중반~2000년대 초반 출생한 Z세대를 아울러 이르는 말이다. 디지털 환경에 익숙하면서, 아날로그를 경험한 경계 사이에 있는 세대라는 특징을 보인다.

메타버스 이용 사례를 보면 다음과 같다. 정치 분야에서는 선거 후보의 유세 공간 마련에서 사용되고, 행정 분야에서는 시민참여 형태의 가상 정책토론장 운영과 다양한 행정서비스 정보를 제공하는데 사용되며, 기업운영에서는 기업의 임원회의, 직원 사내교육 실시에 사용되고, 공연 분야에서는 콘서트(concert)나 신곡발표, 팬 미팅(pan meeting) 진행에 사용되고 있다. 행사에서는 대학 입학식이나 축제 진행에 사용되고, 비대면 대학입시박람회 개최에 사용되고 있다. 마케팅 홍보에도 쓰이는데, 사이버(cyber) 지점 개설 및 운영, 그리고 신제품 홍보 및 가상 체험 서비스에 사용되고 있다. 부동산 건설 분야에서는 가상 모델하우스(model house)나 매물 소개 등 다양한 프롭테크(Proptech) 서비스를 제공한다. 군대의 훈련에 확장 현실(XR) 기술을 활용하고, 응급상황 대응 훈련에 가상훈련 플랫폼(platform)을 개발하여 사용한다.

🔆 **프롭테크(Proptech)**

부동산 거래에 전자기술을 접목한 신사업 모델로서 property technology의 줄임말이다.

확장현실(XR)

포괄적인 용어로, 증강현실(Augmented Reality, AR), 혼합현실(Mixed Reality, MR), 가상현실(Virtual Reality, VR)을 망라한다. 현실의 감각을 시공간을 넘어 확장·증폭하려는 시도와 맞닿아 있다.

메타버스는 개인 간 상호관계를 기반으로 하기 때문에 모욕·비하·인신공격과 같은 개인 간 문제가 발생할 수 있다. 메타버스는 아바타가 움직이는 과정에서 발생하는 문제에 대한 대응도 중요하다. 아바타가 가상공간의 사물인 건물, 조형물, 차량 등을 훼손하는 문제 등도 발생할 수 있으므로 이에 대한 제도적·윤리적 대응 방안을 마련해야 한다. 메타버스 환경에서는 상품이 자연스럽게 노출될 수 있기 때문에 그것이 사실을 표현한 것인지 광고인지 명확하게 구분될 수 있도록 해야 한다. 따라서 특정 아이템(item)이 대가를 받고 노출한 광고인 경우에는 분명하게 표시하도록 해야 한다. 가상부동산 거래 사이트인 어스 투(Earth 2)는 지구를 그대로 복제하여 가상세계에서 지구의 부동산을 판매한다. 비트코인(bitcoin) 가격의 상승과 함께 가상세계의 부동산 가격도 상승할 것이란 기대감에 많은 사람들이 참여한다.

🔆 **어스 투(Earth 2)**

지구를 가상 세계에 복제하여 가상세계 속의 부동산을 매입할 수 있도록 해주는 웹 사이트이다.

비트코인(bitcoin)

정보의 기본단위 bit와 동전을 뜻하는 coin의 합성어이다. 2009년에 태어난 글로벌 전자지불네트워크이자 이를 기반으로 통용되는 디지털 화폐의 명칭이며, 중앙 통제적인 금융기관의 개입이 전혀 없고, 암호화폐, 가상화폐로도 불린다.

메타버스의 대표 유형으로는 크게 증강현실(Augmented Reality, AR), 거울세계(Mirror Worlds), 라이프로깅(Lifelogging), 가상세계로 분류되며 각 유형은 명확하게 분리되기 보다는 점차 유형 간 경계가 허물어지는 경향을 보인다. 증강현실은 이용자가 일상에서 인식하는 물리적 환경에 가상의 사물 및 인터페이스(interface) 등을 겹쳐 놓음으로써 만들어지는 혼합 현실로 예를 들면, 포켓몬(Pokemon) 등이고, 거울세계는 물리적 세계를 가능한 사실적으로 재현하되 추가 정보를 더한 정보적으로 확장된(informationally enhanced) 가상세계로 예를 들면, 구글(Google) 등이며, 라이프로깅은 인간의 신체, 감정, 경험, 움직임과 같은 정보를 직접 또는 기기를 통해 기록하고 가상의 공간에 재현하는 활동으로서 예를 들면, 페이스북(Facebook) 등이고, 가상세계(virtual world, massively multiplayer online world, MMOW)는 디지털 기술을 통해 현실의 경제 · 사회 · 정치적 세계를 확장시켜 유사하거나 혹은 대안적으로 구축한 세계로서 예를 들면 줌(Zoom) 등이 된다.

거울세계(Mirror Worlds)

현실세계를 디지털로 구현하여 가능한 한 사실적으로, 있는 그대로 반영하되 정보적으로 확장된 세계를 말한다.

라이프로깅(Lifelogging)

라이프(Life)와 로깅(Loggin)의 합성어이고, 로그(log)의 사전적 의미는 일지에 기록이므로 삶을 기록한다는 뜻이다. 개인의 신체, 감정, 경험 등을 디지털화하여 데이터로서 캡처하고 묘사 또는 기록하며 저장하는 기술이다. 사용자는 일상생활에서 일어나는 모든 순간을 텍스트, 영상, 사운드 등으로 캡처하고 그 내용을 서버에 저장 후 정리 다른 사용자들과 공유한다.

포켓몬(Pokemon)

1996년 만들어진 게임 시리즈와 그 게임을 바탕으로 만든 애니메이션(animation), 만화, 카드 게임을 말한다.

가상세계(virtual world)

컴퓨터가 만들어낸 현실 세계와 유사한 가상의 생활환경으로 인공 현실감(Artificial Reality), 가상 환경(virtual environment), 합성 환경(synthetic environment), 인공 환경(artificial environment) 등이며 어떠한 특정 환경이나 상황을 컴퓨터로 만들어 생긴 가상과 현실 사이의 인터페이스를 말한다.

줌(Zoom)

온라인 화상 통화 서비스로서 컴퓨터 데스크톱 또는 모바일을 통해 사용할 수 있는 화상회의 플랫폼이다. 원래, Zoom은 줌 Zoom Video Communications의 약자로서 화상회의 서비스를 제공하는 미국 기업의 이름이었다.

포스트 코로나
Post Corona

❖ 앤스로포즈(Anthropause, 인간멈춤) 현상 : 세계를 공포에 몰아넣은 코로나 팬데믹의 영향으로, 주거와 이동 부문에서 다수의 이슈들이 등장한다. 앤스로포즈는 인류를 뜻하는 앤스로(Anthro)와 멈춤을 뜻하는 포즈(pause)를 합친 말이다. 인류가 멈췄다는 얘기다. 코로나19가 확산하면서 사람들의 이동과 활동이 멈춰버린 상황을 가리킨다. 인간이 이동을 멈추면서 하늘이 맑아지고 야생동물이 도시에 출현하는가 하면, 떠났던 어류가 하천에 돌아오는 모습을 목격했다. 코로나 바이러스가 인간의 행동 변화가 자연에 어떤 영향을 미치는지 확인할 수 있는 기회를 부여한 셈이다. 지속적으로 움직이는 것이 생존에 유리했던 인류의 문화에서 갑작스런 멈춤이 어떤 새로운 변화를 불러올지 지켜봐야한다.

사회적 동물인 인간은 안전을 위해 물리적 활동을 멈추는 대신 새로운 행동 방식을 개발했다. 소셜 버블(Social bubbles)이다. 바이러스의 확산으로 정신적 스트레스나 불안감을 느끼는 사람들끼리 정서적 유대를 찾아 버블 같은 방어막을 치고 모인다는 뜻이다. 온라인에 모여 퀴즈 놀이를 하거나 각자의 공간에서 누군가 틀어주는 음악을 들으며 춤을 추는 등 온라인 소셜 버블이 주류다. 놀이 차원을 떠나 가치관이나 이념, 이해관계를 같이하는 사람들이 사회적, 정치적 세력화를 꾀하는 수단으로도 활용된다. 소셜 버블의 특징은 가치나 처지를 공유하는 사람들끼리의 모임이라는 배타성이다. 소셜 버블 이슈는 초분열 사회의 도래 가능성으로 이어진다. 소셜 버블에 의한 사회집단 간 갈등과 반목의 심화가 예상된다. 스키여행지로 유명한 미국 콜로라도 아스펜은 재택근무자들이 몰려들면서 줌 타운으로 부상하고 있는 지역 가운데 하나다.

온라인의 소셜 버블이 오프라인으로 확장되면 줌 타운(Zoom Towns)이 나타날 수 있다. 줌 타운은 원래 줌(인터넷 화상회의 도구)을 이용해 재택 근무하는 사람들이 평소에 살고 싶은 곳으로 이사해 사는 곳을 뜻한다. 코로나19로 이런 경향이 더욱 뚜렷해졌다. 줌 타운을 주도하는 계층은 1980년대에 태어난 밀레니얼 세대들이다. 미국에선 이들이 교외로 옮겨가면서 뉴욕 맨해튼 인근 킹스턴(Kingston) 등 인기 지역의 주택 임대료가 상승하고 있다. 공간 컴퓨팅(Spatial Computing)도 이머징 이슈로 떠오르고 있다. 인간이 있는 모든 공간에 센서가 있고, 이 센서들이 만드는 정보를 모아서 처리하는 인공지능 컴퓨터가 이런 공간을 관리한다는 뜻이다. 데이터를 이용한 관리 시스템이다. 패스트푸드점 네트워크의 실시간 소비자 행동 분석 시스템을 이용한 재고 조정, 상품 개발이 한 사례가 될 수 있다. 공간 컴퓨팅 기술을 구현하려는 엔지니어들은 인공지능이 인간의 개입 없이 독립적으로 센서 정보를 해석하도록 컴퓨터를 설계한다.

인간은 인공지능이 내놓는 조언과 충고, 제안에 기반 해 결정하고 행동한다. 인터넷은 연결을 뜻하지만, 스프린터넷(Splinternet)은 세계와 연결이 분리된 인터넷을 가리킨다. 코로나는 국가의 역할을 강화하는 계기가 됐다. 방역계획을 세우고 일관성 있게 수행하기 위해서다. 국가의 역할 강화는 온라인 통제 강화로 이어질 수 있다. 중국은 코로나와 관련한 비난을 차단하기 위해 인터넷 검열을 강화했고, 최근에는 러시아가 데이터와 정보 유입에 개입하는 정책을 추진한 바 있다. 인간은 물론 모든 생물을 감시하는 체계로 홍채 인식은 생물 감시 수단으로 쓰일 수 있는 도구 가운데 하나이다.

사회안전 부문에서는 생명 감시 체제의 등장을 뜻하는 생물 감시 정권(Bio-surveillance Regime)이 이슈로 떠올랐다. 생물 감시라는 단어가 2009년부터 등장하고 있다. 생물 감시란 인수공통감염병의 증가로 어떤 생물체에서 어떤 바이러스가 옮겨올지 모르니 인간까지 포함한 모든 생물체를 감시하는 체계를 구축해야 한다는 논리다. 바이러스를 무기로 악용할 가능성에 대비하자는 뜻도 있다. 휴대폰 추적, 홍채 인식 시스템 등이 생물 감시 수단으로 쓰일 수 있는 도구들이다. 생물 감시 이슈 자체는 새롭지 않지만, 생물 감시라는 단어에 레짐(regime, 정권)이라는 단어가 들어간 것이 주목된다. 앞으로 정부와 은행, 군사와 여행 분야에 활용도 높아질 것이다.

온라인 장례 추모를 한다든가, 온라인으로 결혼 축하를 한다. 영국에서는 온라인 국무회의를 열었다. 영국 역사상 600년 만에 처음으로 온라인 국회를 열 정도로 변화를 보인다. 코로나를 기점으로 AC(After Corona)와 BC(Before Corona)로 시대를 구분해야 할 정도로 큰 전환점이 되었다.

❖ 코로나 바이러스 : 세계보건기구(WHO)는 코로나19 바이러스의 유전자 유형을 지역과 특성에 따라 S, V, G 등 3개 그룹으로 구분한다. S그룹은 코로나19가 처음 발생한 중국 우한에 서식하는 박쥐 등에서 나온 바이러스와 같은 계통이다. 우리나라, 중국 등 동아시아에서 유행하는 바이러스는 V그룹이다. G그룹은 유럽, 미국에서 유행하고 있다.

영국 케임브리지대는 A형(S그룹 해당), B형(V그룹 해당), C형(G그룹 해당)으로 구분한다. A형은 중국 우한에서 시작해 미주와 호주에 분포하는 바이러스다. B형은 중국 우한에서 동아시아로 퍼진 바이러스, C형은 B형에서 유래한 뒤 싱가포르를 거쳐 유럽으로 확산한 바이러스로 분류한다. 바이러스가 변이되면 전파력이나 치명률이 더 높아질 수 있고, 진단검사에서 잡아내지 못할 수 있다.

코로나19 바이러스는 변이를 잘 일으키는 RNA 바이러스에 속한다. 확인된 코로나19의 바이러스 변이는 최소 10개 계통군(A1a, A2, A2a, A3, A6, A7, B, B1, B2, B4)이 존재하는 것으로 알려졌다. 코로나19 바이러스 유전체(지놈)을 분석한 결과 밝혀진 것이다. 바이러스 변이에 주목하는 이유는 바로 백신의 유효성 상실 때문이다.

코로나19 팬데믹에 따라 다양한 유형의 백신 제제가 등장하고 있다. 아스트라제네카의 바이러스벡터 유형의 백신, 화이자의 mRNA 백신 등의 접종이 이뤄지고 있다. 이중 mRNA 백신 유형은 기존에 상용화된 적 없는 유형으로, 기존에 백신은 약하거나 비 활성화된 세균 단백질을 몸에 넣는 방식이지만 mRNA는 신체 면역 반응을 유도하는 단백질을 또는 단백질 조각 생성 방법을 세포에 가르쳐 실제 바이러스가 체내에 들어왔을 때 감염되지 않도록 항체를 생성하는 방식이다.

일반적인 감기는 코로나바이러스를 포함하여 약 200여개 이상의 바이러스에 의해 발병된다. 코로나바이러스는 알파 · 베타 · 감마 · 델타 네 종류가 있는데, 비교적 심각한 증상을 일으키는 코로나19 · 메르스 · 사스는 모두 베타 코로나바이러스에 속한다. 베타 코로나바이러스에는 총 4가지 속이 있는데 사스(SARS-CoV)와 코로나19(SARS-CoV-2)는 사베코바이러스(Sarbecovirus)에 속하며 유전적으로 유사하다.

세계보건기구(WHO)가 코로나19 변이 바이러스에 대한 새 명칭 체계에 따라 영국, 남아프리카, 인도, 페루 등에서 처음 발견된 변이 바이러스들에 그리스

문자를 붙인다. 세계보건기구(WHO)는 코로나19 변이 바이러스를 발생 순서에 맞춰 그리스어 알파벳으로 표기하는 방식을 발표하고 있다. 영국에서 발견된 변이는 알파(α), 남아프리카공화국발은 베타(β), 브라질발은 감마(γ), 인도발은 델타(δ), 페루발 변이는 람다(λ · 11번째 알파벳)라고 이름 붙여졌는데 이는 각각 몇 번째 변이라는 뜻이다.

❖ 더 커진 국가의 역할 : 코로나19 사태는 국가의 역할을 재정립하는 계기가 됐다. 대규모 재난 상황에서 각 국가는 장벽을 다시 세웠고, 국제 연대는 약화됐다. 개별 정부가 보유한 거버넌스 역량에 따라 국민의 안전이 직접적인 영향을 받았다. 당분간 큰 정부가 세계적 추세로 자리 잡을 가능성이 커졌다. 개인의 자유를 억압할 수 있다는 비판이 없지 않으나, 시민이 생명과 안전을 보장받기 위해 과거보다 국가의 개입을 더 용인할 여지가 생긴 것이다. 중국 등 많은 국가에서 시행한 봉쇄 조치, 한국의 사회적 거리두기 등 재난 대응 과정에서 정부는 이미 강력한 주도권을 확보했다. 전문가들은 권위주의 성향의 스트롱맨이 등장할 가능성도 거론하고 있다. 동시에 국가가 국민의 생명과 안전을 얼마나 스마트하게 보호할 수 있느냐가 국가 역할의 중요한 덕목으로 새롭게 등장했다. 경제 · 군사 등 하드 파워 중심으로 이뤄지던 국가 간 경쟁이 소프트파워 분야로 확대될 것이 예상된다. 경제력, 군사력만으로는 국민의 안전을 지키기 어려워졌기 때문이다.

코로나19 사태가 개인의 일상을 파괴하기 시작하면서 주목받고 있는 인간 안보는 전쟁 등 국가 간 군사적 · 물리적 대립으로부터의 보호를 뜻하던 기존의 안보 개념을 확장한 것이다. 인간 자체를 안보의 궁극적인 목표로 본다. 코로나19 사태로 인간 안보가 최근 주목을 받고 있지만, 이 개념은 1990년대에 등장해 인간의 안전에 대한 포괄적 내용을 담고 있다. 코로나19 사태에서 보듯 최근에는 진단검사와 백신 · 치료제 개발 등 의료분야의 기술력이 국민의 안전과 생명을 지키는 인간 안보 능력으로 떠올랐다.

코로나19의 전 지구적 확산으로 각국 정부는 국민을 대상으로 유례없는 직접적인 돈 보따리 풀기에 한창이다. 정부가 국민의 기본 생계유지를 명목으로 현금, 수표, 상품권을 직접 지급하는 등 그 방식 역시 직접적이다. 코로나19 팬데믹으로 고용, 환경 등 각 분야를 둘러싸고 각 계층의 갈등이 분출되는 상황에서 머니 폴리시(money policy)가 일반화될 것이라는 전망이다. 국민의 일상 생계 보장을 위해 정부가 직접 나서 펼치는 적극적인 금융정책이다. 새로운 코로나19 사태가 생길 때마다 각국 정부 역대 최대의 돈 풀기가 반복될 수 있다.

코로나19 사태를 계기로 네이션 퍼스트(nation first), 즉 자국 우선주의를 요구하는 목소리는 더욱 커질 것으로 전망된다. 각자도생 시대가 도래할 것이라는 관측이다. 20세기 협력적인 세계질서의 중추 역할을 했던 국제기구의 영향력은 급속히 줄어들 것으로 보인다.

코로나19 확진자 수가 많은 나라는 미국, 스페인, 이탈리아, 영국, 프랑스, 독일의 순이고 터키, 러시아다. 사망자는 미국이 압도적이고, 이탈리아, 스페인, 프랑스, 영국이 뒤를 잇는다. 세계인들이 살기 좋은 나라로 동경해온 북유럽의 벨기에, 네덜란드, 스위스, 스웨덴은 물론 북미의 캐나다도 인구 대비로 앞의 나라들에 뒤지지 않는 확진자와 사망자를 기록했다. 코로나19 팬데믹은 초유의 사태인 만큼 혼란은 불가피했지만, 각국의 대처 방식은 그 나라의 공공의료시스템 및 거버넌스의 수준, 경제적 안정도까지 민낯을 고스란히 드러냈다. 부실한 공공의료시스템과 바이러스에 전혀 힘을 못 쓴 영리 의료, 재난 규모의 은폐와 축소 의혹 등등 끝이 없다. 코로나19 팬데믹은 제3세계 국가들이 닮고자 했던 이른바 구미 선진국이란 신화에 균열을 냈다. 자신들이 아시아가 아니라 서구로 믿고 싶어 했던 일본도 예외는 아니었다. 반면 한국의 성공적인 대응은 선진국 콤플렉스를 터는 계기가 되었다.

❖ 비대면 문화 일상화 : 집에서 안전하게 놀고 즐기는 문화가 확산되었다. 코로나19 사태는 국민에게 사람들이 많은 곳은 위험하다는 인식을 심어주면서 홈 루덴스(Home Ludens) 문화의 확산으로 이어졌다. 홈 루덴스는 호모루덴스(Homo Ludens · 놀이하는 인간)에서 파생된 말로, 멀리 밖으로 나가지 않고 주로 집에서 놀고 즐길 줄 아는 사람을 가리키는 신조어다. 집 안에 갇혀 있다는 사실에 스트레스를 받기보다 나만의 안전한 공간에서 영화감상과 운동, 요리 등 취미를 즐기려는 사람이 여기에 해당한다. 코로나19 예방을 위한 사회적 거리두기와 삶의 질을 중요시하는 사회 분위기가 맞물리면서 가정에서도 외식 못지않은 식사와 여가를 즐기려는 욕구가 홈 루덴스 문화에 반영됐다. 특히 이 같은 문화의 확산은 음식 · 숙박업을 비롯한 서비스산업 전반의 변화를 예고하고 있어 새로운 수요를 예측하고 선제 대응하는 것이 중요한 과제가 될 전망이다. 코로나19는 결국 자신이 모든 것을 통제할 수 있는 집이 가장 안전하다는 인식을 심어줬다. 홈 루덴스의 확산은 새로운 비즈니스 기회 창출을 포함한 산업 변화는 물론 사회적으로도 큰 변화를 가져오게 할 것이다.

미래의 과학기술문명

　미래에는 가급적 로봇이 대체 불가능한 직업을 가지는 것이 좋다. 사물인터넷 시대가 본격적으로 가동되면 각종 애플리케이션(Application)이나 게임, 소프트웨어(Software)를 만들 수 있는 코딩(Coding) 전문가들이 다수 필요한데 코딩(Coding)이란 컴퓨터 언어를 사용하여 각종 프로그램을 만드는 것을 말한다. 구글(Google)과 애플(Apple)은 무인자동차를 만들기 위해 노력하고 있다. 더 이상 사람이 운전하지 않아도 주행부터 주차까지 센서를 활용하여 자동차가 작동하는 기술을 완성하기 위해 수많은 실험과 시행착오를 반복하고 있다. 무인자동차 기술이 상용화되면 소프트웨어가 자동차 가격에서 차지하는 비율이 20%에서 50%이상으로 높아질 전망이다.

　미래에 사라질 확률이 높은 직업에는 약사, 공인중개사, 스포츠 경기심판, 버스기사, 요리사, 기계기술자 등이고, 미래에 사라질 가능성이 적은 직업에는 심리학자, 컴퓨터 시스템 분석가, 음악가, 가수, 소방수, 금융전문가 등이라고 한다. 유망 직업의 변천사도 흥미롭다. 산업혁명 이후 경제가 발전하면서 육체노동자가 주류를 이루었는데 이들을 블루칼라(Blue color)라고 한다. 지식 중심의 사회로 바뀌면서 사무실에서 일하는 지식노동자가 각광을 받기 시작하였는데 이들을 화이트칼라(White color)라고 불렀다. 지식의 양보다는 질이 중요시되면서 창의력을 갖춘 창의 노동자가 새로운 경제 주체로 떠오르고 있는데 이들은 골드칼라(Gold color)라고 한다. 이제 다양한 지식을 통합할 수 있는 융합형 인재, 통섭형 인재가 미래 시대의 경제 주체로 떠오를 가능성이 높다. 이들은 융합 노동자로서 모든 색을 합치면 검은 색이 되는데서 이들을 블랙칼라(Black color)라고 부른다.

> ☀ **융합형**
>
> 둘 이상의 사물을 서로 섞거나 조화시켜 하나로 합함을 뜻한다.
>
> **통섭형**
>
> 막힘이 없이 여러 사물에 두루 통함을 뜻한다.

다가올 미래 세대들은 초고속 인터넷과 개인 스마트 환경에 익숙한 세대로 테크 네이티브(Tech native)라고 한다. 지금까지 글로벌 경쟁사회에서 영어 잘하는 사람이 각광 받으면서 영어를 필수 교육으로 삼았다면 앞으로의 세대들은 컴퓨터 언어를 다룰 줄 아는 역량이 필수가 된다. 따라서 소프트웨어 교육, 코딩 교육이 미래 교육의 핵심이 될 전망이다.

2045년이 선정하는 500대 기업의 70% 정도를 현재 아직 태어나지도 않은 기업이 차지할 것이다. 인간이 각종 생명체를 만들어내게 될 것이고, 금융서비스에 디지털 통화 붐이 일어날 것이며, 인공지능 로봇은 인간의 모든 삶을 주도하고 대행하게 될 것이다. 사물인터넷은 인터넷을 생명체로 만들 것이며, 가족 구조는 급격히 변화하게 될 것이다.

1인 가구가 대부분이며 결혼제도가 붕괴되고 수시로 파트너를 맞아 공동생활을 하다가 일을 찾아 다시 이동하게 된다. 사랑과 죽음에 대한 생각 역시 확연하게 변한다. 사랑은 영원하지 않고 인터넷 가상현실 속에서 지구 끝의 존재와 사랑을 나누는 등 그 방식이 변할 것이다. 수명연장으로 동거하는 파트너의 나이에 상관없이 다양한 관계로 이루어지며 죽음이 늦게 찾아오면서 종교에 대한 귀의가 점점 늦어지거나 인간의 관심에서 멀어진다.

2040년에 고속열차가 시속 1,000km로 달리게 되며 해안을 따라 자기부상 열차의 노선이 확장될 것이다. 2050년이 되면 사람의 수보다 드론(Drone)의 수가 더 많아질 것이다. 개인의 집에 다양한 에너지 자가발전 시스템을 갖추고 자급자족하되 전력 시장을 만들어 모자라거나 남는 전력을 사고팔게 될 것이며, 지구 궤도에 태양광 발전 위상을 띄워 태양에너지를 지구로 보내는 우주태 양발전소가 현실화할 것이다. 철강 산업이 추락하고 신소재에서 돌파구를 찾을 것이다.

🔅 자기부상열차

선로와 직접적으로 접촉하지 않고 운행하므로 소음과 진동이 매우 적고 빠른 속도를 유지할 수 있다. 현재는 독일, 일본, 중국, 미국 등지에서 운영되고 있다. 열차의 운행방식은 상전도 흡인식과 초전도 반발식이 있는데, 서로 붙으려는 성질을 이용한 상전도 흡인식은 열차에 레일을 감싸는 ∩ 모양의 전자석이 달려 있어 전자석과 레일 간 간격의 크기에 따라 흡인력이 달라짐으로써 열차가 뜨는 높이를 유지하는 방식으로, 100~110km/h의 저속주행에 적합한 시스템이고, 초전도 반발식은 자석의 같은 극끼리 밀어내는 척력을 이용하여 열차를 공중으로 10㎝ 가량 띄우는 방식으로, 450~550km/h의 고속주행에 적합한 시스템이다. 독일은 상전도 방식을 사용하고, 일본은 초전도 방식을 이용하고 있다. 우리나라에서는 영구자석 반발식의 자기부상열차에 대한 개발을 진행하고 있다.

자기부상열차

공교육과 교실, 교사가 사라지고 직장 팀워크(Team work), 기업 이사회가 사라진다. 3천 개의 언어들과 문화가 사라지며 의사, 병원진료, 수술이 사라진다. 종이가 사라지고 익명성과 기다림이 사라진다. 저녁 뉴스와 컴퓨터, 도로 표지판이 사라지고 철도와 배심원이 사라진다. 사물인터넷으로 수분 내에 도난당한 물건이 추적된다. 가게, 유통, 마케팅 등 현재의 판매 형태가 사라진다.

❖ 물 수확산업(Water Harvesters) : 지구촌 최대 과제인 물 부족 해결 대안으로 물 수확이라는 새 산업이 뜬다. 이미 대기 중 수분을 식수로 수확하는 제습기 원리와 같은 산업 기술이 나왔다. 각 가정이 공기 중 수분을 식수로 만드는 것이다. 나아가 가정 단위에서 오폐수를 정화시키는 시스템으로 물을 재활용하는 시대가 열린다. 흙을 이용하지 않고 물과 영양분을 이용해 식물을 키우는 수경재배 시장도 커진다.

❖ 개인고속 수송시스템 산업(Personal Rapid Transit System. PRTS) : 비행기보다 2배 빠른 초고속 열차인 진공자기부상튜브열차 하이퍼루프(Hyperloop)가 있고, 공중선로를 따라 운행하는 스카이트렌(Skytran)이 있으며, 터치스크린 컴퓨터(Touch screen computer) 등을 통해 자동차를

운행하는 기술이 나온다. 새로운 대중교통의 시대를 열 기술들이다. 새로운 대중교통은 오늘날의 고속도로, 공항, 열차처럼 새로운 산업을 만든다. 철로 위에 더 높은 철교를 세워 말 그대로 스카이(Sky) 트레인(Train)이 달리는 시대가 온다. 진공자기 부상 튜브열차는 시속 6,000km로 달리는 열차이다. 이런 기술들이 등장하면 비행기, 선박, 버스, 자동차, 트럭 사용자가 줄어들 수 있다. 진공 튜브 방식으로 운영하는 고속열차는 지금처럼 철로 위에 정해진 시간에 들어오지 않는다. 수십 명을 태운 작은 자동차 같은 열차들이 출발시간에 구애받지 않고 그때그때 승객이 있으면 운행한다. 이런 시스템을 만들 엔지니어가 필요하다. 여기저기서 자유롭게 개인들이 내리고 타는 시스템을 만들기 위해선 트래픽 흐름을 수시로 감지하는 사람도 있어야 한다.

진공자기부상튜브열차 하이퍼루프(Hyperloop)

아음속(near supersonic)의 속도, 전용 선로구조물(Guide way)의 이용 및 도시와 도시를 연결하는 교통시스템을 위한 개념이다. 이 시스템은 철도교통과 유사점이 있지만, 바퀴가 달린 차량 대신 캡슐 형태의 창문이 없는 객차를 레일 궤도면이 아닌 부분진공 상태의 밀폐된 원형관(tube) 내부에서 운행된다. 상업용 항공편보다 적은 시간이 소요된다. Elon Musk가 2013년 제안한 최초의 하이퍼루프 개념은 LA에서 샌프란시스코까지 비행기로 1시간 30분이 걸리는 것을 하이퍼루프로 35분으로 단축하는 것이다.

스카이트렌(Skytran)

자율주행 모노레일(self-driving monorail) 시스템이다. 지상 약 6미터~10미터 높이의 지대에서 자기(磁氣)를 활용해 최대 시속 250km의 속도로 주행하는 공중 대중교통 시스템이다. 스카이트렌은 자동차로 두 시간 걸리는 통근 거리를 10분으로 줄여준다. 스카이트렌은 하이브리드 차량의 3분1의 정도의 에너지를 사용한다. 스카이트렌의 레일은 강철과 알루미늄으로 만들어 지며 운행은 에너지 효율을 구현하는 자기부상 기술, 즉 전자석을 활용해 차체를 띄워 앞으로 나아가게 하는 방식이다.

하이퍼루프(Hyperloop)

스카이트렌(Skytran)

❖ 자아 정량화 산업(The quantified self) : 인터넷에 연결된 사물은 벌써 500 억 개가 넘는다. 흔히 말하는 사물인터넷(Internet of Things, IoT) 시대이 다. 사물인터넷은 많은 것을 바꿔 놓는다. 매일 먹는 음식의 양과 질을 일 일이 평가하고 우리가 마시는 공기와 행동까지 데이터로 환산한다. 사물 인터넷 시대에는 문맥(context)을 해석하는 일이 중요해진다. 감정적인 문 맥, 환경적 문맥, 또는 정서적인 문맥을 잘 파악해야 한다. 우리가 누구인지 결정하는 모든 상황 곳곳의 문맥을 데이터로 측정할 수 있다.

❖ 3D 프린팅 산업 : 3D 프린팅은 비즈니스를 창조적으로 파괴할 기술 중 하나 로 평가한다. 인터넷보다 3D 프린팅 산업이 더 커질 것이라고 평가하기도 한다.

❖ 빅 데이터 산업 : 빅 데이터 전문가가 유망 직업이라는 예상은 오래전부터 나온 것이다. 앞으로 소셜 미디어(Social media), 블로그(Blog), 웹(Web), 기업의 보안사항 등을 안전하게 보관하고 통제, 분석하는 직업이 늘어난다.

❖ 평생직장, 평생직업, 평생교육 : 산업사회에서는 근로자가 한 기업을 평생직 장으로 생각하면서 경력을 쌓아간다. 회사를 가정으로 생각하고, 직원을

가족처럼 여기는 문화가 있다. 경영주가 부모가 되어 직원들을 자식처럼 돌보고 심지어 직원들이 더 이상 일을 할 수 없을 정도로 늙은 이후에는 그 자식들까지도 채용을 해서 대대로 돌보는 경우도 있다. 우리나라 역시 평생직장 개념이 있었다. 하지만 평생직장의 개념이 사라진 것은 오래 되었다. 신기술의 도입과 인건비 상승, 신흥개발도상국과의 경쟁 등으로 인해 정년도 되기 전에 해고되는 일이 빈번하게 일어나면서 회사가 나를 책임져 줄 것 아니지 않느냐는 인식이 퍼졌다.

그래서 새롭게 등장한 것이 평생직업이라는 개념이다. 정보사회에서는 자신의 전문성을 바탕으로 다양한 직장에서 근무하는 평생직업의 개념이 중시된다. 외부 요인에 의해 직장은 얼마든지 바뀔 수 있지만, 전문성만 있다면 직업은 보장된다. 하지만 한때 진리로 받아들여졌던 이 말도 지금은 그다지 큰 의미를 갖지 못하게 되었다. 왜냐하면 직업 역시도 변하기 때문이다.

지금 시기에 가장 중요한 것은 평생교육이다. 예전에는 평생직장, 평생직업의 개념이 지배적이었다면, 앞으로는 평생교육이 사회적으로 가장 절실하게 요구된다. 기존의 지식에 안주하지 않고 늘 새로운 것을 배워서, 자신의 직업이 쇠퇴의 길을 걷기 전에 다른 직업으로 이동할 수 있어야하기 때문이다. 미래를 향한 최근의 변혁을 3차 산업혁명의 연장이 아니라 4차 산업혁명이라 부르는 이유는 진전 속도, 그 영향이 미치는 범위, 시스템에 미치는 파급효과가 이전과는 판이하게 다르기 때문이다. 단순 디지털 화인 3차 산업혁명으로부터 기술융합기반 혁신인 4차 산업혁명으로의 이행은 기존 비즈니스 운영 방식의 전면적 재검토를 요구하고 있다.

4차 과학기술혁명

지금까지 인류가 경험하지 못한 새로운 변화가 사회 전반으로 급속하게 확산되고 있어, 우리의 삶과 미래에 급진적 변화가 예상되고 있다. 세계가 4차 과학기술혁명 단계에 진입했다고 진단되고도 있다. 스마트 홈(Smart home), 사물인터넷(Internet of Things, IoT), 자율주행 자동차, 지능 로봇 등에서 보는 것처럼 4차 과학기술혁명은 서서히 모습을 드러내고 있으며 아직 널리 퍼져 있지 않을 뿐, 우리는 그 소용돌이 속에 있고, 4차 과학기술혁명이 가져올 변화를 직시하며 이를 선도할 핵심 역량을 꾸준히 배양하여야 한다.

사물인터넷(Internet of Things, IoT)

자율주행자동차

스마트 홈(Smart Home)

인공지능 로봇(AI Robot)

인류 사회 발전을 이끌어 온 원동력은 과학 기술이다. 과학 기술은 농업혁명, 산업혁명, 정보혁명으로 현대 사회를 창조하는 핵심 동력이 되었다. 18세기 말, 증기기관의 개발로 기차, 선박, 방직기 등의 기계가 등장하여 인간의 근육노동을 기계노동으로 대치하는 1차 산업혁명이 일어났고, 공장을 중심으로 도시화가 진행되었으며 다양한 공산품이 생산되었다. 20세기 초에는 전기에너지의 보급과 컨베이어 벨트 시스템(Conveyor belt system)의 개발로 대량 생산 체제가 구축되는 2차 산업혁명이 일어났고, 전기, 전화, 상하수도, 자동차 등이 보급되고 생산성 향상으로 삶의 질이 획기적으로 개선되었다.

디지털 기술이 폭발적으로 발전한 70년대에는, 컴퓨터와 인터넷이 확산되면서 정보의 생산, 처리, 관리 등에 획기적 변화를 가져온 3차 산업혁명이 발생하였고, 정보 기술로 인하여 인류 사회는 시간과 공간을 넘어 정보를 공유하고 소통하는 지식 정보 사회로 변모하였다. 컴퓨터와 인터넷을 기반으로 하는 정보통신기술은 스마트 폰(Smart phone), 소셜 네트워크(Social network), 사물인터넷(Internet of Things, IoT), 빅 데이터(Big data), 인공지능(Artificial Intelligence, AI), 3D 프린팅(3D printing), 지능 로봇(Intelligent robot), 드론(Drone) 등 다양한 기술 개발을 촉발하였고, 이런 기술들이 4차 과학기술혁명을 일으키고 있으며, 세상의 모든 것을 연결하고 보다 지능화하는 혁명이다.

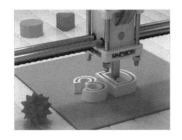

3D 프린팅(3D Printing)   드론(Drone)

4차 과학기술혁명의 요소들이 제조, 물류, 에너지, 의료, 국방 등 다양한 분야에 광범위하게 활성화되고 있을 뿐만 아니라, 정치, 경제, 교육, 문화, 생활 등 다양한 분야에 막강한 영향력을 미치고 있다. 4차 과학기술혁명은 차별화된 특성이 있다. 첫째, 사물인터넷처럼 모든 사물을 생동하는 정보 기기로 만들어 사이버물리 공간을 형성하고, 둘째, 이러한 네트워크에서 생성되는 거대한 데이터를 인공지능 등의 기술로 분석하여 그 속에 숨겨진 일정한 패턴과 지식을 찾아내어 지능화된 서비스를 제공하며, 셋째, 분석된 거대 데이터로부터 새로운 사실을 추론하게 됨으로 인해, 환자 데이터로부터 병명과 치료 방법을 예측할 수 있는 등 확실하고 투명한 미래를 창조한다.

자율주행 자동차는 자동차에 대한 인식의 변화가 있어야 하고, 법과 제도가 정비되어야 하며, 공공기관, 공항 등에서 안내인을 대신하는 지능 로봇은 인간의 정체성 대한 새로운 문제를 제기한다. 그러니까 단순한 과학기술의 혁명이 아니라 사회 전반의 의식 개혁을 요구하는 패러다임 전환이 필요하다. 열 명의 직원으로 연간 50만 켤레의 운동화를 생산하는 거대 공장을 운영하고 있는 아디다스(Adidas), 가정마다 보급되고 있는 음성인식 조명인 아마존 에코(Amazon Eco), 현금과 신용카드가 없는 새로운 상거래를 이끌고 있는 애플 페이(Apple Pay), 삼성 페이(Samsung Pay) 등 모바일결재 등 다양한 분야에서 활용되고 있는 4차 과학기술혁명은 인간의 고유 영역으로 생각되던 음악, 미술 등 창조의 영역으로도 확장되고 있다.

인공지능과 지능 로봇의 등장은 일자리 감소를 초래할 것이며 수많은 일자리가 인공지능 로봇으로 대치되어, 10년 안에 1,800만 개의 일자리가 사라질 것으로 예상되고 있을 뿐만 아니라, 빅 데이터, 인공지능 분석에 의한 프라이버시(Privacy)와 개인 존엄성 침해, 로봇과의 공존이 가져올 인간 정체성의 위기 등 인류가 지금까지 겪지 못한 새로운 위협도 세차게 불어오고 있다.

4차 산업혁명의 특징은 물리적인 부분과 디지털 분야 그리고 생명과학 사이의 경계가 모호해지면서 관련 기술들이 융합하게 되고, 4차 산업혁명이 속도, 범위, 시스템 영향력 측면에서 3차 산업혁명과 비교될 수 없기 때문에 이를 단순히 3차 산업혁명의 연장선으로 바라볼 수 없다. 4차 산업혁명의 가능성은 이미 삶 근처에서 매우 가깝게 찾아볼 수 있다. 모바일 디바이스(Mobile device)를 중심으로 방대한 데이터를 저장하고 처리하는 기술은 점점 발전하고 있으며, 이로 인해 누구나 쉽게 온라인상에서 정보를 습득할 수 있게 되었다.

사물인터넷은 가전기기를 통해 일상에서 쉽게 찾아볼 수 있고, 사용자의 맥박, 호흡, 동작 등을 수집해 분석한 데이터를 기반으로 편안한 잠을 이끌어주는 것이 사물인터넷 기기이며, 쇼핑, 엔터테인먼트, 메모의 요소를 추가해 집안 내부의 허브 기능을 수행하는 냉장고가 시장에서 판매되고 있고, 현재 국내 가전을 대표하는 기업들과 통신사 등이 사물인터넷 시대에 적합한 제품과 서비스를 선보이고 있는데 한국 스마트 홈 산업협회(Korea association of AI smart home)는 국내 스마트 홈 시장의 규모가 계속 성장할 것이라고 전망한다.

자율주행 자동차의 한계

　전기 자동차와 수소연료 자동차가 환경 보호를 위해 발전된 자동차라면, 자율주행 자동차는 인간의 편의와 교통사고 및 교통 체증의 방지를 위해 발전되고 있는 자동차이다. 자율주행 자동차는 운전자의 조작 없이 스스로 운행이 가능한 자동차를 말한다. 자율주행에는 다음처럼 5단계가 있다. 현재 자율주행 기술은 3단계에 근접해 있으며, 아직 운전자의 개입과 주의가 필요한 단계이다.

주행 단계	0단계	1단계	2단계	3단계	4단계	5단계
특징	비자동	운전자 지원	부분 자동화	조건부 자동화	고도 자동화	완전 자동화
내용	운전자가 모든 운전 제어	차간 거리 및 조항 등을 보조	차간 거리와 조항 동시 보조	핸들을 잡을 필요가 없음. 시스템이 운전 개입 요청 시 운전	특정 구간을 제외하고 운전 개입 불필요	모든 조건에서 자율 주행 및 무인 운송 가능

　자율주행 기술의 최종 목표는 5단계로, 어떠한 상황에서도 자동차 스스로 운행이 가능하며, 이동하는 동안 운전자는 운전에 전혀 신경 쓰지 않아도 된다. 또한 운전자가 불필요하므로 물건의 무인 운송이 가능해질 것이다. 자율주행 기술이 5단계가 되면, 자율주행 자동차 사이에 교신을 주고받으며 교통사고와 교통 체증, 보복 운전 등이 사라지고, 신호등과 같이 교통을 위한 구조물들이 사라지게 될 것이다. 자율주행 자동차의 5단계가 실현되면 택시 기사, 버스 기사 등 많은 사람이 일자리를 잃게 된다. 자율주행 자동차가 사고 없이 완전 자율주행을 하기 위해서는 거의 모든 자동차가 자율주행 자동차로 대체되어야 하며, 도로와 GPS 등 자율주행 자동차를 위한 인프라가 구축되어야 한다. 자율주행 기술이 5단계가 되더라도 이러한 인프라 구축을 위해 완전 자율주행이 실행되기까지는 시간이 더 걸릴 것이다.

부록

- 과학기술로 변화된 세상의 모습
- 과학기술로 변화된 세상의 긍정적인 면과 부정적인 면
- 과학기술로 없어질 미래의 직업

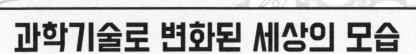

과학기술로 변화된 세상의 모습

생명 분야

수명연장

- 인간 수명이 120세로 늘어난다.

생명복제

- 슈퍼근육을 가진 돼지가 탄생되었다(2015).
- 세 부모의 유전자를 지닌 아기가 탄생하였다(2016).

유전자치료, 줄기세포치료, 암치료

- RNA 분자와 효소를 결합한 3세대 유전자 가위 크리스퍼-캐스나인 기술이 시작되었다(2012).
- 유전자를 읽는 시대에서 유전자를 쓰는 시대가 되었다.

우주 분야

우주확장

- 케플러 우주망원경 같은 우주 망원경으로 4천여 개의 외계행성을 발견하였다(2009년 발사 이후).
- 지구에서 3억km나 떨어져 있는 소행성에 탐사선을 착륙시켰다(2019).

우주자원개발

- 우주 만물에 질량을 부여해 신의 입자로 불려온 힉스 입자가 발견되었다(2012).
- 우주 탄생의 비밀을 풀 중력파가 검출되었다(2015).
- 블랙홀 그림자 영상이 포착되었다(2019).
- 우주탐사선이 보내온 자료를 분석해 화성에서 액체 상태의 물이 확인되었다(2018).

우주여행

- 우주로 발사한 로켓을 회수해 몇 번이고 쓰는 로켓 재활용 시대가 열렸다(2017).

로봇 분야

버스기사, 택시기사, 화물기사, 운전기사 없어짐

- 자율주행차가 일상화되고 택시도 운전자 없는 로봇택시로 대체돼 자동차로 어디든 편안하고 안전하게 이동하게 된다.
- 시속 6,000km로 달리는 진공관 튜브 형태의 열차가 등장해 전 세계

어느 곳이든 6시간이면 도착한다(2045년).

▌무인택배, 무인자동차, 무인점포

• 구글(Google)이 자율 주행 자동차를 개발한 이후 10년 만에 최근 미국의 한 도시에서 운전석 탑승자가 없는 완전 자율주행 택시 서비스를 시작하였다.

▌마이로봇시대

• 개나 고양이를 키우는 대신 애완 로봇을 키우는 인구가 무려 1,000만 명에 이르게 되어, 이를 수리하거나 성형을 전담하는 로봇 미용사가 인기 직업이 된다.
• 전투로봇과 무인기가 국방을 맡으면서 징병제가 모병제로 바뀐다.

▌기술 분야

▌스타트시티, 스마트가전, 스마트컴퓨터 실현, 전봇대와 매연이 없어진다.

• 집안에 있는 모든 물건들은 사물인터넷으로 연결되어 스마트한 생활을 영위할 수 있으며, 냉난방시스템도 거주자의 생활 패턴을 인지해 자동으로 최적의 실내온도로 조정된다.
• 20여 년 간 정체됐던 3D 프린팅이 2009년 FDM(압출적층성형) 방식의 특허가 만료되면서 개인용 3D 프린터 시대가 시작된다.

▌인공지능

• 인공지능은 인류 최후의 발명품이다.
• 인공지능이 전 인류 지능의 총합마저 크게 앞서는 특이점이 오기 때

문인데 특이점(Singularity)이 오게 되면, 인간이 기계나 기술을 제어할 수 있는 속도를 넘어서게 되며 미래는 더 이상 예측할 수 없다 (2045년 이후).

- 2016년 3월 열렸던 이세돌 바둑 9단과 인공지능 알파고의 바둑 대결이 전환점이었다.
- 인공지능 개발자들은 바둑과 포커, 온라인게임에서 잇따라 인간 최고수를 물리친 인공지능을 선보였다.
- 뇌 과학자들은 생각을 읽어 글자로 써 보여주는 뇌 인터페이스 장치를 만들어냈다.

미래 문명

메타버스 세계, 투잡

- 가상현실 및 증강현실 기술과 3D 기술이 발달해 집안에서 의료 및 교육, 오락 활동을 수행하게 되며, 전 세계 100여 개 이상의 언어를 실시간으로 번역하는 기기가 등장해 더 이상 외국어를 배우기 위해 골머리를 앓지 않아도 된다.

문명의 변화

- 과학은 세계와 우주에 대한 인식의 지평을 넓혀주고, 기술은 그것에 개입하는 도구를 벼려준다.
- 4차 산업혁명이라는 말은 작금의 변화 속도와 폭이 어느 정도인지를 상징하는 말이다.

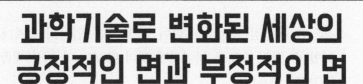

과학기술로 변화된 세상의 긍정적인 면과 부정적인 면

긍정적인 면

- 교육 분야-에듀테크(Edu Tech), 금융 분야-핀테크(Pin Tech) 등 기술 융합으로 인한 신산업 및 일자리가 탄생한다.
- 데이터, 정보, 지식의 축적과 발달 속도 상승으로 풍부한 지식과 정보 습득이 가능하다.
- 원격교육, 재택근무, 원격진료 등의 일상화로 공간 제약이 완화된다.
- 렌탈(Rental), 카셰어링(Car sharing) 등 굳이 물건을 소유하지 않아도 필요할 때 언제나 편리하게 빌려서 사용하는 것이 가능하여진다.

부정적인 면

- 자동화, 산업구조 개편 등으로 인해 일자리가 감소하고, 고용불안 등의 사회문제가 발생한다.
- 깊은 성찰을 필요로 하는 인문학적 지식의 감소가 우려되며, 인공지능 의존으로 인한 기억력이나 인지능력 등이 하락 될 것이 우려된다.
- 해킹(Hacking), 사생활 침해 등의 위험이 상승한다.
- 변화의 과정에서 이해 당사자 간에 사회적 갈등이 발생하고, 가치관의 혼란이 야기된다.

과학기술로 없어질 미래의 직업

영국 옥스포드대학교(University of Oxford)의 칼 프레이(Carl Benedikt Frey) 교수와 마이클 오스본(Michael A. Osborne) 교수가 2013년 발표한 논문 '고용의 미래 : 직업은 자동화에 얼마나 민감할까?(The Future Of Employment : How Susceptible Are Jobs To Computerisation?)'에서 반복적 성격을 가진 일자리는 로봇이나 기계에 의해 업무대체가 가능해졌다며 정형적 일자리 비율은 기술 진보에 의해 점차 줄어들고 있다고 분석했다.

다수의 사무 직종과 생산 직종의 업무는 컴퓨터 소프트웨어나 자동화 설비에 의해 대체가 가능해졌다. 이에 따라 이들 직종에 종사하던 사람들은 로봇이나 기계와의 경쟁에서 밀려날 가능성이 한층 높아진 것으로 조사됐다. 기계학습(machine learning)과 모바일 로봇(mobile robotics)의 발전에 대한 취약 정도를 반영해 순위를 매겼는데 로봇에 의해 대체될 가능성을 0에서 1 사이의 숫자로 표시했고 대체 확률이 0에 가까울수록 컴퓨터나 기계화로 인해 사라질 가능성이 낮다는 것을 의미하며 반대로 1에 가까울수록 크게 타격을 입을 직업이라는 것을 말한다. 이 가운데 47%의 일자리가 20년 내에 사라진다는 결과를 얻었다. 컴퓨터 자동화로 인해 고 위험군으로 분류된 0.9 이상을 받은 직업군은 텔레마케터(Tele marketer), 재봉사, 시계수리공, 보험업자 등이다. 반면 0.35를 받은 승무원, 배우(0.37), 측량사(0.38), 이코노미스트(0.43)는 0.5 이하였으며 레크레이션 활용 치료 전문가(0.0028), 내과 · 외과 의사(0.0042)는 미래에도 안정적인 직업으로 분류됐다. 이 밖에 큐레이터, 인테리어 디자이너 등 창의성과 감수성을 요구하는 직업은 상위권을 기록했다.

> 💡 **텔레마케터(Tele marketer)**
>
> 말 그대로 전화기를 통해(tele-) 영업하는(marketing) 상담원을 뜻한다. 텔레마케터는 전화나 컴퓨터를 이용하여 상품이나 서비스를 홍보하고 판매하기 때문에 판매하려는 상품이나 서비스에 대한 지식과 상담기법을 습득한다.

그러나 문제는 기계와 컴퓨터가 단순 노동직뿐 아니라 인간 고유의 영역이라고 여겨졌던 분석력과 창의력을 요구하는 직업에도 지속적으로 진출하고 있다는 점이다. 이미 스포츠 업계에서는 선수들의 움직임을 분석하고 성공 여부를 예측하는 솔루션으로 선수 개개인의 기본 동작뿐만 아니라 동선까지 파악한다. 빅 데이터(Big data)를 기반으로 모든 상황을 입력해 각각의 패턴별로 성공 확률을 계량화하고 적재적소에 알맞은 처방까지 내릴 수 있는 수준까지 바뀌었다. 유명 바리스타(Varistor)의 레시피(Recipe)를 모두 입력해 한 치의 오차도 없이 정확하게 커피를 내리는 로봇 바리스타(Robot Varistor)도 그리 낯설지 않다. 표정 연기가 가능한 로봇 배우를 출연시켜 영화도 만들었다.

> 💡 **레시피(Recipe)**
>
> 음식을 조리하기 위한 조리법을 말한다.

특이점(Singularity)

물리학에서 특이점(singularity)은 특정 물리량들이 정의되지 않거나 무한대가 시작되는 공간을 의미한다. 블랙홀의 중심이나 빅뱅 우주 이론에서의 최초 시작점을 일컫는다. 또한, 물리학 지식이나 법칙들이 적용될 수 없는 시작점으로 정의되기도 한다. 데이터 기반의 사회학에서 특이점(singularity)은 인공지능이 비약적으로 발전해 인간의 지능을 뛰어넘는 순간을 의미한다. 미래에 기술 변화의 속도가 급속히 변함으로써 그 영향이 넓어져 인간의 생활이 되돌릴 수 없도록 변화되는 기점을 일컫는다.

사진 및 출처

페이지	제목	출처
25	등에 인간의 귀가 달린 마우스	https://gigazine.kr/bbs/board.php?bo_table=tech&wr_id=75
26	인공심장	https://m.health.chosun.com/article/article.html?contid=2011092001176
27	3D 프린팅 기술로 만든 인공 귀	https://zdnet.co.kr/view/?no=20130503101757
29	양성자 치료	http://www.monews.co.kr/news/articleView.html?idxno=91642
30	중성자 치료	https://www.fnnews.com/news/201711162025139135
43	허블 우주망원경 (Hubble Space Telescope)	https://m.blog.naver.com/PostView.naver?isHttpsRedirect=true&blogId=pch_021010&logNo=221668969589
46	제임스 웹 우주망원경 (James Web Space elescope)	https://m.dongascience.com/news.php?idx=51962
49	제임스 웹 우주망원경의 반사경	https://pgtyman.tistory.com/entry/%EB%82%98%EC%82%ACNASA-%EC%A0%9C%EC%9E%84%EC%8A%A4-%EC%9B%A8%EB%B8%8C-%EC%9A%B0%EC%A3%BC%EB%A7%9D%EC%9B%90%EA%B2%BDJWST-%EC%B2%AB%EB%B2%88%EC%A7%B8-%EB%AF%B8%EB%9F%AC-%EC%9E%A5%EC%B0%A9
51	케플러 우주망원경	https://bluemovie.tistory.com/42
53	테스 우주망원경 (Tess Space Telescope)	https://www.sciencetimes.co.kr/news/%EC%B0%A8%EC%84%B8%EB%8C%80-%ED%96%89%EC%84%B1-%EC%82%AC% EB%83%A5%EA%BE%BC-%ED%85%8C%EC%8A%A4-%EB%A7%9D%EC%9B%90%EA%B2%BD/
55	페르미 버블 (Fermi Bubbles)	https://news.mt.co.kr/mtview.php?no=2010111113124527445
57	TRAPPIST-1의 4번째 행성 TRAPPIST-1d	https://sos.noaa.gov/catalog/datasets/exoplanet-trappist-1d/
59	블랙홀 (Black Hole)	https://www.hellodd.com/news/articleView.html?idxno=68117
59	가장 밝은 퀘이사 (Quasar)	https://wallhere.com/ko/wallpaper/678954

59	초신성 (Supernova)	https://m.dongascience.com/news.php?idx=8976
60	감마선 폭발 (Gamma-Ray Burst)	https://root-nation.com/ko/ua/news-ua/it-news-ua/ua-vcheni-schoyno-zafiksuvali-kolosalniy-gamma-splesk-i-vin-e-rekordsmenom/
61	소행성 벨트에서 질량이 가장 큰 소행성인 베스타 (Vesta)	https://ko.wikipedia.org/wiki/%EB%8F%88_(%EC%9A%B0%EC%A3%BC%EC%84%A0)#/media/%ED%8C%8C%EC%9D%BC:Vesta_from_Dawn,_July_17.jpg
62	우주 마이크로파 배경 (Cosmic Microwave Background, CMB)	https://apod.nasa.gov/apod/image/1807/CMB2018_Planck_1080.jpg
68	소련의 스푸트니크 3호	https://www.ddanzi.com/ddanziNews/49385560
69	소련의 스푸트니크 2호에 탑승한 우주 비행사 라이카(Laika)	https://placeboning.tistory.com/188
73	달의 전면과 후면의 주요지형	https://m.blog.naver.com/PostView.naver?isHttpsRedirect=true&blogId=narospacemuseum&logNo=220642635893
78	스페이스X, 첫 민간 유인우주선	https://www.khan.co.kr/world/world-general/article/202005271742001
83	헬륨-3	https://whagem.com/crown-top-isotope-gas-helium-3-and-its-application-part-1/
94	대형 소행성들	https://commons.wikimedia.org/wiki/File:The_Four_Largest_Asteroids.jpg
95	소행성 아스트라이아 (Astraea)	https://commons.wikimedia.org/wiki/Category:5_Astraea?uselang=ko
96	왜소행성(Dwarf Planet)	https://www.fmkorea.com/best/4412898810
100	소행성 베누(Bennu)	https://www.hani.co.kr/arti/PRINT/876561.html
101	소행성 이토카와 (Itokawa)	http://jjy0501.blogspot.com/2014/02/Anatomy-of-Asteroid.html
128	프록시마 b(Proxima-b)	https://syto.tistory.com/entry/%EC%A0%9C2%EC%9D%98-%EC%A7%80%EA%B5%AC%EA%B0%80-%EB%90%A0-%EA%B2%83%EC%9D%B8%EA%B0%80-%EC%84%BC%ED%83%80%EC%9A%B0%EB%A6%AC-%ED%96%89%EC%84%B1%EA%B3%84%EC%9D%98-%ED%94%84%EB%A1%9D%EC%8B%9C%EB%A7%88-bProxima-B
151	영화 터미네이터 (Terminator)	https://www.joongang.co.kr/article/3613226
152	영화 로보캅(RoboCop)	https://nermic.tistory.com/483

154	일본 혼다(HONDA) 개발 아시모(ASIMO)	https://m.blog.naver.com/PostView.naver?isHttpsRedirect=true&blogId=aid2078&logNo=220841481211
154	대한민국 카이스트(KAIST) 개발 휴보(HUBO)	https://m.blog.naver.com/PostView.naver?isHttpsRedirect=true&blogId=aid2078&logNo=220849450663
156	영화 에이아이 (Artificial Intelligence, AI)	https://m.blog.naver.com/PostView.naver?isHttpsRedirect=true&blogId=no__va&logNo=221111824452
157	공각기동대 (영어 영화명 : Ghost In The Shell)	https://m.blog.naver.com/PostView.naver?isHttpsRedirect=true&blogId=aveccmoi&logNo=220975370630
158	영화 아이로봇(I, Robot)	https://m.blog.naver.com/PostView.naver?isHttpsRedirect=true&blogId=ideazonepatent&logNo=221163702517
163	인공지능 서비스 로봇	http://www.aitimes.com/news/articleView.html?idxno=137247
168	나노 로봇(Nano Robot)	https://kr.freepik.com/premium-photo/medical-concept-in-the-field-of-nanotechnology-nanorobot-isolated-on-a-dark-wall-genetic-engineering-and-the-use-of-nanorobots-3d-render-3d-illustration_8050669.htm
172	드론 택배(Drone Delivery)	https://www.koit.co.kr/news/articleView.html?idxno=78770
178	자율주행 자동차	https://www.kgnews.co.kr/mobile/article.html?no=698550
180	하늘을 날아다니는 자동차	https://www.youtube.com/watch?v=dZlpG7hFHEw
183	미국 자동차 역사였던 초기의 포드(Ford) 자동차	http://www.autoherald.co.kr/news/articleView.html?idxno=5568
187	휴머노이드 로봇개 스팟(Spot)	http://m.irobotnews.com/news/articleView.html?idxno=21548
187	휴머노이드 로봇 아틀라스(Atlas)	https://sir.kr/so_earth/2913
189	알파독(AlphaDog)	https://ozrobotics.com/shop/alphadog-c-series/
189	유니트리(Unitree)	https://www.roas.co.kr/unitree/
196	화성 헬리콥터 인지뉴이티 (Mars Helicopter Ingenuity)	https://techrecipe.co.kr/posts/18456
203	초전도 현상	https://sklabkor.com/36
208	자기부상열차 (Magnetic Levitation Train, Maglev Train)	http://www.ikld.kr/news/articleView.html?idxno=541
209	SQUID용 뇌자도	https://www.cve.co.kr/ko/project-category/frp-dewar-for-meg-squid/

209	SQUID용 심자도	https://www.cve.co.kr/ko/project-category/frp-dewar-for-mcg-squid/
210	SQUID이용 동물생체자기 측정장치	https://www.sedaily.com/NewsView/1ONI0IPIC1
210	SQUID 동물생체자기 측정장치 결과	https://www.sedaily.com/NewsView/1ONI0IPIC1
211	자기공명영상 (Magnetic Resonance Imaging, MRI) 장치	https://www.techm.kr/news/articleView.html?idxno=5113
215	핵융합로	https://m.blog.naver.com/PostView.naver?isHttpsRedirect=true&blogId=nfripr&logNo=221578355004
220	전자 추진 선박	https://m.blog.naver.com/PostView.naver?isHttpsRedirect=true&blogId=polytechzone&logNo=140120886605
222	레일건(Rail Gun)	http://www.battlecomics.co.kr/users/349097/page/items/259111
225	영화 아바타(Avatar)	https://m.blog.naver.com/PostView.naver?isHttpsRedirect=true&blogId=kores_love&logNo=220257673468
233	나노미터 크기의 다이아몬드 배터리(Nuclear Diamond Battery)	https://zdnet.co.kr/view/?no=20200826134919
235	IBM의 7 Nanometer 반도체	https://m.blog.naver.com/PostView.naver?isHttpsRedirect=true&blogId=jkhan012&logNo=220416699645
235	삼성전자의 5 Nanometer 반도체	https://techunwrapped.com/samsungs-5nm-node-drowned-out-under-50-performance/
236	나노 실버 젖병	http://www.tmon.co.kr/deal/9613610394
236	나노 실버 젖병	https://prod.danawa.com/info/?pcode=1500954
239	물질의 4가지 상태	https://m.chemworld.kr/contents/view/4967
241	번개	http://www.sporbiz.co.kr/news/articleView.html?idxno=347744
241	오로라	https://post.naver.com/viewer/postView.nhn?volumeNo=18797659&memberNo=15460571
247	일반로켓과 플라스마로켓의 비교	https://www.hankyung.com/news/article/2016011058641
248	미국 보잉사(Boeing Company)에서 특허출원한 플라스마 방어막	https://www.news1.kr/articles/?2153902

262	라이프 스트로우 (Life Straw)	https://beta.the1.wiki/w/%EB%9D%BC%EC%9D%B4%ED%94%84%20EC%8A%A4%ED%8A%B8%EB%A1%9C%EC%9A%B0
263	큐 드럼(Q Drum)	https://m.khan.co.kr/science/science-general/article/201911242117005
266	항아리 속 항아리 냉장고 (Pot-In-Pot Refrigerator)	https://m.blog.naver.com/PostView.naver?isHttpsRedirect=true&blogId=co77iri&logNo=220055949537
267	히포 롤러 워터 프로젝트 (Hippo Roller Water Project)	https://ilovekwater.tistory.com/3394
269	라이프 스토로우 (Life Straw)	https://richcat.tistory.com/2814
271	물을 깨끗하게 만들어주는 필터 북(Drinkable Book)	http://www.bizion.com/bbs/board.php?bo_table=social&wr_id=60&sca=Appropriate+Technology&page=4
274	놀면서 전기를 만드는 소켓 볼(Soccket Ball)	https://hyanggizaroo1.tistory.com/1565
276	비료로 사용되는 변기주머니 (PeePoo)	https://m.blog.naver.com/PostView.naver?isHttpsRedirect=true&blogId=waterjournal&logNo=220082096077
305	자기부상열차	https://www.nocutnews.co.kr/news/5592776
307	하이퍼루프(Hyperloop)	https://news.kbs.co.kr/news/view.do?ncd=5048195
307	스카이트렌(Skytran)	http://news.mk.co.kr/newsReadPrint.php?year=2015&no=1017004
309	사물인터넷 (Internet of Things, IoT))	https://blog.naver.com/mosfnet/222127706517
309	자율주행자동차	https://www.monthlypeople.com/news/articleView.html?idxno=269594
310	스마트 홈(Smart Home)	https://blog.isusystem.com/blog/smart-home-in-the-near-future/
310	인공지능 로봇(AI Robot)	https://www.jobaba.net/thema/exprcDtl.do?seq=473&cntntsSeCd=01
311	3D 프린팅(3D Printing)	https://news.mt.co.kr/mtview.php?no=2020122118131559297
311	드론(Drone)	https://dept.kookje.ac.kr/airman/index.php?pCode=MN000049

저자 **함 희 진**

약력

서울대학교 수의과대학 수의학과(수의학사)
서울대학교 수의과대학 수의병리학전공(수의학석사)
강원대학교 수의과대학 임상수의학전공(수의학박사)
(현) 안양대학교 교양대학 자연과학분야 교수
(현) 안양대학교 [과학기술과 문명], [과학사], [생명과학의 이해], [생명의 신비], [천문학과 별자리여행], [우주의 신비], [생명공학의 이해], [생활 속의 화학], [과학과 미래], [인간과 동물의 이해], [인간과 동물], [인간과 동물의 치료], [반려동물의 이해] 등 강의
(현) 경기 꿈의 대학 [줄기세포와 생명복제까지 이해하는 동물치료], [줄기세포와 생명복제까지 이해하는 동물생명과학], [수의사와 관련된 직업세계여행], [동물보건사, 애견미용사 등 동물관련 직업세계], [반려동물의 이해] 등 강의
(전) 서울특별시 보건환경연구원(보건 연구관)
농림수산부 장관 수의사 면허증 취득
보건복지부 장관 위생사 면허증 취득
행정자치부 장관 행정사 자격증 취득

저서

2023. 정일. 인간과 동물의 이해
2022. 정일. 반려동물의 이해
2022. 정일. 동물보건사

과학기술과 문명의 이해

1판 1쇄 발행 2023년 1월 5일

저 자   함 희 진
펴낸이   이 병 덕
편 집   이 은 경
펴낸곳   도서출판 정일
등록날짜   1989년 8월 25일
등록번호   제 3-261호
주 소   경기도 파주시 한빛로 11
전 화   031) 946-9152(대)
팩 스   031) 946-9153
E-mail   jungilb@naver.com

책값은 뒤표지에 있습니다.
copyright©Jungil Publishing Co.